ATLAS
GEOGRÁFICO MUNDIAL

AUTOR Olly Phillipson
CONSULTOR CHEFE Dr. Stephen Scoffham
CONSULTOR EDUCACIONAL Dr. David Lambert
CONSULTORES EDITORIAIS Paul Baker, Denise Freeman, Joanne Norcup

ORGANIZADORES DA EDIÇÃO BRASILEIRA

ANTONIO JOSÉ TEIXEIRA GUERRA
– Pós-doutorado pela University of Oxford – PhD pela University of London
– Geógrafo pela UFRJ – Professor da Universidade Federal do Rio de Janeiro

HEINRICH HASENACK
– Geógrafo e licenciado em Geografia pela UFRGS – Mestre em Ecologia pela UFRGS
– Professor da Universidade Federal do Rio Grande do Sul e do Centro Universitário La Salle em Canoas (RS)

ADALBERTO SCORTEGAGNA
– Doutor em Ciências pela Unicamp – Mestre em Geociências pela Unicamp
– Geógrafo pela UFPR e Geólogo pela Unisinos – Coordenador de Geografia do CEP (Centro de Estudos e Pesquisas)
da Associação Franciscana de Ensino Bom Jesus – Professor do Colégio Bom Jesus e FAE em Curitiba

FABIANO LEITE GONZALES

LÚCIO LUCATELLI

WILLIAM WAZLAWIK

UTILIZANDO MAPAS

CONTEÚDO

UTILIZANDO MAPAS
- Como usar o Atlas 2-3
- A Terra 4-5
- Projeções cartográficas................. 6-7
- Antigo e moderno 8-9
- Como usar mapas........................ 10-11

O MUNDO
- Divisão política 12-13
- População.................................. 14-15
- HIV e AIDS 16-17
- Economia.................................... 18-19
- Qualidade de vida 20-21
- Acesso à água............................. 22-23
- Físico 24-25
- Placas tectônicas 26-27
- Oceanos 28-29
- Clima 30-31
- Mudanças climáticas 32-33
- A vida na terra 34-35

EUROPA
- Político/Físico 36-37
- Clima/População 38-39
- Uso do solo/Meio ambiente........ 40-41
- União Europeia........................... 42-43
- Ilhas Britânicas - Físico 44
- População do Reino Unido 45
- Enchentes no Reino Unido 46-47
- Escandinávia e Estados Bálticos ... 48-49
- Holanda, Bélgica e Luxemburgo ... 50-51
- França 52-53
- Espanha e Portugal..................... 54-55
- Itália 56-57
- O Mediterrâneo 58-59
- Turismo 60-61
- A Alemanha e os países alpinos ... 62-63
- Europa Central 64-65
- Sudeste Europeu 66-67
- Europa Oriental e Rússia europeia. 68-69

ÁFRICA
- Político/Físico 70-71
- Clima/População 72-73
- Uso do solo/Meio ambiente........ 74-75
- Norte da África 76-77
- Sul da África 78-79
- Comércio Justo 80-81

ÁSIA
- Político/Físico 82-83
- Clima/População 84-85
- Uso do solo/Meio ambiente........ 86-87
- Rússia e Cazaquistão.................. 88-89
- Turquia, Cáucaso e Oriente Médio . 90-91

- Conflitos no Oriente Médio 92-93
- A Península Arábica 94-95
- Ásia Central 96-97
- Sul da Ásia 98-99
- Globalização 100-101
- China e Mongólia 102-103
- Coreia e Japão 104-105
- Sudeste Asiático 106-107

OCEANIA
- Político/Físico 108-109
- Clima/População 110-111
- Uso do solo/Meio ambiente...... 112-113
- Austrália 114-115
- Nova Zelândia/Energia geotérmica. 116-117

AMÉRICAS DO NORTE E CENTRAL
- Político/Físico 118-119
- Clima/População 120-121
- Uso do solo/Meio ambiente...... 122-123
- Canadá..................................... 124-125
- Estados Unidos da América 126-127
- Produtos geneticamente modificados............................... 128-129
- América Central 130-131
- Furacões................................... 132-133

AMÉRICA DO SUL ....
- Político/Físico 134-135
- Clima/População 136-137
- Uso do solo/Meio ambiente...... 138-139
- América do Sul 140-141
- Biodiversidade.......................... 142-143

BRASIL
- Político/Fusos horários............... 144-145
- Físico/Limites físicos................. 146-147
- Relevo/Geologia 148-149
- Solos/Bacias hidrográficas........ 150-151
- Clima/Vegetação/Biomas 152-153
- População/Crescimento vegetativo.. 154-155
- IDH/Água potável e saneamento .. 56-157
- PIB municipal/AIDS, malária e hepatite 158-159
- Setores da economia 160
- Regiões metropolitanas 161-163
- Região Norte Político/Físico 164-165
- Região Nordeste Político/Físico 166-167
- Região Sudeste Político/Físico 168-169
- Região Sul Político/Físico 170-171
- Região Centro-Oeste Político/Físico..172-173

PÓLOS
- Antártica/Ambientes frágeis 174-175
- Ártico 176

© Pearson Education Limited 2005.
Mapas, design e compilações © Dorling Kindersley Limited 2005.
Esta tradução do LONGMAN STUDENT ATLAS, 1ª edição, foi publicada com autorização da Pearson Education Limited. Este Atlas foi produzido em colaboração com a Geographical Association, que ofereceu assistência em termos de estrutura e conteúdo.
Os direitos autorais das imagens dessa obra encontram-se indicadas nas respectivas páginas.
Todas as demais imagens © Dorling Kindersley.
Arte da capa: Zuleika Iamashita

Dados Internacionais de Catalogação na Publicação (CIP)
(Câmara Brasileira do Livro, SP, Brasil)

Phillipson, Olly

Atlas Geográfico Mundial / Olly Phillipson ; [versão brasileira da editora]
- 2ª ed. - São Paulo, SP : Editora Fundamento Educacional Ltda., 2014.

Título original: Longman Student Atlas
1. Atlas I. Título.

06-5885　　　　　　　　　　　　　　　　　　　　　　　　CDD-912

Índices para catálogo sistemático:
1. Atlas : Geografia 912

COMO USAR O ATLAS

Este Atlas tem dois objetivos principais: ajudar a localizar os diversos lugares do mundo e explorar temas importantes da Geografia. Para apresentar tais temas e explicar como eles estão relacionados a determinadas regiões, estatísticas, gráficos, diagramas e fotos acompanham cada mapa. Muitos dados relacionados aos diversos continentes podem ser comparados, de modo que se possa ter uma visão mais ampla das questões estudadas. Além disso, vários tópicos são aprofundados na seção **Fique atento**.

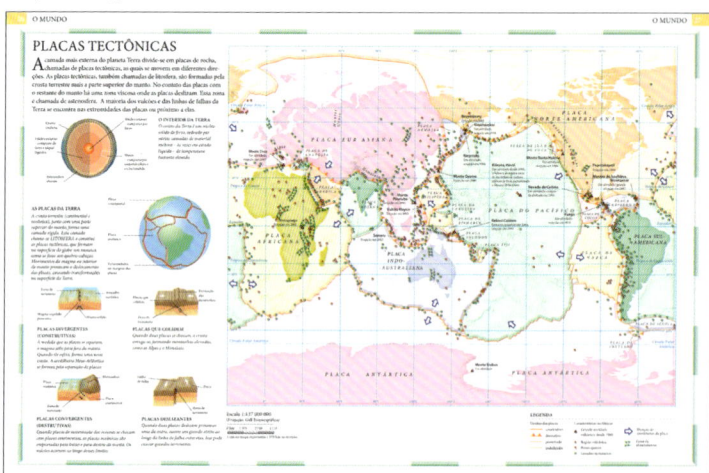

MAPAS-MÚNDI

O Atlas contém nove mapas–múndi que destacam temas importantes, como qualidade de vida, dinâmicas populacionais, economia mundial, clima e placas tectônicas. Junto aos mapas, encontram-se alguns tópicos da seção **Fique atento**, que tem como objetivo discutir questões relevantes ao mundo todo, como, por exemplo, a AIDS, as mudanças climáticas e o acesso à água.

Mostra a localização da região em relação ao restante do mundo.

MAPAS REGIONAIS

Os mapas regionais trazem uma pequena introdução a algumas questões atuais de cada região. Fotos ilustram diferentes aspectos da Geografia física e da Geografia humana.

Os mapas regionais apresentam a seção **Fique atento**, que destaca assuntos importantes. Essa seção geralmente está relacionada a outras páginas do Atlas ou a atlahos para pesquisa na internet.

UTILIZANDO MAPAS

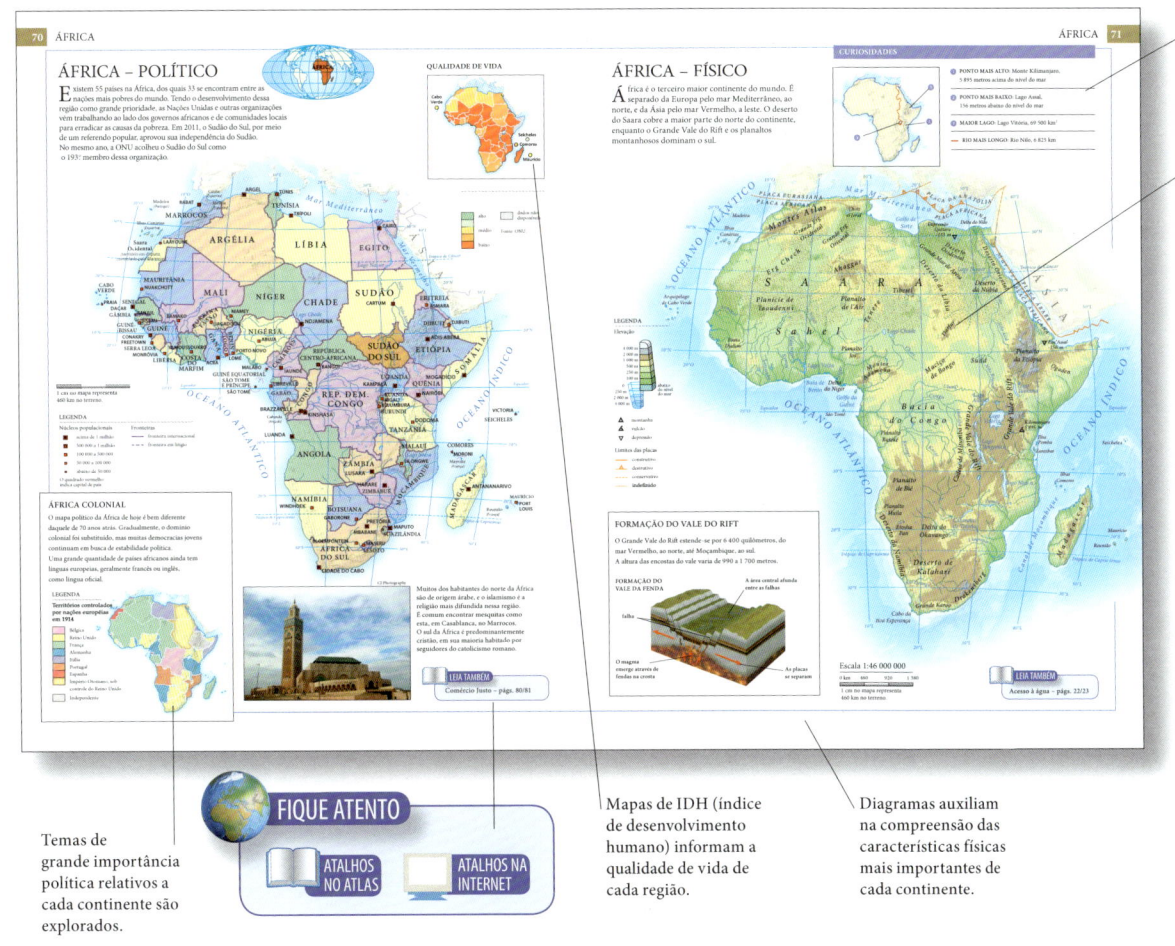

Quadros apresentam informações extras.

Mapas físicos detalhados mostram as características geográficas naturais mais importantes.

CONTINENTES

As seções de continentes começam com seis mapas principais: político, físico, clima, população, uso do solo e meio ambiente. Em cada página, tabelas, gráficos e mapas menores fornecem informações mais detalhadas.

Temas de grande importância política relativos a cada continente são explorados.

Mapas de IDH (índice de desenvolvimento humano) informam a qualidade de vida de cada região.

Diagramas auxiliam na compreensão das características físicas mais importantes de cada continente.

PÁGINAS TEMÁTICAS

Essas páginas destacam temas importantes da Geografia na atualidade, apresentando estudos detalhados em determinadas regiões.

As páginas temáticas baseiam-se em um mapa principal.

TEMAS IMPORTANTES

Perguntas estimulam debates e pesquisas mais aprofundadas sobre o tema.

UTILIZANDO MAPAS

A TERRA

A Terra é dividida em três camadas: núcleo, manto e crosta. A crosta é composta por vários tipos de rocha. Os processos geológicos que geram essas rochas incluem os movimentos das placas tectônicas e as erupções vulcânicas. As placas tectônicas correspondem à litosfera, que é composta pela crosta terrestre e pela parte superior do manto.

A ESTRUTURA DA TERRA

As camadas internas da Terra são quentes por causa da pressão e do calor de elementos radioativos. O calor emerge do núcleo através do manto por correntes de convecção. À medida que o magma quente sobe, vai esfriando gradativamente e retorna ao núcleo, produzindo um constante movimento dentro do manto. Um pouco do calor também escapa por pontos de ruptura da crosta terrestre.

Quando as placas terrestres se movem, ocorrem rachaduras. Essas rachaduras são conhecidas como falhas. Algumas, como a falha de Santo André, no oeste dos Estados Unidos, são facilmente visíveis.

Plumas quentes, conduzindo magma, trazem calor para a superfície.

Crosta continental
ESTADO: sólido
PROFUNDIDADE: 0 a 70 km abaixo da superfície
TEMPERATURA: inferior a 1 000°C

Núcleo externo
ESTADO: viscoso
PROFUNDIDADE: 5 150 km abaixo da superfície
TEMPERATURA: entre 3 500 e 4 000°C

Núcleo interno
ESTADO: sólido
PROFUNDIDADE: 6 370 km abaixo da superfície
TEMPERATURA: entre 4 000 e 4 700°C

Limite entre o núcleo e o manto, onde o núcleo externo viscoso e a camada de lava sólida do manto se encontram.

Crosta oceânica
ESTADO: sólido
COMPOSIÇÃO: basáltica.
ESPESSURA: de 5 a 10 km.

Manto
LOCALIZAÇÃO: entre a crosta e o núcleo.
ESPESSURA: em torno de 2 900 km.
Entre 100 e 350 km a partir da superfície, localiza-se a **astenosfera**, formada por rochas menos rígidas (zona plástica), onde as placas tectônicas deslizam lentamente.

A camada exterior da Terra, constituída pela crosta terrestre e parte do manto superior, é chamada litosfera.

O LUGAR ONDE VIVEMOS

Cerca de 70% da superfície da Terra encontra-se submersa, coberta pelos vastos oceanos Pacífico, Atlântico, Índico, Antártico e Ártico. Fotografias tiradas do espaço mostram que a Terra é um planeta azul e tem a forma de uma bola levemente achatada nos polos. Seu movimento de rotação faz com que seja um pouco mais "inchada" perto da linha do Equador e levemente plana nos pólos.

Cerca de 20% da superfície terrestre é composta por desertos. Algumas áreas, como a Antártica, são frias, enquanto outras, como o deserto do Saara, são quentes. Uma definição simplificada de deserto: região onde a precipitação pluvial anual é inferior a 250 mm.

Aproximadamente metade da população mundial vive em áreas costeiras. Oito das áreas mais populosas do mundo, como Tóquio (acima), estão situadas em estuários ou em regiões próximas à costa.

No oceano Pacífico, localizam-se as áreas mais profundas da superfície terrestre: as fossas oceânicas. A mais profunda delas, a depressão de Challenger, localizada na fossa das Marianas, chega a 11 200 metros abaixo do nível do mar.

Florestas tropicais, como a floresta Relic, em Otway, Austrália (acima), cobrem somente 7% da superfície terrestre, mas têm o ecossistema mais rico do planeta. Essas florestas abrigam mais espécies de animais e plantas do que qualquer outro lugar do mundo.

UTILIZANDO MAPAS

HEMISFÉRIOS

A Terra é dividida por duas linhas imaginárias. Uma delas, a linha do Equador, divide o planeta nos hemisférios Norte e Sul. A outra linha parte do meridiano de Greenwich e vai de 0° a 180° de longitude, demarcando os hemisférios Ocidental e Oriental.

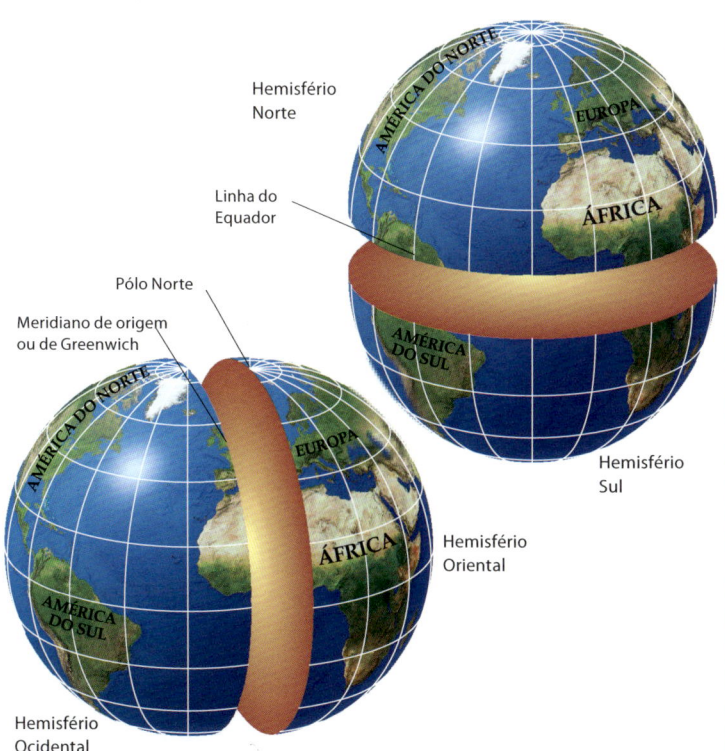

TERRA E ÁGUA

O planeta Terra pode também ser dividido em função das porções de terra e de água. A maior porção de água está concentrada no oceano Pacífico. Visto de cima, o oceano Pacífico nos dá a ideia de que a Terra é quase toda coberta por água.

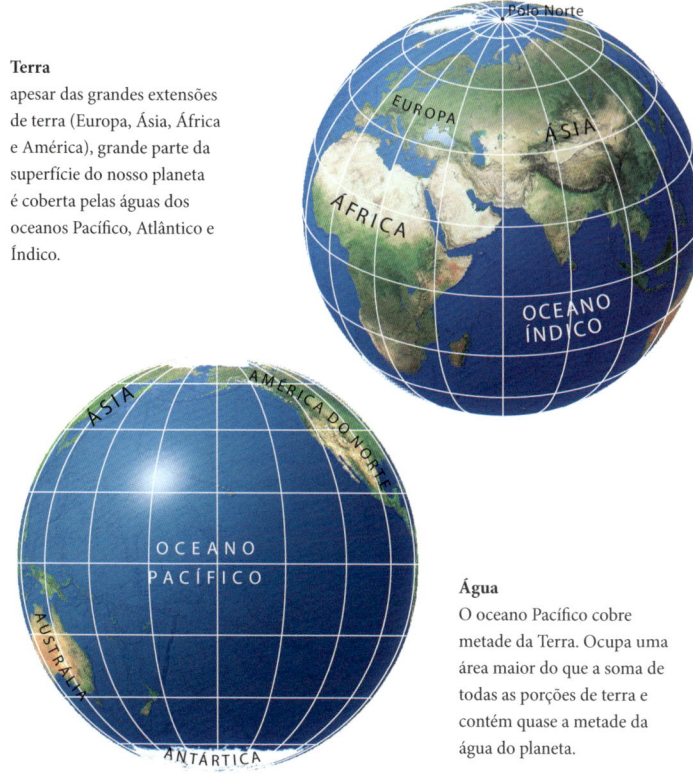

Terra
apesar das grandes extensões de terra (Europa, Ásia, África e América), grande parte da superfície do nosso planeta é coberta pelas águas dos oceanos Pacífico, Atlântico e Índico.

Água
O oceano Pacífico cobre metade da Terra. Ocupa uma área maior do que a soma de todas as porções de terra e contém quase a metade da água do planeta.

ESTAÇÕES DO ANO

Da mesma forma que a Terra gira em torno do Sol (movimento de translação), ela também gira em torno de si mesma (movimento de rotação) por um eixo imaginário que passa pelo centro da Terra, partindo do Polo Norte até o Polo Sul. Esse eixo tem uma inclinação de aproximadamente 23,5° em relação à órbita terrestre. O movimento da Terra em torno do Sol, associado à inclinação de seu eixo, causa as mudanças nas características do clima, chamadas de estações climáticas.

Austrália, 21 de dezembro: no hemisfério Sul, o verão tem início em dezembro, e o inverno, em junho.

Reino Unido, 21 de dezembro: no hemisfério Norte, o inverno tem início em dezembro, e o verão, em junho.

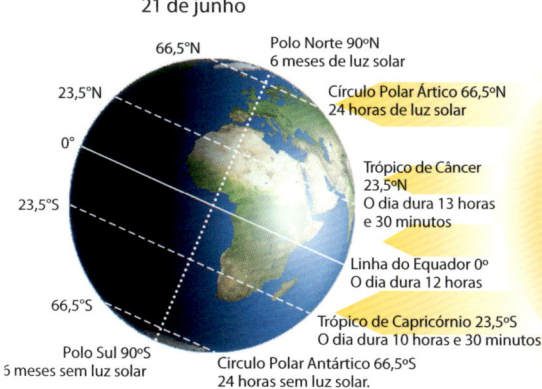

Em 21 de junho o hemisfério Norte recebe a maior quantidade de luz direta e tem seu dia mais longo.

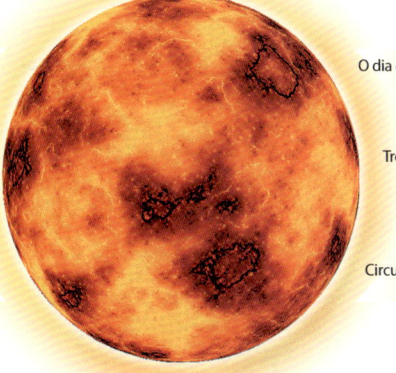

As regiões entre os trópicos são quentes o ano todo, com exceção das elevadas altitudes. Nessas regiões, os raios solares atingem a Terra quase perpendicularmente, portanto são mais intensos. Regiões próximas aos polos têm o clima mais frio do planeta. Nas altas latitudes, os raios solares atingem a Terra de forma inclinada, por isso são menos intensos.

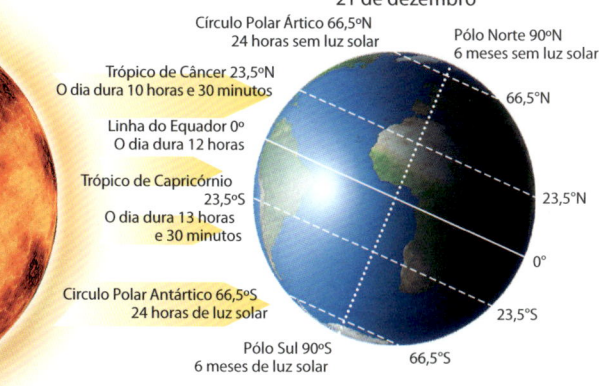

Em 21 de dezembro o Hemisfério Sul recebe a maior quantidade de luz direta e tem seu dia mais longo.

PROJEÇÕES CARTOGRÁFICAS

A forma mais precisa de se visualizar o mundo é o globo terrestre, mas, como esse é um instrumento pouco prático, os cartógrafos o transformam em mapas planos. Esse procedimento chama-se projeção cartográfica. A transformação do globo em mapa não é simples, e sempre ocorre alguma distorção de área, distância ou direção.

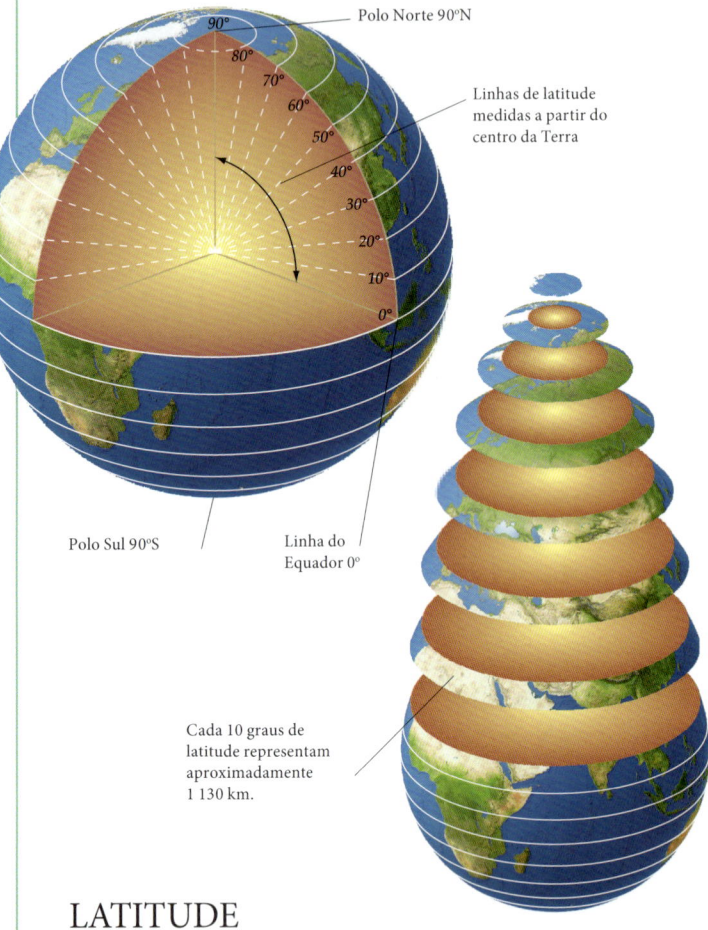

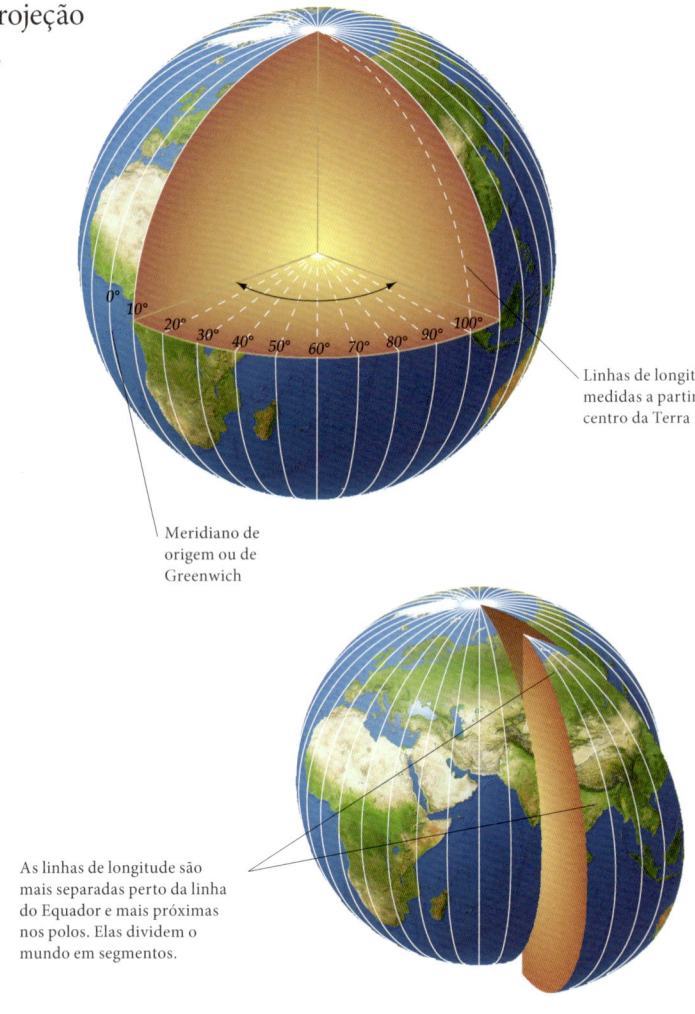

LATITUDE

As linhas que circundam a Terra de leste a oeste são chamadas linhas de latitude. A latitude é medida em graus. A linha do Equador está a 0° de latitude e os pólos, a 90°. O grau de latitude indica a que distância um lugar está, tanto para o norte como para o sul.

LONGITUDE

As linhas que circundam a Terra do Polo Norte ao Polo Sul são chamadas de linhas de longitude. O meridiano de referência, que passa por Greenwich, em Londres, é o de grau zero (0°). Os meridianos são medidos em graus a leste ou a oeste do meridiano de Greenwich.

COMO LOCALIZAR LUGARES NA TERRA?

O conjunto de linhas de latitude e longitude forma uma "grade" imaginária sobre a Terra, permitindo que qualquer lugar possa ser localizado por meio da interseção (cruzamento) dessas linhas.

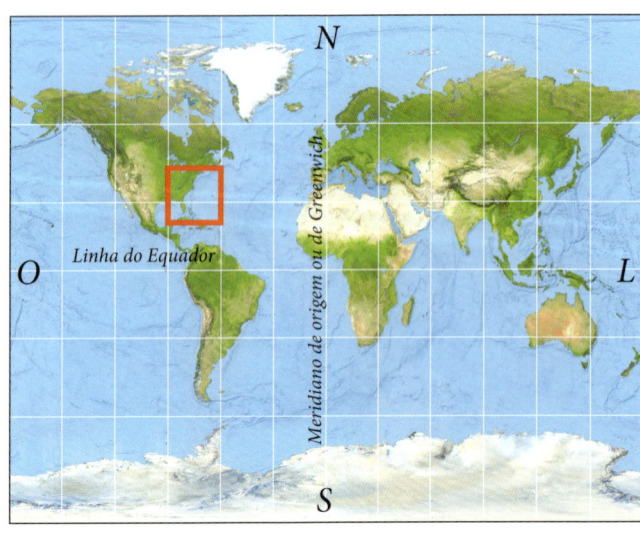

UTILIZANDO MAPAS

PROJEÇÕES CARTOGRÁFICAS DO GLOBO

Cartógrafos usam a técnica da projeção para representar as curvaturas do globo em mapas planos. Há vários tipos de projeções, mas todas causam alguma distorção em termos de área, distância ou direção; sempre que uma das distorções for minimizada, outra será maximizada. Os cartógrafos escolhem a representação mais adequada de acordo com seus objetivos. Há três tipos principais de projeções:

Projeções cilíndricas: A superfície do globo é representada num cilindro. O cilindro é então cortado de cima para baixo e "desenrolado", formando um mapa plano. A projeção de Mercartor (à direita) é um bom exemplo.

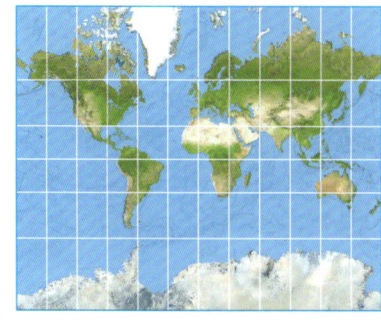

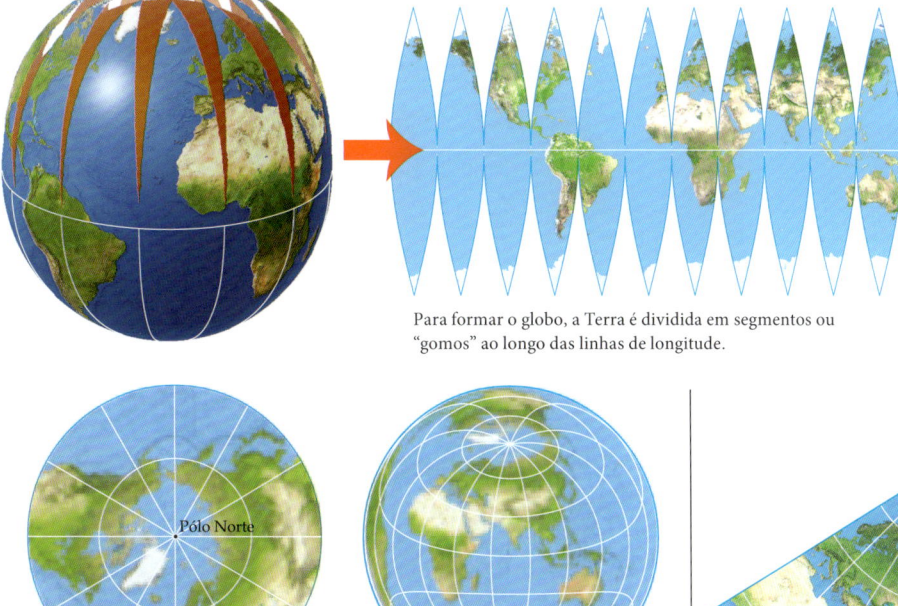

Para formar o globo, a Terra é dividida em segmentos ou "gomos" ao longo das linhas de longitude.

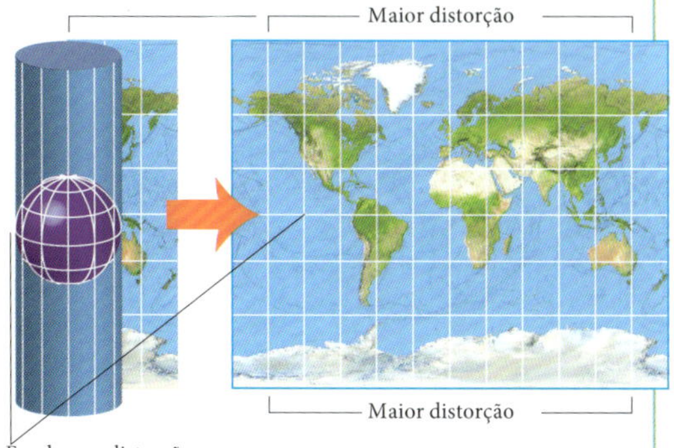

Maior distorção

Escala sem distorções na linha do Equador

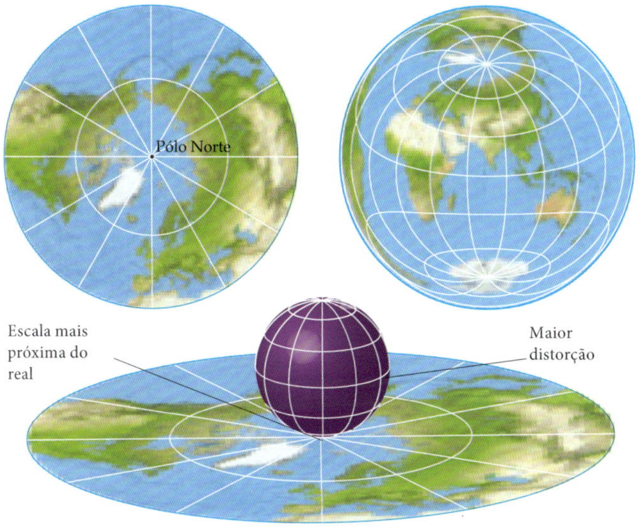

Maior distorção

Pólo Norte

Escala mais próxima do real

Maior distorção

Escala mais próxima do real

Projeções azimutais: O globo é projetado sobre um círculo plano. O círculo toca somente um ponto da superfície do globo, e a escala é precisa somente nesse ponto. As projeções azimutais são mais adequadas para representar hemisférios, continentes ou os polos. Quando utilizadas para retratar áreas maiores, ocorrem grandes distorções nas bordas.

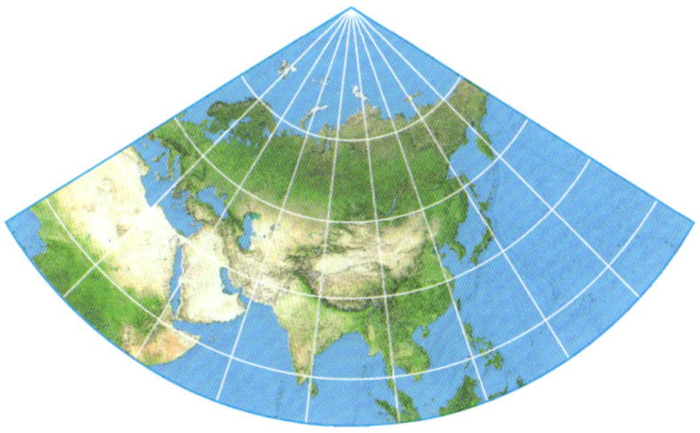

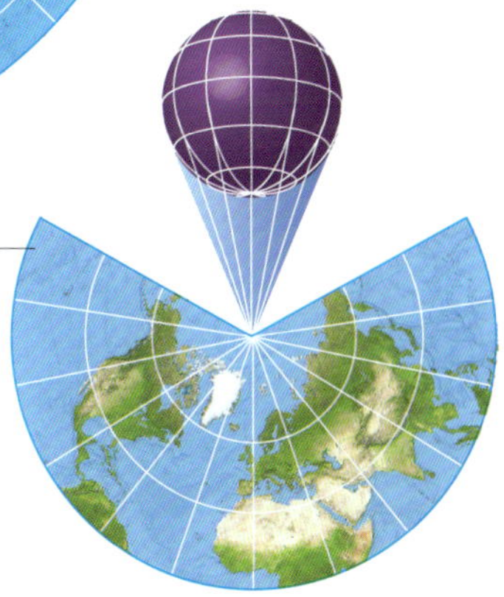

Projeções cônicas: O globo é colocado sobre o topo de um cone e projetado sobre ele, resultando em um mapa plano em forma de leque. Como o cone toca o globo em apenas uma linha de latitude, esse tipo de projeção é mais adequado para representar áreas menores, como mapas de países.

PROJEÇÕES USADAS NESTE ATLAS

As projeções usadas neste Atlas foram cuidadosamente escolhidas, de forma que ocorressem as menores distorções possíveis. As projeções apropriadas para mapas-múndi, mapas de continentes e mapas de países são totalmente diferentes.

Mapas-múndi

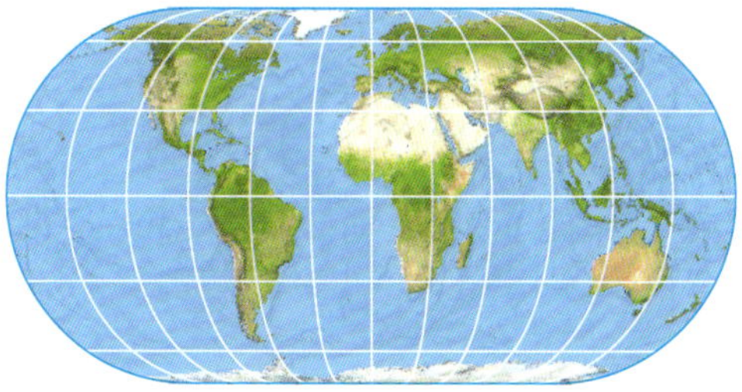

A projeção Eckert IV é usada para mapas-múndi, pois mostra os países com sua dimensão correta em relação aos demais.

Continentes

A projeção equivalente azimutal de Lambert é usada para representar continentes. A distorção na forma é relativamente pequena, e os países mantêm a dimensão correta uns em relação aos outros.

Países

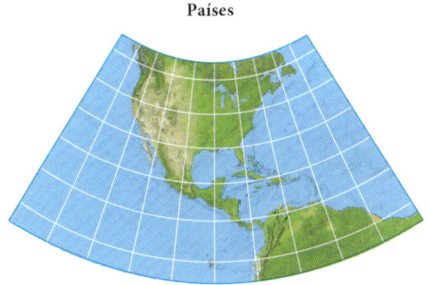

A projeção cônica conforme de Lambert mostra os países com o menor grau de distorção possível. Os ângulos a partir de qualquer ponto do mapa são exatamente iguais aos da superfície do globo.

UTILIZANDO MAPAS

ANTIGO E MODERNO

Os computadores e os satélites têm revolucionado a confecção dos mapas, tornando os processos mais fáceis e precisos. Entretanto, ainda assim, mapear é uma tarefa demorada que exige talento. As informações a respeito do mundo devem ser bem pesquisadas, classificadas e confirmadas. O cartógrafo tem de tomar decisões quanto à função do mapa e às informações que devem constar nele, de forma que fique o mais claro possível.

ELABORAÇÃO DOS MAPAS ANTIGOS

Os primeiros mapas eram representações gráficas de como a superfície da Terra era observada. Mais tarde, os mapas passaram a ser desenhados com base em informações coletadas por grupos de pesquisadores. Eles demarcavam e calculavam as altitudes do terreno, a posição das cidades e outras características geográficas.

NOVAS TÉCNICAS

Hoje em dia, os satélites coletam e processam informações detalhadas a respeito da superfície da Terra. Localizações podem ser obtidas por GPS (sigla em inglês para Sistema de Posicionamento Global) associado a satélites. Os computadores são utilizados para combinar diferentes tipos de informações. Mapas computadorizados podem ser facilmente produzidos por meio de um SIG (Sistema de Informação Geográfica).

MAPAS ESQUEMÁTICOS

Os mapas esquemáticos são diagramas simplificados e altamente estilizados que propositalmente distorcem distâncias e localizações para facilitar a leitura.
Eles são muito utilizados em mapas turísticos e de transporte público.

Em 1933, Henry Beck criou o primeiro mapa esquemático para o metrô de Londres. Os mapas anteriores reproduziam todas as voltas e curvas dos trilhos, o que os tornava bastante complexos e difíceis de compreender. Beck utilizou linhas retas, alterando distâncias e localizações, de forma que as rotas seguissem as orientações básicas norte-sul e leste-oeste. Com isso, produziu um modelo mais simples e fácil de usar. Os mapas utilizados atualmente são baseados na concepção de Beck. Um exemplo é o do metrô da cidade do Rio de Janeiro, ao lado.

UTILIZANDO MAPAS

CONSTRUÇÃO DE MAPAS MODERNOS

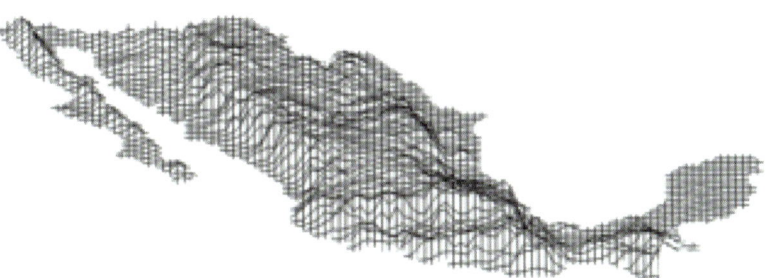

1. Medindo a superfície da Terra
A superfície da Terra é dividida em quadrados, e os satélites medem a altitude em cada um deles. Os dados obtidos são, então, trabalhados no computador para que se produza um modelo digital do terreno (MDT).

2. Elaborando um modelo de terreno
Com os dados obtidos por satélite, um modelo tridimensional pode ser criado. *Softwares* conseguem recriar os efeitos da incidência dos raios solares nas montanhas e vales, tornando-os, consequentemente, mais visíveis.

3. Acrescentando detalhes à superfície terrestre
As altitudes da Terra podem ser evidenciadas pelo uso de cores ou curvas de nível, que são aplicadas às superfícies criadas digitalmente. Cores também podem ser usadas para representar diferentes tipos de vegetação, como a de desertos, florestas e savanas.

4. Acrescentando detalhes ao mapa
Detalhes, como rodovias, rios e cidades, podem agora ser adicionados. Tais informações são compiladas, digitalizadas e, em seguida, sobrepostas ao modelo de terreno, criando-se, assim, um mapa.

INFORMAÇÕES APRESENTADAS EM UM MAPA

Mapas são diagramas de um determinado lugar. É função dos cartógrafos decidir que tipo de informação devem conter. Os mapas podem destacar características geográficas, como rodovias, rios e altitude, ou então aspectos como profundidade de mares, nomes de lugares e fronteiras – informações impossíveis de identificar no próprio terreno ou em fotografias. As informações mostradas em um mapa são influenciadas por vários fatores, sendo a escala o mais importante.

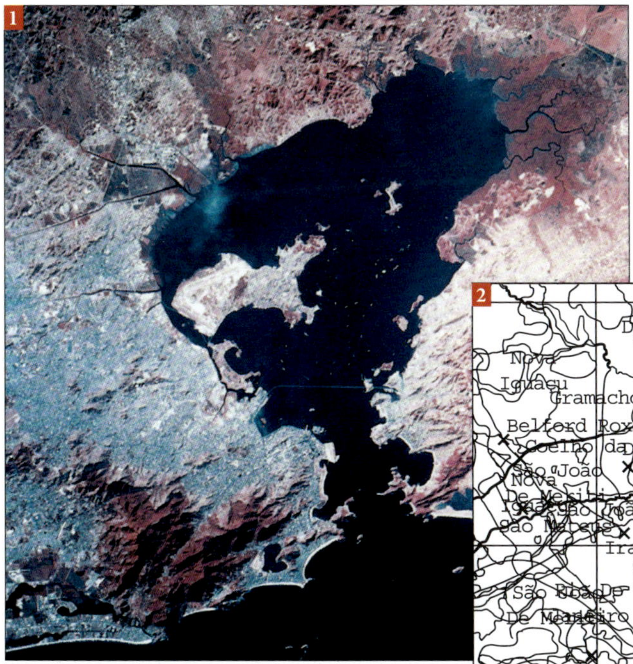

1. Esta é uma imagem de satélite da baía de Guanabara, no estado do Rio de Janeiro. Embora seja possível identificar a baía e as maiores aglomerações populacionais, não é possível localizar rodovias nem ter noção da posição dos lugares uns em relação aos outros.

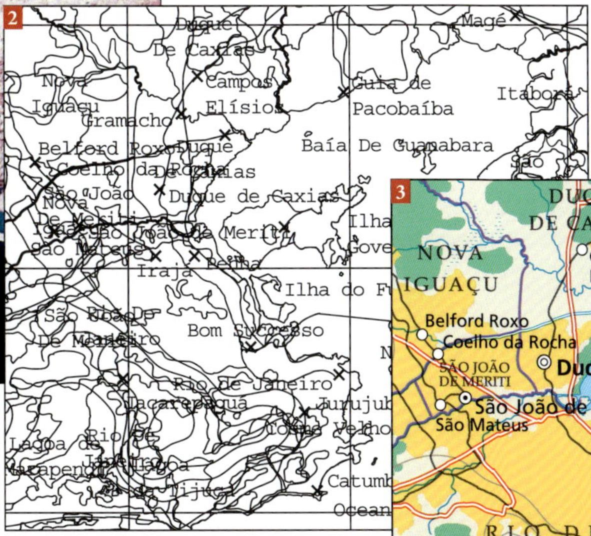

2. As imagens de satélites são digitalizadas, criando-se uma base de dados com linhas, símbolos e nomes de lugares. Esse agrupamento de informações pode parecer muito confuso.

3. Este mapa é da mesma área. Muitos detalhes foram simplificados. Cidades foram identificadas e localizadas; curvas de nível indicam a altitude do terreno; rodovias, ferrovias e limites municipais foram incluídos.

UTILIZANDO MAPAS

COMO USAR MAPAS

Mapas são representações gráficas de toda a superfície terrestre ou de parte dela. Fornecem informações sobre a Terra por meio de cores, símbolos e diferentes tipos de impressão gráfica, de modo a diferenciar características geográficas. Para se ler um mapa e compreender todas as informações nele contidas, é necessário que se usem escalas e legendas, as quais aparecem em todos os mapas deste Atlas.

LOCALIZADOR NO GLOBO

Utilize o localizador para visualizar onde a região em destaque se situa no mundo.

GRADE GEOGRÁFICA E LOCALIZAÇÃO

Cada mapa traz uma grade alfanumérica (letras e números localizados nas bordas) que ajuda a encontrar as localidades.

Quadrículas
As linhas de latitude e longitude também são conhecidas como quadrículas. Elas são representadas nos mapas por linhas finas azuis; os graus de latitude e de longitude aparecem no final de cada uma.

UTILIZANDO MAPAS

COMO FUNCIONAM AS LEGENDAS

As legendas fornecem informações a respeito das características físicas representadas nos mapas, bem como referentes à intervenção do homem (concentrações populacionais, rodovias, fronteiras políticas etc.).

Todos os mapas regionais ou de países mostram o relevo. Diferentes cores são utilizadas para diferentes elevações: o verde é usado para terras baixas; tons de amarelo, marrom e cinza são usados para diferentes faixas de elevações. Informações sobre as águas, como rios e lagos, também são mostradas.

CONCENTRAÇÕES POPULACIONAIS

- mais de 1 milhão de habitantes
- entre 500 000 e 1 milhão de habitantes
- entre 100 000 e 500 000 habitantes
- entre 50 000 e 100 000 habitantes
- menos de 50 000 habitantes

O quadrado vermelho indica capital de país.

Diferentes símbolos e tipos de letras são usados para mostrar a localização, o tamanho e o *status* político de concentrações populacionais.

FRONTEIRAS

- fronteira internacional
- área em litígio
- fronteira marítima

Todas as linhas de fronteiras aparecem na cor roxa; diferentes estilos de linhas são usados para indicar se a fronteira está em disputa.

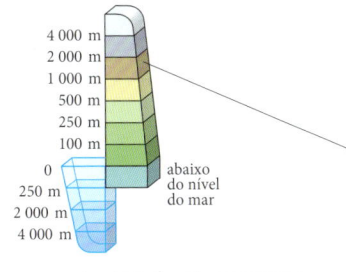

ESCALA

Quando se representa determinada área em um mapa, é necessário reduzi-la. As escalas nos mostram a proporção de redução, ou seja, quanto uma área foi reduzida. Quanto menor a escala, maior a área representada no mapa, porém tal representação apresenta menos detalhes. Um mapa com escalas maiores mostra áreas menores, porém com mais detalhes.

LONDRES 1:21 500 000

Este mapa possui uma escala pequena e mostra a localização do Reino Unido em relação ao resto da Europa. Poucos aspectos geográficos podem ser vistos – somente grandes rios, concentrações populacionais e aspectos do relevo.

LONDRES 1:1 000 000

Este mapa possui uma escala maior e mostra mais detalhes da região de Londres, como áreas próximas, principais estradas e subúrbios.

LONDRES 1:5 500 000

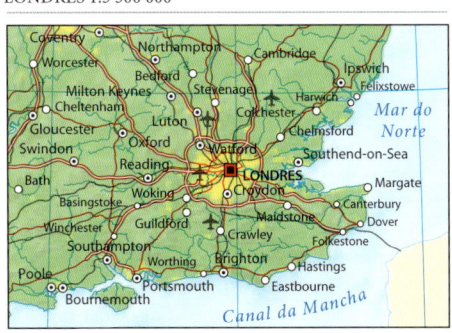

Nesta escala, somente o sudeste da Inglaterra pode ser visto. No entanto, cidades de tamanhos variados podem ser identificadas, bem como rodovias e rios importantes.

LONDRES 1:12 500

Neste mapa, o nome de quase todas as ruas aparece. Certos pontos específicos, como algumas atrações turísticas e estações ferroviárias, também podem ser identificados.

BARRA DE ESCALA

As barras de escala mostram a proporção entre as distâncias representadas no mapa e as distâncias reais. Há várias formas de se representar uma escala.

Escala 1:1 400 000
(Projeção: Cônica Conforme de Lambert)

0 km   14   28   42

1 cm no mapa representa 14 km no terreno.

Uma unidade de medida no mapa corresponde a 1 400 000 unidades na realidade.

A linha é dividida em unidades de modo a representar distâncias reais que são dadas em quilômetros.

Isso indica que 1 centímetro do mapa representa 14 km no terreno.

O MUNDO

DIVISÃO POLÍTICA

Atualmente, existem quase 200 países. As fronteiras entre eles são determinadas tanto por questões físicas, como recursos naturais e relevo, quanto pela interferência do homem, em função de questões étnicas, culturais, de língua e de religião. Em geral, fronteiras marcadas por linhas retas indicam ex-colônias. Alguns países têm suas fronteiras demarcadas há muito tempo; outros, porém, ainda estão em disputa para defini-las.

NOVAS NAÇÕES E PAÍSES QUE AS ADMINISTRAVAM ANTERIORMENTE

Países que controlavam as colônias na época em que estas conquistaram a independência.
- Austrália
- Austrália/Nova Zelândia/Reino Unido
- Tchecoslováquia
- Etiópia
- França
- Indonésia
- Holanda
- Paquistão
- Portugal
- África do Sul
- Espanha
- Reino Unido
- Alemanha reunificada
- EUA
- União Soviética
- Iugoslávia

LEGENDA

Fronteiras
- fronteira internacional
- fronteira em litígio
- área em litígio
- ××× linha de controle
- fronteira marítima
- fronteira marítima em litígio

Status político
- **LAOS** país independente
- Niue (Nova Zelândia) território não independente, mas com governo próprio
- Ilhas Nicobar (Índia) território não independente sem governo próprio

Escala 1:84 000 000
(Projeção: Eckert IV)

0 km 840 1 680 2 520

1 cm no mapa representa 840 km no terreno.

O MUNDO

MUDANÇAS DE FRONTEIRA NA POLÔNIA

1634 – Nesse ano, o país atingiu sua maior expansão. A Polônia era o maior país da Europa, com a terceira maior população.

1772–1795 – Nesse período, a Polônia foi dividida entre Rússia, Prússia e Áustria, deixando de ser um Estado soberano.

Após a 1ª Guerra Mundial – No fim da 1ª Guerra, com a queda da Rússia, da Alemanha e da Áustria, a Polônia reconquistou sua independência. Entretanto, seu território foi reduzido à metade do que era em 1634.

Após a 2ª Guerra Mundial – No fim da 2ª Guerra, os Aliados moveram as fronteiras da Polônia na direção oeste. Na ocasião, o país ficou consideravelmente menor, pois o território anexado pela União Soviética a leste tinha aproximadamente o dobro do tamanho do território tomado da Alemanha a oeste. Milhões de pessoas foram expatriadas por causa das mudanças nas fronteiras.

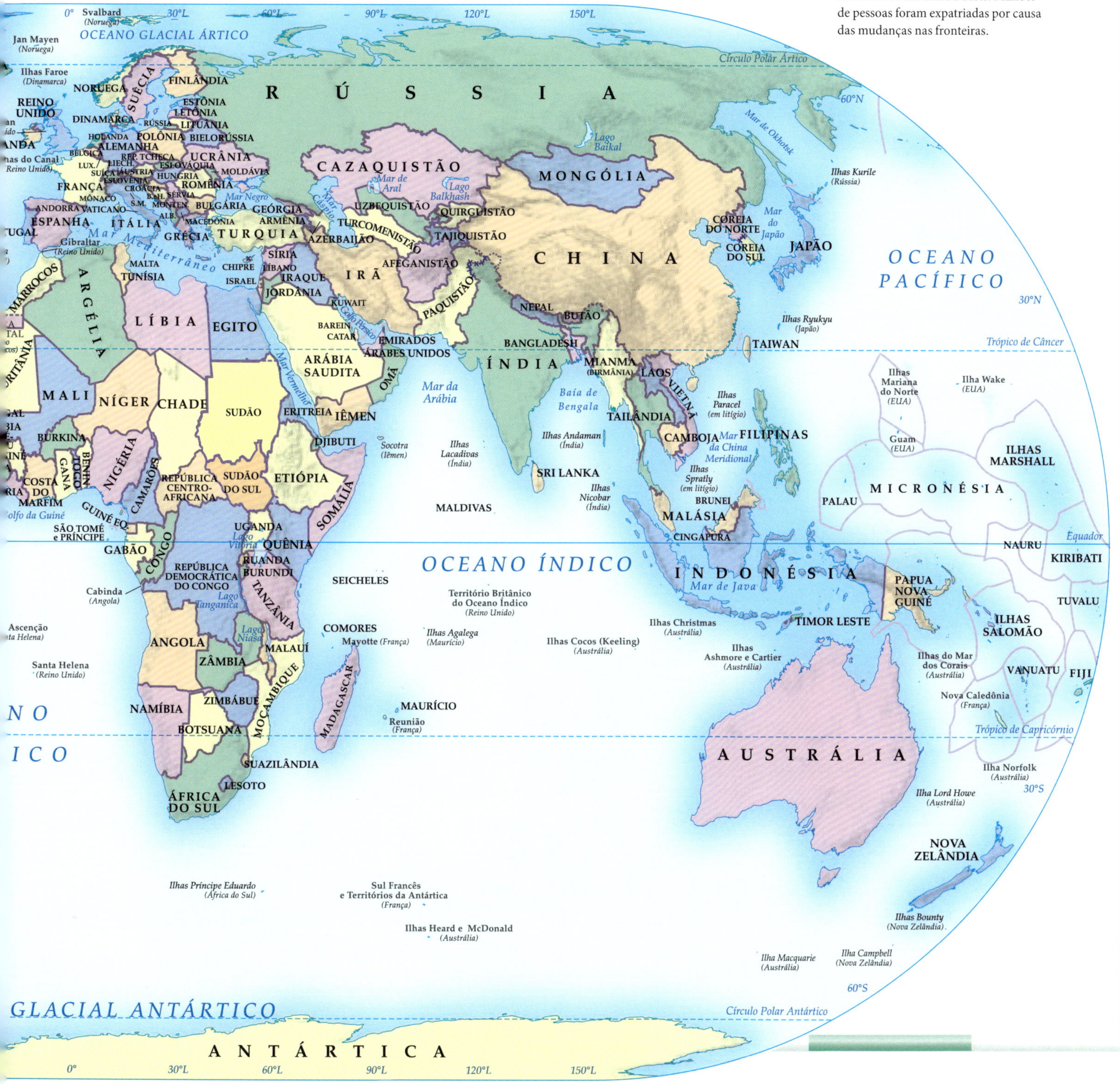

POPULAÇÃO

A população do mundo triplicou nos últimos 100 anos. No início do século XX, a população mundial era de aproximadamente 2 bilhões. Em 2011, a população atingiu 7 bilhões. De acordo com a ONU, seremos 8 bilhões de pessoas por volta de 2025.

GRANDES CENTROS URBANOS

LEGENDA
• cidade com mais de 1 milhão de habitantes
Fonte: ONU.

DENSIDADE DEMOGRÁFICA POR PAÍS

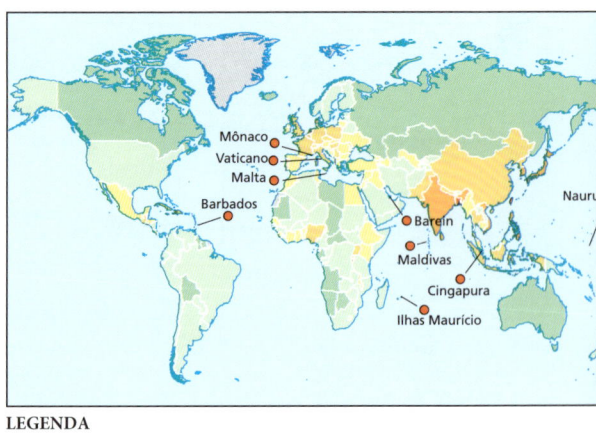

LEGENDA

Densidade demográfica (número de pessoas por km²)

- acima de 500
- 250 a 499
- 100 a 249
- 50 a 99
- 10 a 49
- 1 a 9
- dados não disponíveis

DENSIDADE DEMOGRÁFICA

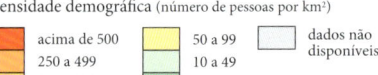

PREVISÃO DE CRESCIMENTO POPULACIONAL

Em bilhões de pessoas

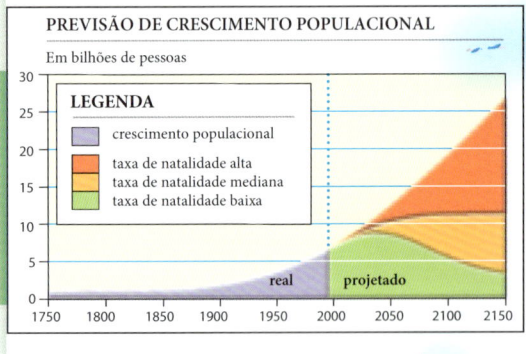

LEGENDA
- crescimento populacional
- taxa de natalidade alta
- taxa de natalidade mediana
- taxa de natalidade baixa

Nova York 21,75 milhões
Los Angeles 17,4 milhões
Cidade do México 21,8 milhões
Rio de Janeiro 12,5 milhões
São Paulo 20,2 milhões
Buenos Aires 13,9 milhões

DISTRIBUIÇÃO POPULACIONAL DE ACORDO COM O SEXO NOS EUA

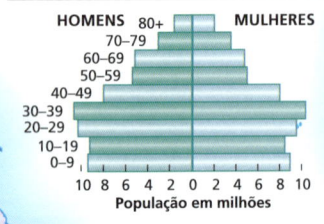

HOMENS | MULHERES
População em milhões

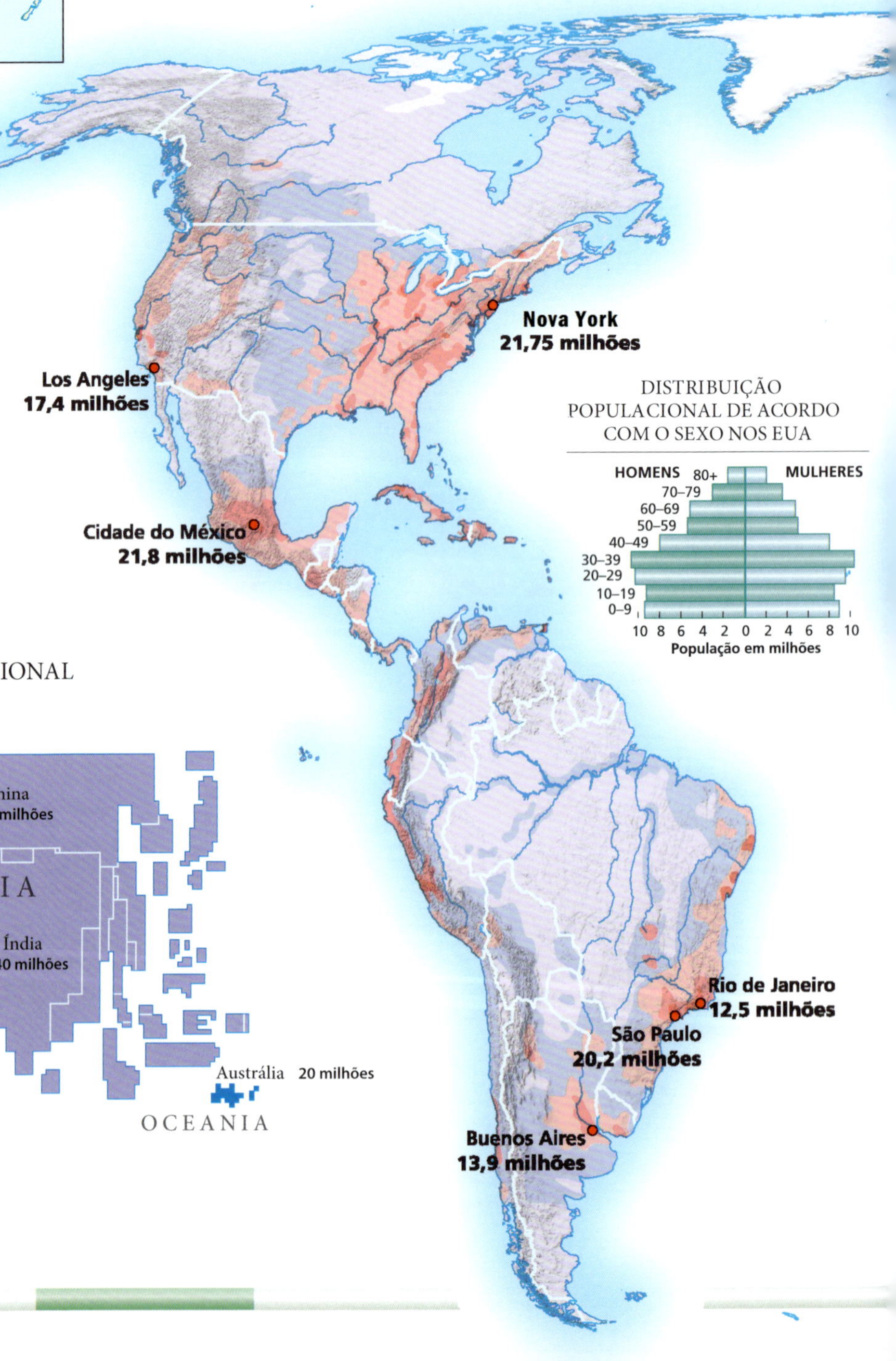

CARTOGRAMA POPULACIONAL

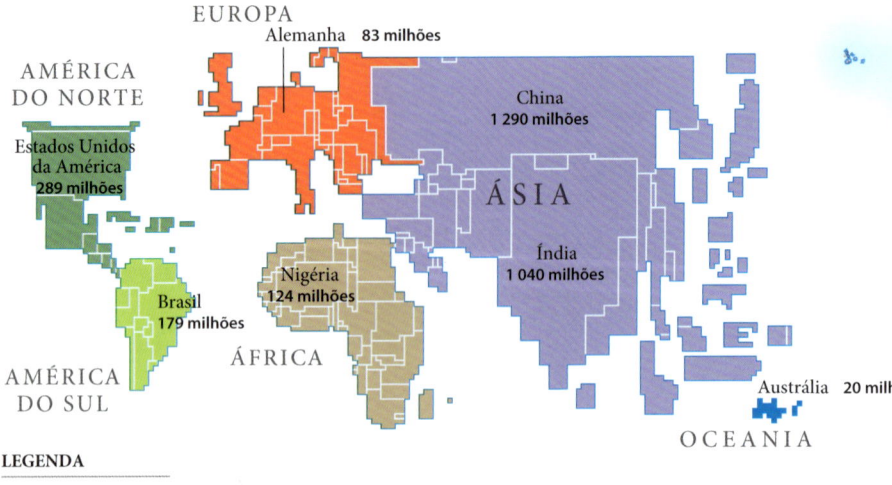

EUROPA — Alemanha 83 milhões
AMÉRICA DO NORTE — Estados Unidos da América 289 milhões
ÁSIA — China 1 290 milhões; Índia 1 040 milhões
ÁFRICA — Nigéria 124 milhões
AMÉRICA DO SUL — Brasil 179 milhões
OCEANIA — Austrália 20 milhões

LEGENDA
Proporção entre a área do país e sua população.
• 1 milhão de pessoas

O MUNDO

URBANIZAÇÃO

LEGENDA

Urbanização (percentual da área total)
- 90 a 100
- 80 a 89
- 60 a 79
- 40 a 59
- 0 a 39
- dados não disponíveis

Fonte: ONU.

CRESCIMENTO POPULACIONAL

LEGENDA

Crescimento populacional (percentual médio anual)
- acima de 2,5
- 2 a 2,4
- 1,5 a 1,9
- 1 a 1,4
- 0 a 0,9
- 0 a −0,9 (população em declínio)
- dados não disponíveis

Fonte: Banco Mundial.

DISTRIBUIÇÃO POPULACIONAL DE ACORDO COM O SEXO NA RÚSSIA

HOMENS / MULHERES
- 80+
- 70–79
- 60–69
- 50–59
- 40–49
- 30–39
- 20–29
- 10–19
- 0–9

6 5 4 3 2 1 0 1 2 3 4 5 6
População em milhões

DISTRIBUIÇÃO POPULACIONAL DE ACORDO COM O SEXO NA ÍNDIA

HOMENS / MULHERES
- 80+
- 70–79
- 60–69
- 50–59
- 40–49
- 30–39
- 20–29
- 10–19
- 0–9

50 40 30 20 10 0 10 20 30 40 50
População em milhões

Cidades:
- Moscou 15,3 milhões
- Teerã 15,3 milhões
- Cairo 15,2 milhões
- Karachi 13,1 milhões
- Délhi 18,1 milhões
- Mumbai 18,8 milhões
- Kolkata 14,95 milhões
- Shangai 12,5 milhões
- Seul 21,7 milhões
- Osaka 16,7 milhões
- Tóquio 33,7 milhões
- Manila 14 milhões
- Jacarta 16,3 milhões

LEGENDA

Densidade populacional (habitantes por km²)
- acima de 200
- 100 a 200
- 50 a 100
- 10 a 50
- 1 a 10
- 0 a 1

Vinte maiores cidades
População metropolitana (em milhões)
- Cidade 18,8 milhões

Escala 1:99 700 000
(Projeção: Eckert IV)

0 km 997 1 994 2 991

1 cm no mapa representa 997 km no terreno.

HIV E AIDS

A pandemia de AIDS, doença causada pelo vírus HIV, é um dos maiores problemas de saúde do mundo. A AIDS foi identificada na década de 80. Em 2012, em torno de 35 milhões de pessoas já tinham morrido da doença, e acreditava-se que outras 35 milhões estivessem infectadas. Relatórios da ONU afirmam que a epidemia está em um processo de desaceleração, porém estima-se que, por volta de 2020, mais de 50 milhões de pessoas terão morrido de AIDS.

DEFINIÇÕES ÚTEIS	
Pandemia	Doença que afeta diversos países, regiões e continentes ao mesmo tempo.
Epidemia	Surgimento de uma doença em uma determinada região; a doença se espalha rapidamente e permanece na região durante determinado tempo.
Vírus	Minúscula partícula que invade as células dos seres vivos e causa doenças. Há dois tipos de vírus: os que possuem DNA e os que possuem RNA como material genético.
Retrovírus	Vírus que possuem RNA como material genético e que inserem uma cópia de seus genomas em células hospedeiras (exemplo: HIV).
DNA	Sigla em inglês para ácido desoxirribonucléico; base genética das células e dos organismos.

O QUE É A AIDS?

O HIV (vírus da imunodeficiência humana) é o retrovírus que causa a AIDS (sigla em inglês para síndrome da imunodeficiência adquirida), doença que aos poucos enfraquece o sistema imunológico do corpo humano. Esse enfraquecimento pode causar a perda da proteção imunológica mínima e levar o paciente à morte. No entanto, é possível ser HIV positivo, ou seja, estar contaminado pelo vírus HIV, e passar muitos anos sem apresentar sintomas da doença. O HIV se aloja no sangue, nos fluidos sexuais e no leite materno; quando esses líquidos entram no corpo de uma pessoa, ela é infectada pelo vírus.

HIV E AIDS NO MUNDO

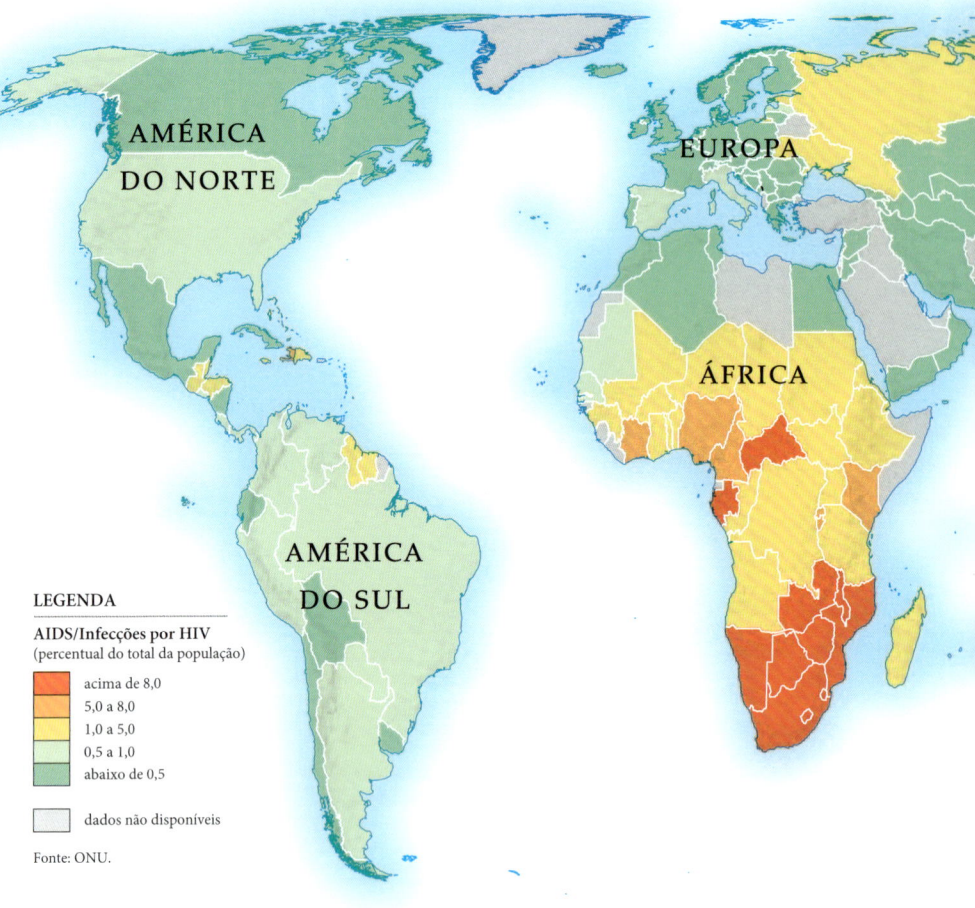

AIDS – INFECÇÕES PELO HIV	
ANO	Total de pessoas até o ano em questão.
1990	10 milhões
2000	60 milhões
2010	70 milhões

MORTES PROVOCADAS PELA AIDS	
ANO	Total de pessoas até o ano em questão.
1990	2 milhões
2000	23 milhões
2010	35 milhões

A AIDS HOJE

Quando o vírus da AIDS foi primeiramente diagnosticado, os principais grupos contaminados eram os usuários de drogas injetáveis e os homossexuais masculinos, predominantemente nos países mais ricos. Porém, nas últimas décadas, a maioria dos casos de infecção tem surgido nos países mais pobres, sendo a maior incidência entre heterossexuais. Rússia, Índia, China e África Subsaariana são as regiões que causam maior preocupação, pois é nesses locais que o vírus e a doença têm se espalhado mais rapidamente.

Na Rússia o número de casos cresce assustadoramente, principalmente entre jovens, devido ao uso de drogas. A Índia tem o segundo maior índice de infecções do mundo: 4,5 milhões. Setenta por cento da população vive na área rural, e a pouca informação sobre o HIV, bem como a falta de acesso a preservativos e ao teste de HIV são os fatores que causam o alastramento do vírus.

Na China, os primeiros casos foram detectados na província de Yunnan, em 1985; em meados dos anos 90, o vírus se alastrou para outras regiões. Acredita-se que, atualmente, 1,5 milhão de pessoas estejam infectadas, principalmente em consequência do uso de drogas e de relações heterossexuais. Entretanto, os números reais podem ser muito mais elevados.

O MUNDO

A AIDS NA ÁFRICA SUBSAARIANA

Em nenhum outro lugar do mundo, o impacto da AIDS é tão grande quanto na África Subsaariana, região na qual se concentram 10% da população mundial.

- 1,8 milhão de pessoas foram infectadas em 2009.
- 1,3 milhão de adultos e crianças morreram de AIDS em 2009. Isso representa 70% das mortes no mundo pela doença nesse ano.
- 23 milhões de pessoas estavam contaminadas em 2009.
- A média de expectativa de vida dos africanos diminuiu em cerca de quinze anos depois da descoberta da AIDS (veja o mapa ao lado). Em 2020, as populações de Botsuana, Moçambique, Lesoto, Suazilândia e África do Sul começarão a diminuir por causa das mortes causadas pela AIDS. A taxa de crescimento do Zimbábue e da Namíbia será quase zero.

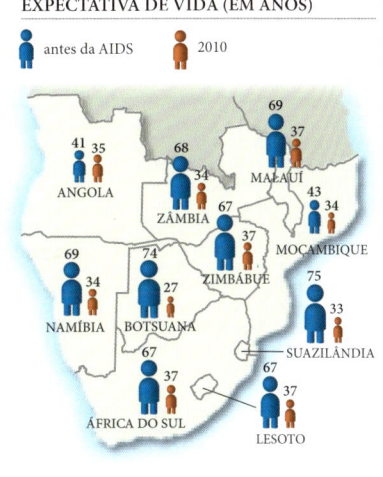

EXPECTATIVA DE VIDA (EM ANOS)
antes da AIDS / 2010

Alguns avanços no tratamento da AIDS têm ocorrido, entre eles o fornecimento de medicações antirretrovirais (ARVs). Entretanto, menos de 500 mil pessoas (7%) que necessitam de medicação nos países mais pobres têm acesso a ela. Isso acontece basicamente porque o custo dos remédios é muito alto para a maioria dos contaminados nesses países. Recentemente, porém, algumas indústrias farmacêuticas concordaram em fornecer licenças que permitem que os antirretrovirais sejam produzidos nos países subdesenvolvidos, o que deve reduzir bastante os custos.

IMPACTOS DIRETOS

Além da questão da saúde, a AIDS tem outros impactos preocupantes na sociedade.

- Famílias são desfeitas, pois os pais contraem a doença e morrem. Em consequência disso, já surgiram 13 milhões de novos órfãos, e esse número pode subir para 25 milhões nos próximos anos. Nos países mais pobres, muitos órfãos passam a ser cuidados por irmãos ou a viver nas ruas.
- Nos países subdesenvolvidos, mais dinheiro tem de ser gasto com remédios; consequentemente, menos investimentos são feitos em educação ou necessidades básicas, como alimentação.
- Como mais trabalhadores adoecem e morrem, há um prejuízo para a economia. Em alguns países, o número de perdas de profissionais de saúde e educação foi grande, e tais profissionais não são facilmente substituíveis.
- No sul da África, em 2020, a AIDS poderá ter matado 20% dos proprietários e trabalhadores de fazendas, o que causaria um grande prejuízo para a economia de vários países.
- Prevê-se que em 38 países (a maioria africanos) a força trabalhadora diminuirá entre 5% e 35% até o ano 2020.

Programas de prevenção são importantíssimos para frear o alastramento do vírus da AIDS. A conscientização é o primeiro passo. Em países como a Zâmbia, programas de conscientização e educação têm reduzido a taxa de contaminação.

Embora o acesso a remédios mais baratos ajude as pessoas infectadas, a doença não tem cura. Ainda há muito a ser feito para que se reduza a contaminação pelo HIV, e alguns sucessos já foram alcançados. República Dominicana, Uganda, Tailândia e Brasil conseguiram diminuir o número de contaminações por meio de investimentos no tratamento da doença e em programas de conscientização.

Escala 1:130 600 000
(Projeção: Eckert IV)
0 km 1 306 2 612 3 918
1 cm no mapa representa 1 306 km no terreno.

Muro pintado com mensagens alusivas ao combate à AIDS, na Cidade do Cabo, África do Sul. Em 2002, pela primeira vez, metade dos infectados pelo HIV eram mulheres. Na África Subsaariana, as mulheres são economicamente dependentes dos homens, portanto têm pouco controle sobre as relações sexuais e o uso de preservativos; por essa razão, tornam-se mais vulneráveis à contaminação pelo vírus.

AÇÕES GLOBAIS CONTRA A AIDS

Uma das metas para o milênio estabelecidas no ano 2000 foi parar e começar a reverter o alastramento do HIV e da AIDS. A ONU havia estimado que, por volta de 2005, 10 bilhões de dólares por ano seriam necessários para combater a epidemia de AIDS.

TEMAS IMPORTANTES

1. De que maneiras a infecção por HIV mais se alastra?
2. Que regiões do mundo são mais afetadas pela AIDS? Por quê?
3. Por que as mulheres são mais vulneráveis ao HIV?
4. Os AVRs deveriam ser disponibilizados para todos os que precisam? Como?
5. Além da questão da saúde, quais são os outros impactos da AIDS?

ECONOMIA

O desenvolvimento econômico pode ser avaliado comparando-se o Produto Interno Bruto (PIB) *per capita* dos países. O tamanho relativo dos três principais setores da economia (primário, secundário e terciário) também é indicador do desenvolvimento econômico. Em geral, nos países mais ricos, o setor terciário é bastante desenvolvido, enquanto os países subdesenvolvidos dependem principalmente do setor primário.

AMÉRICA DO NORTE E CENTRAL			
Setor	EUA	México	Jamaica
Primário (% do PIB)	1,61	4,17	6,71
Secundário (% do PIB)	24,45	28,01	31,46
Terciário (% do PIB)	73,94	67,82	61,83

SETOR PRIMÁRIO

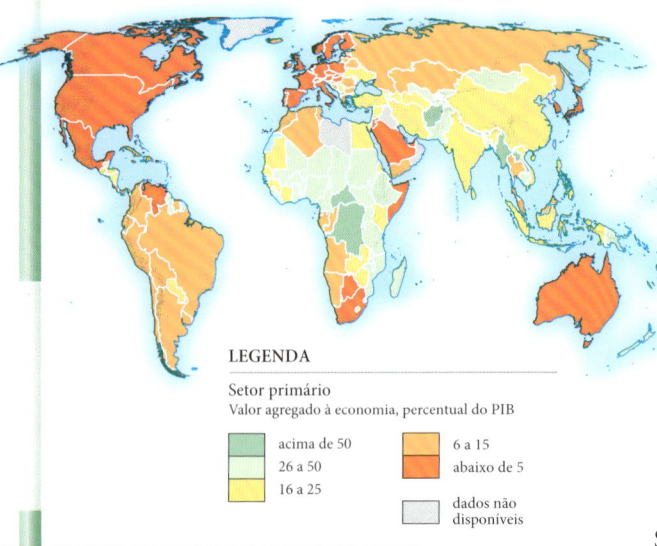

LEGENDA
Setor primário
Valor agregado à economia, percentual do PIB
- acima de 50
- 26 a 50
- 16 a 25
- 6 a 15
- abaixo de 5
- dados não disponíveis

A agricultura é a principal atividade primária no mundo todo. A maioria da população que vive nos países subdesenvolvidos, como os agricultores vietnamitas, depende de alguma forma da agricultura de subsistência para suprir suas necessidades básicas.

SETOR SECUNDÁRIO

A indústria automobilística é uma das maiores atividades secundárias do mundo. A produção geralmente ocorre em linhas de montagem automatizadas, como na fábrica acima, na França.

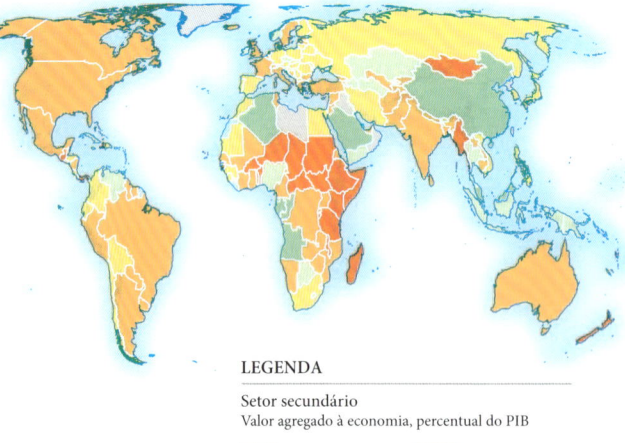

LEGENDA
Setor secundário
Valor agregado à economia, percentual do PIB
- acima de 50
- 40 a 49
- 30 a 39
- 20 a 29
- abaixo de 20
- dados não disponíveis

PIB *PER CAPITA* NO MUNDO

LEGENDA
Produto Interno Bruto (PIB) *per capita*
Em dólares americanos
- acima de 10 000
- 2 500 a 10 000
- 1 200 a 2 500
- 400 a 1 200
- abaixo de 400
- dados não disponíveis

Fonte: ONU.

AMÉRICA DO SUL			
Setor	Argentina	Brasil	Bolívia
Primário (% do PIB)	5	7	14
Secundário (% do PIB)	28	26	32
Terciário (% do PIB)	67	67	54

SETOR TERCIÁRIO

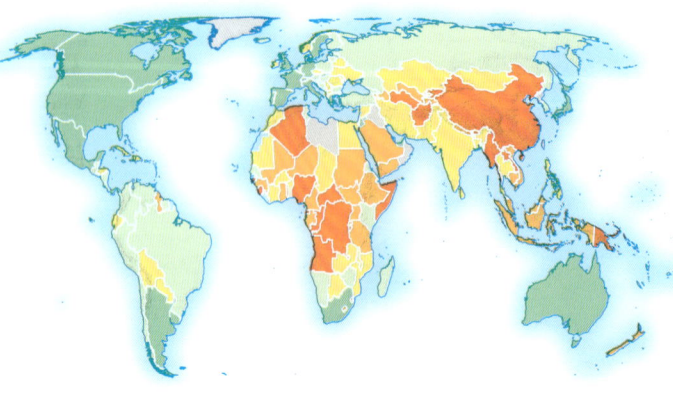

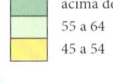

Um número crescente de pessoas tem trabalhado em atividades do setor terciário ou de prestação de serviços. Neste, incluem-se as vendas em *shopping centers*, como este na Malásia.

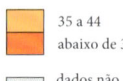

LEGENDA
Setor terciário
Valor agregado à economia, percentual do PIB
- acima de 65
- 55 a 64
- 45 a 54
- 35 a 44
- abaixo de 35
- dados não disponíveis

O MUNDO

EUROPA

Setor	Noruega	Reino Unido	Albânia
Primário (% do PIB)	2,19	1,05	29,13
Secundário (% do PIB)	42,95	28,49	19,01
Terciário (% do PIB)	54,85	70,46	51,86

ÁFRICA

Setor	Argélia	África do Sul	Malauí
Primário (% do PIB)	8,77	3,22	36,9
Secundário (% do PIB)	59,74	31,14	17,43
Terciário (% do PIB)	31,49	65,64	45,67

PAÍSES COM INDUSTRIALIZAÇÃO TARDIA

LEGENDA
- Países recentemente industrializados

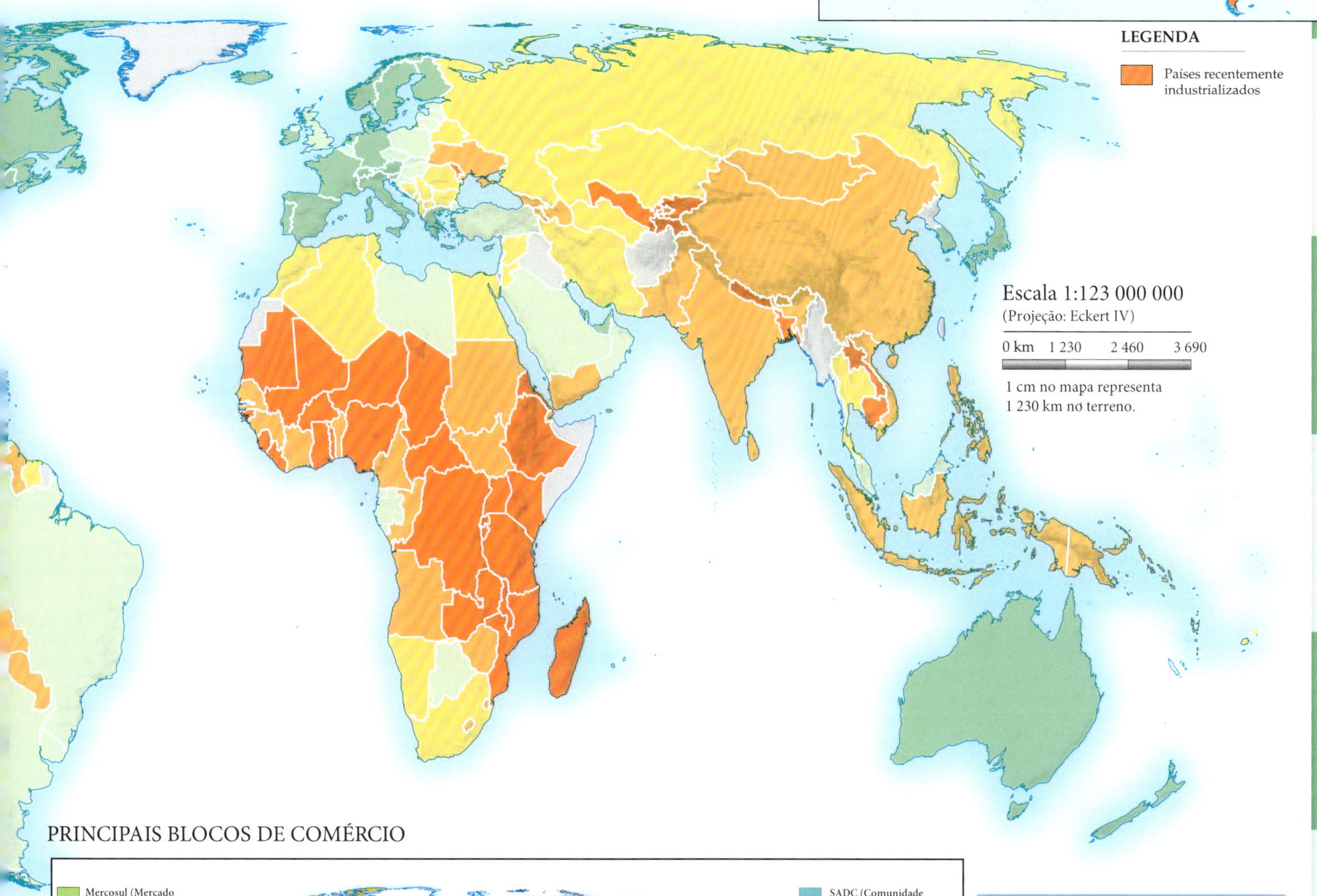

Escala 1:123 000 000
(Projeção: Eckert IV)

0 km   1 230   2 460   3 690

1 cm no mapa representa 1 230 km no terreno.

PRINCIPAIS BLOCOS DE COMÉRCIO

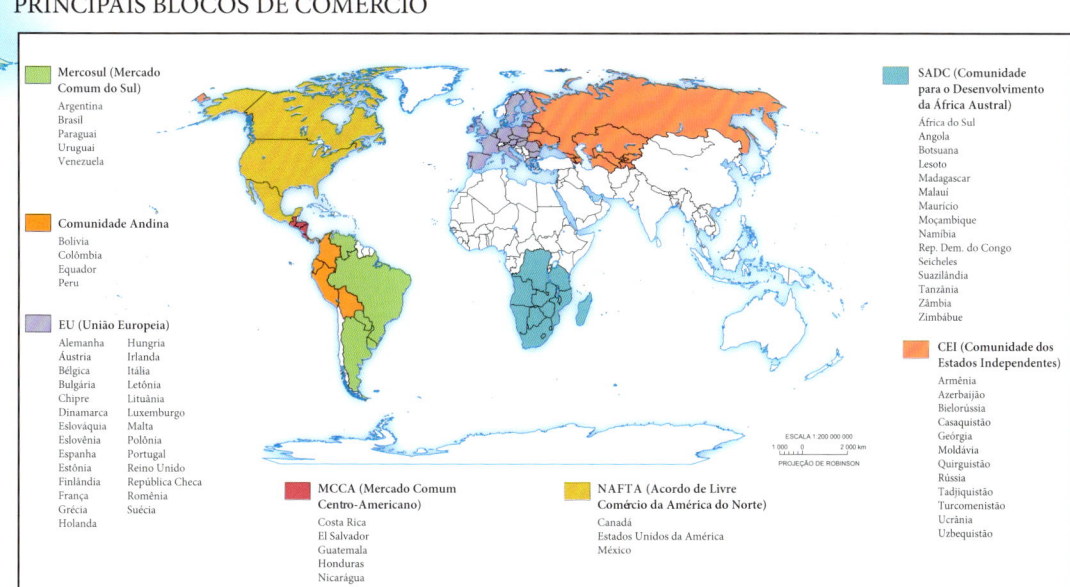

Mercosul (Mercado Comum do Sul): Argentina, Brasil, Paraguai, Uruguai, Venezuela

Comunidade Andina: Bolívia, Colômbia, Equador, Peru

EU (União Europeia): Alemanha, Áustria, Bélgica, Bulgária, Chipre, Dinamarca, Eslováquia, Eslovênia, Espanha, Estônia, Finlândia, França, Grécia, Holanda, Hungria, Irlanda, Itália, Letônia, Lituânia, Luxemburgo, Malta, Polônia, Portugal, Reino Unido, República Checa, Romênia, Suécia

MCCA (Mercado Comum Centro-Americano): Costa Rica, El Salvador, Guatemala, Honduras, Nicarágua

SADC (Comunidade para o Desenvolvimento da África Austral): África do Sul, Angola, Botsuana, Lesoto, Madagascar, Malauí, Maurício, Moçambique, Namíbia, Rep. Dem. do Congo, Seicheles, Suazilândia, Tanzânia, Zâmbia, Zimbábue

CEI (Comunidade dos Estados Independentes): Armênia, Azerbaijão, Bielorrússia, Casaquistão, Geórgia, Moldávia, Quirguistão, Rússia, Tadjiquistão, Turcomenistão, Ucrânia, Uzbequistão

NAFTA (Acordo de Livre Comércio da América do Norte): Canadá, Estados Unidos da América, México

ESCALA 1:200 000 000
1 000   0   2 000 km
PROJEÇÃO DE ROBINSON

Mapa elaborado pelo IBGE a partir de dados obtidos junto com as organizações econômicas representadas, 2009.

ÁSIA

Setor	Japão	China	Bangladesh
Primário (% do PIB)	1,38	16,35	25,51
Secundário (% do PIB)	32,1	50,22	25,29
Terciário (% do PIB)	66,51	33,42	49,2

OCEANIA

Setor	Austrália	Fiji	Nova Zelândia
Primário (% do PIB)	3,54	16,99	40,03
Secundário (% do PIB)	25,83	25,85	17,13
Terciário (% do PIB)	70,63	57,17	42,84

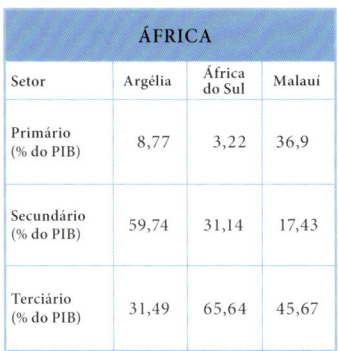

QUALIDADE DE VIDA

Os mapas a seguir apresentam diferentes indicadores do desenvolvimento dos países, com base em dados coletados anualmente pela ONU. O mapa principal mostra o índice de desenvolvimento humano (IDH) de cada país, com base no PIB *per capita*, na expectativa de vida no nascimento, na educação e na alfabetização. Outros mapas se baseiam em dados isolados que refletem níveis relativos de desenvolvimento.

IDH NO MUNDO

LEGENDA

Índice de Desenvolvimento Humano da ONU (IDH)

- alto
- médio
- baixo
- dados não disponíveis

Fonte: ONU.

Escala 1:92 000 000
(Projeção: Eckert IV)

0 km — 920 — 1 840 — 2 760

1 cm no mapa representa 920 km no terreno.

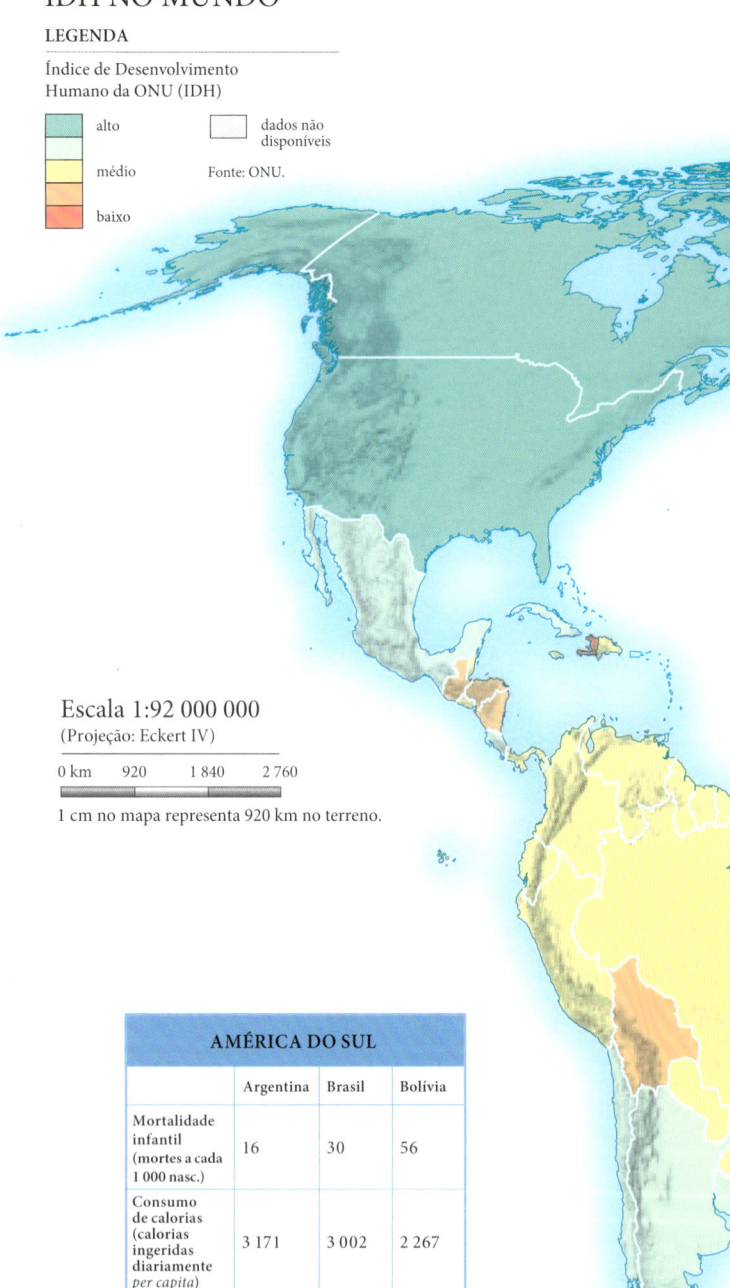

AMÉRICA DO NORTE E CENTRAL

	EUA	México	Jamaica
Mortalidade infantil (mortes a cada 1 000 nasc.)	7	24	17
Consumo de calorias (calorias ingeridas diariamente *per capita*)	3 766	3 160	2 705
Alfabetização (% do total da população)	97	92,2	87,9
Expectativa de vida (no nascimento, em anos)	77	74	76

EUROPA

	Noruega	Reino Unido	Albânia
Mortalidade infantil (mortes a cada 1 000 nasc.)	4	5	26
Consumo de calorias (calorias ingeridas diariamente *per capita*)	3 382	3 368	2 900
Alfabetização (% do total da população)	100	99	86,5
Expectativa de vida (no nascimento, em anos)	79	77	74

AMÉRICA DO SUL

	Argentina	Brasil	Bolívia
Mortalidade infantil (mortes a cada 1 000 nasc.)	16	30	56
Consumo de calorias (calorias ingeridas diariamente *per capita*)	3 171	3 002	2 267
Alfabetização (% do total da população)	97,1	86,4	87,2
Expectativa de vida (no nascimento, em anos)	74	69	64

ÁFRICA

	Argélia	África do Sul	Malauí
Mortalidade infantil (mortes a cada 1 000 nasc.)	39	52	114
Consumo de calorias (calorias ingeridas diariamente *per capita*)	2 987	2 921	2 168
Alfabetização (% do total da população)	70	86,4	62,7
Expectativa de vida (no nascimento, em anos)	71	46	38

O MUNDO

CONSUMO DE CALORIAS

LEGENDA

Calorias ingeridas diariamente *per capita*

- acima de 3 000
- 2 500 a 2 999
- 2 000 a 2 499
- abaixo de 2 000
- dados não disponíveis

ALFABETIZAÇÃO

LEGENDA

Alfabetização (porcentagem do total da população)

- 90 a 100
- 80 a 89
- 60 a 79
- 40 a 59
- abaixo de 40
- dados não disponíveis

MORTALIDADE INFANTIL

LEGENDA

Mortes a cada 1 000 nascimentos

- acima de 125
- 75 a 124
- 35 a 74
- 15 a 34
- abaixo de 15
- dados não disponíveis

EXPECTATIVA DE VIDA

LEGENDA

Expectativa de vida (no nascimento, em anos)

- acima de 75
- 65 a 74
- 55 a 64
- 45 a 54
- abaixo de 45
- dados não disponíveis

ÁSIA

	Japão	China	Bangladesh
Mortalidade infantil (mortes a cada 1 000 nasc.)	4	5	51
Consumo de calorias (calorias ingeridas diariamente *per capita*)	2 746	2 963	2 187
Alfabetização (% do total da população)	99	86	43,1
Expectativa de vida (no nascimento, em anos)	82	71	62

OCEANIA

	Austrália	Fiji	Nova Zelândia
Mortalidade infantil (mortes a cada 1 000 nasc.)	6	17	6
Consumo de calorias (calorias ingeridas diariamente *per capita*)	3 126	2 789	3 235
Alfabetização (% do total da população)	100	93,7	99
Expectativa de vida (no nascimento, em anos)	79	70	78

O MUNDO

ACESSO À ÁGUA

Setenta por cento do nosso planeta é coberto por água; entretanto, 40% da população mundial sofre com a falta de água. Esse percentual tende a aumentar rapidamente ao longo dos próximos dez anos, à medida que a população continuar a crescer, especialmente nos países subdesenvolvidos.

Na África, 40 bilhões de horas são consumidas, todos os anos, na busca e no transporte da água, trabalho feito principalmente por mulheres e crianças. A existência de fontes locais (como nesta foto, no Egito) representa uma economia de tempo, permitindo que as crianças frequentem a escola e que as mulheres realizem outras atividades que sejam remuneradas.

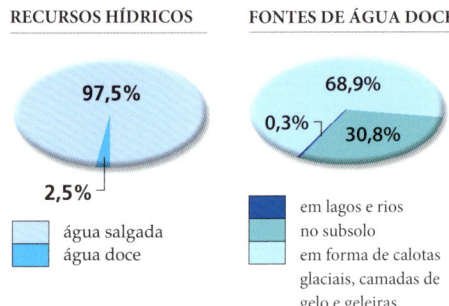

RECURSOS HÍDRICOS: 97,5% água salgada / 2,5% água doce

FONTES DE ÁGUA DOCE: 68,9% em forma de calotas glaciais, camadas de gelo e geleiras / 30,8% no subsolo / 0,3% em lagos e rios

ÁGUA DOCE DISPONÍVEL

Uma das maiores razões para que falte água é que 97,5% da água do planeta é salgada, enquanto apenas 2,5% é doce. Além disso, 70% da água doce se encontra na forma de gelo e neve. A Organização Mundial de Saúde (OMS) estima que menos de 1% esteja disponível e acessível para o consumo humano. A água doce é mais facilmente obtida em rios e lagos, mas 25% do mundo depende da água encontrada no subsolo ou em profundos aquíferos.

A distribuição da água doce é irregular. As áreas em que tal recurso encontra-se menos disponível incluem a maior parte da África, o Oriente Médio, a Ásia e a Europa. As regiões com maior quantidade de água por pessoa estão na América do Sul e na Oceania.

CONSUMO DE ÁGUA

A água doce é aproveitada de três principais formas: na agricultura, no setor industrial e no uso doméstico. O consumo é grande nos países mais ricos, onde a indústria vem crescendo rapidamente.

No entanto, é na agricultura que a água encontra seu maior uso (mais de dois terços), pois a irrigação é essencial para o cultivo das plantações em muitas regiões. Nos EUA, 49% da água doce consumida é utilizada na agricultura, e 80% desse total vai para a irrigação. Na África, mais de 90% da água doce é usada na agricultura.

Se a população mundial crescer da forma estimada, calcula-se que, em 2025, serão necessários mais 17% de água doce simplesmente para o cultivo de alimentos.

Muitos processos industriais e de manufaturação usam grandes quantidades de água – a indústria é responsável pelo consumo de 22% do total de água doce –, enquanto o uso doméstico responde por 8% do consumo. A demanda média fica em torno dos 50 litros por dia, mas essa quantidade varia consideravelmente. O consumo de água pode ser de apenas 10 litros nos países subdesenvolvidos e chegar a 150 litros em países como o Reino Unido.

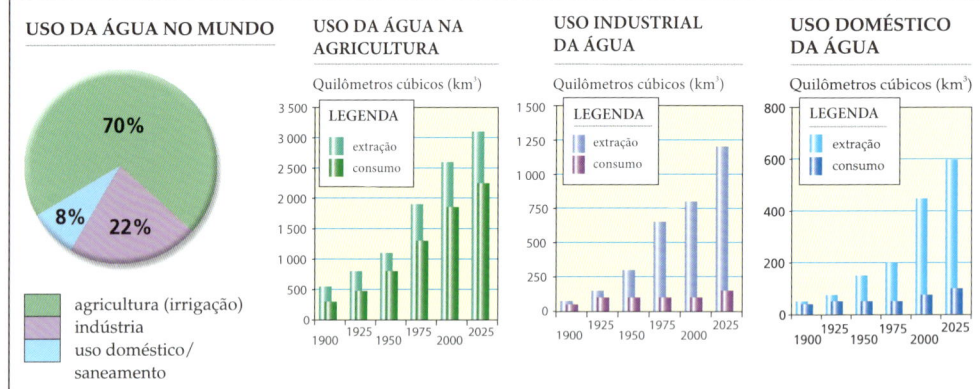

DISPONIBILIDADE DE ÁGUA DOCE

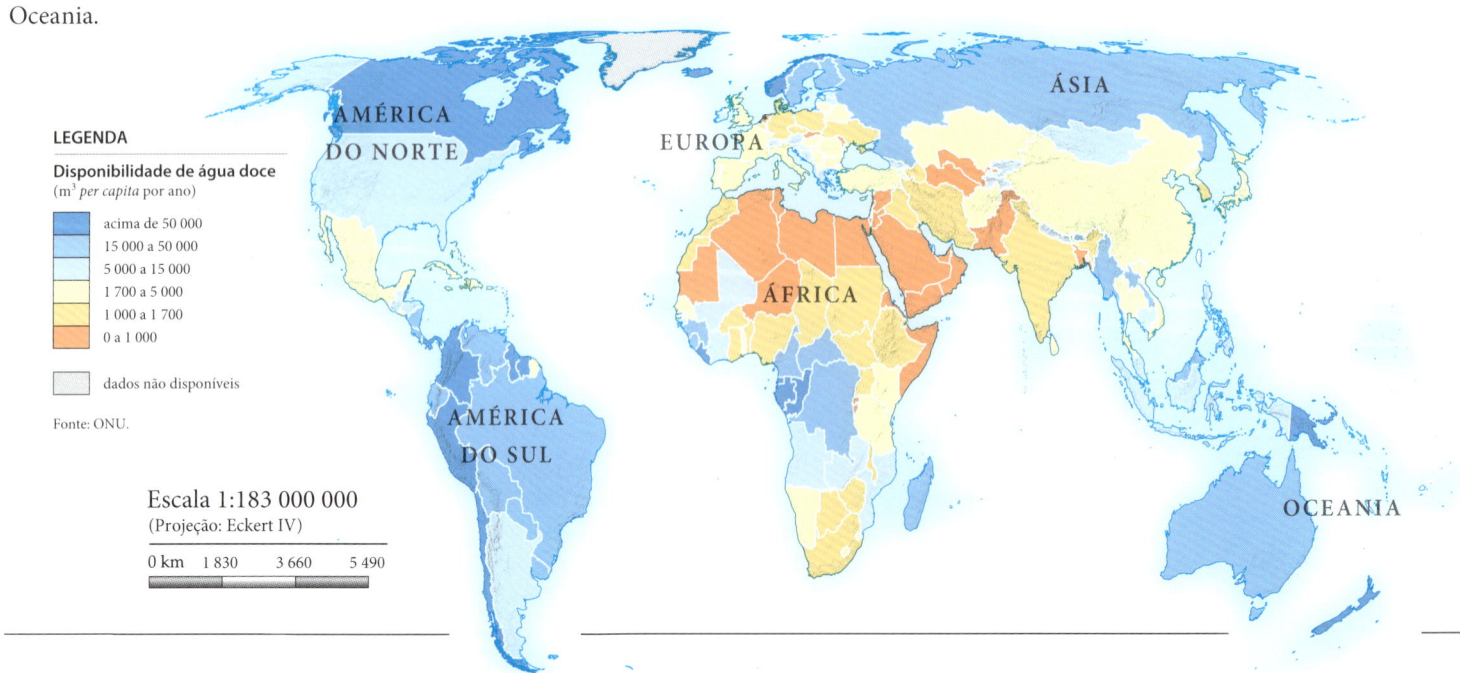

LEGENDA
Disponibilidade de água doce (m³ per capita por ano)
- acima de 50 000
- 15 000 a 50 000
- 5 000 a 15 000
- 1 700 a 5 000
- 1 000 a 1 700
- 0 a 1 000
- dados não disponíveis

Fonte: ONU.

Escala 1:183 000 000
(Projeção: Eckert IV)
0 km 1 830 3 660 5 490

O MUNDO

CAUSAS DO ESTRESSE HÍDRICO

Os mapas abaixo mostram a porcentagem de água doce usada em 1995 e a previsão para 2025. Considera-se que os países com alta porcentagem apresentam estresse hídrico.

Causas do estresse hídrico

- aumento da demanda de água causada pelo crescimento populacional e da industrialização;
- impacto do aquecimento global e das mudanças climáticas sobre o suprimento de água;
- conflitos ou "guerras pela água" entre países. Mais de 300 das maiores bacias hidrográficas encontram-se em mais de um país. À medida que o suprimento de água se tornar escasso, disputas pela extração do recurso tendem a aumentar;
- desperdício. Mais de 45% da água doce é desperdiçada por causa de vazamentos, poluição ou uso imprudente.

ESTRESSE HÍDRICO EM 1995

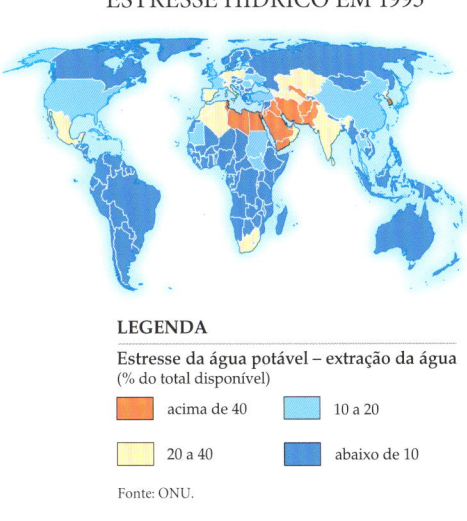

LEGENDA
Estresse da água potável – extração da água
(% do total disponível)
- acima de 40
- 20 a 40
- 10 a 20
- abaixo de 10

Fonte: ONU.

ESTRESSE HÍDRICO PREVISTO PARA 2025

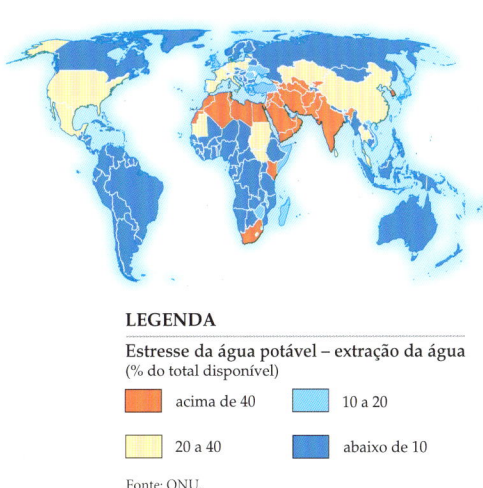

LEGENDA
Estresse da água potável – extração da água
(% do total disponível)
- acima de 40
- 20 a 40
- 10 a 20
- abaixo de 10

Fonte: ONU.

POPULAÇÃO SEM ACESSO À ÁGUA POTÁVEL

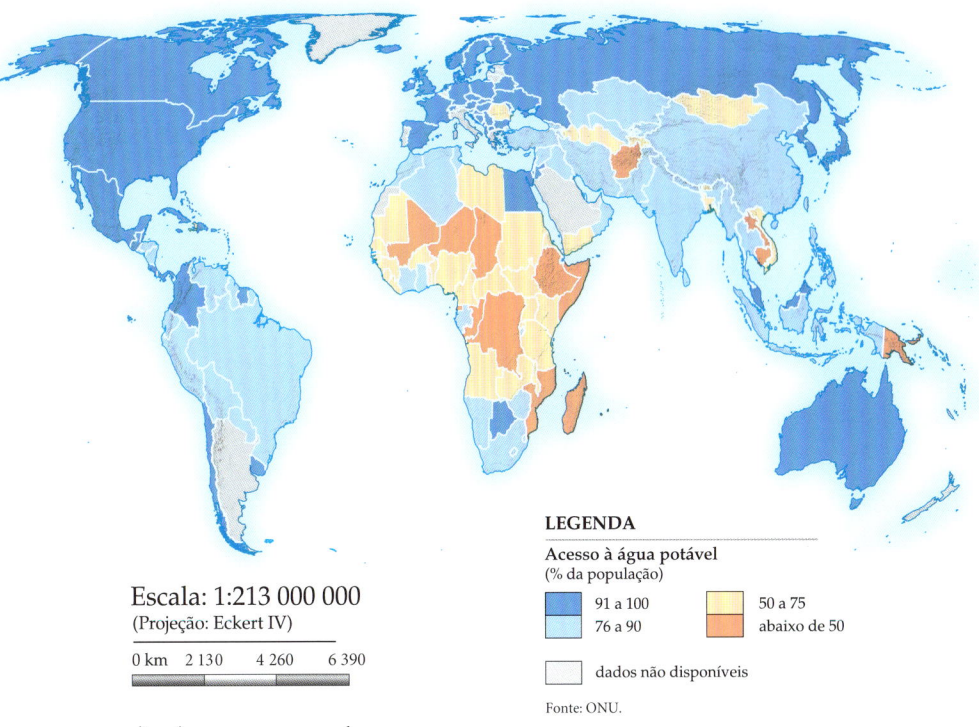

Escala: 1:213 000 000
(Projeção: Eckert IV)

0 km   2 130   4 260   6 390

LEGENDA
Acesso à água potável
(% da população)
- 91 a 100
- 76 a 90
- 50 a 75
- abaixo de 50
- dados não disponíveis

Fonte: ONU.

ACESSO À ÁGUA POTÁVEL

O acesso à água potável é uma necessidade básica e uma das questões mais importantes do mundo – e continuará a ser à medida que a demanda crescer. Estima-se que 1,4 bilhão de pessoas (20% da população mundial) não tem acesso a água potável.

Os países subdesenvolvidos mais pobres são os que têm o menor acesso, e isso é uma grande barreira para o desenvolvimento dessas nações.

IMPACTO NA SAÚDE E NA QUALIDADE DE VIDA

Nenhuma outra medida faria mais para reduzir doenças e salvar vidas nos países em desenvolvimento do que fornecer água saudável e saneamento a todos.

Kofi Annan, ex-secretário Geral da ONU,
Documento do Milênio 2000

A água contaminada é responsável pelo surgimento e alastramento de 80% das doenças no mundo, entre elas o cólera, o tifo e a diarreia. Doenças atribuídas à falta de acesso a água saudável, à falta de saneamento inadequado e à pouca higiene matam 2,2 milhões de pessoas (principalmente crianças) nos países subdesenvolvidos todos os anos. Muitas dessas doenças podem ser evitadas se a água fornecida for tratada e se as pessoas tiverem acesso a cuidados com a saúde e remédios.

ACESSO À ÁGUA – DIVISÃO PROPORCIONAL?

- No mundo, atualmente, cerca de 3,5 bilhões de pessoas sofrem com a escassez de água.
- A água consumida ao se apertar uma vez a descarga de um vaso sanitário no Reino Unido corresponde à quantidade desse recurso que um cidadão comum de um país subdesenvolvido, como Etiópia ou Moçambique, utiliza, em um dia, para efetuar tarefas domésticas, cozinhar e beber.
- Muitos moradores de regiões urbanas de países subdesenvolvidos não têm água encanada e gastam o equivalente a 10% de sua renda comprando água de vendedores de rua ou carros-pipa.
- 2,4 bilhões de pessoas (40%) não têm acesso a saneamento adequado.
- A cada 15 segundos, uma criança morre de doenças causadas por água poluída ou saneamento precário.

TEMAS IMPORTANTES

1. O acesso à água é desigual. Como isso influencia o desenvolvimento dos países?
2. A água vem sendo utilizada de maneira insustentável. Cite alguns exemplos.
3. O que é estresse hídrico? É inevitável que ele continue crescendo?
4. Onde podem estourar guerras pela água no futuro?

O MUNDO

FÍSICO

LEGENDA

ELEVAÇÃO

- 4 000 m
- 2 000 m
- 1 000 m
- 500 m
- 250 m
- 100 m
- 0
- 250 m
- 2 000 m
- 4 000 m

abaixo do nível do mar

- deserto arenoso
- pântano ou área alagada

△ montanha
▽ depressão

POLO NORTE

POLO SUL

Polo Norte (mapa)
- Oceano Pacífico
- Oceano Glacial Ártico
- Polo Norte
- Círculo Polar Ártico
- Oceano Atlântico
- América do Norte
- Ásia
- Europa
- África

Polo Sul (mapa)
- Oceano Atlântico
- Antártico
- Polo Sul
- Círculo Polar Antártico
- Oceano Glacial
- Oceano Pacífico
- Oceano Índico
- América do Sul
- África
- Austrália
- Trópico de Capricórnio

Mapa principal (Américas)

- Mar de Chukchi
- Mar de Beaufort
- Arquipélago Rainha Elizabeth
- Ilha Vitória
- Ilha Ellesmere
- Ilha de Baffin
- Baía de Baffin
- Groenlândia
- Estreito da Dinamarca
- Islândia
- Círculo Polar Ártico
- Cadeia Brooks
- Estreito de Bering
- Monte McKinley (Denali) 6 194 m
- Grande Lago do Urso
- Grande Lago dos Escravos
- Península de Ungava
- Baía de Hudson
- Bacia das Aleutas
- Ilhas Aleutas
- Fossa das Aleutas
- Golfo do Alasca
- Cadeia da Costa
- Montanhas Rochosas
- Escudo Canadense
- Lago Winnipeg
- São Lourenço
- Montes Laurencianos
- Mar de Labrador
- Terra Nova
- Grande Barreira da Terra Nova
- Ilha de Vancouver
- AMÉRICA DO NORTE
- Grandes Lagos
- Ilhas Britânicas
- Baía de Biscaia
- Zona de Fratura Mendocino
- Grandes Planícies
- Montes Apalaches
- Dorsal do Atlântico Norte
- Açores
- Península Ibérica
- Zona de Fratura Murray
- Mississippi
- Madeira
- Arquipélago do Havaí
- Baixa Califórnia
- Serra Madre Ocidental
- Serra Madre Oriental
- Bacia da América do Norte
- OCEANO ATLÂNTICO
- Ilhas Canárias
- Trópico de Câncer
- Havaí
- Golfo do México
- Índias Ocidentais
- Península de Iucatã
- Grandes Antilhas
- Pequenas Antilhas
- Mar do Caribe
- Arquipélago de Cabo Verde
- ÁFRICA
- Níger
- Fossa da América Central
- Bacia da Guatemala
- Orinoco
- Planalto das Guianas
- Bacia da Guiana
- Equador
- Ilhas Line
- Ilhas Phoenix
- Ilhas Galápagos
- OCEANO PACÍFICO
- Dorsal do Pacífico Ocidental
- Amazonas
- Bacia Amazônica
- AMÉRICA DO SUL
- Ilha Ascensão
- Bacia do Brasil
- Ilhas Marquesas
- Polinésia
- Samoa
- Tonga
- Fossa de Tonga
- Ilhas Cook
- Ilhas Tuamotu
- Ilhas Sociedade
- Bacia do Peru
- Fossa do Peru-Chile
- ANDES
- Grande Chaco
- Planalto Brasileiro
- Dorsal do Atlântico Sul
- Santa Helena
- Trópico de Capricórnio
- Ilhas Pitcairn
- Ilha da Páscoa
- Dorsal Nazca
- Ilhas Juan Fernandez
- Pico do Aconcágua 6 959 m
- Pampa
- OCEANO ATLÂNTICO
- Fossa Kermadec
- Bacia do Sudoeste do Pacífico
- Dorsal do Pacífico Ocidental
- Patagônia
- Bacia Argentina
- Tristão da Cunha
- Dorsal Louisville
- Zona de Fratura de Eltanin
- Ilhas Falkland
- Geórgia do Sul
- Ilhas Sanduíche do Sul
- Terra do Fogo
- Cabo Horn
- Estreito de Drake
- Círculo Polar Antártico
- OCEANO GLACIAL

O MUNDO

CURIOSIDADES

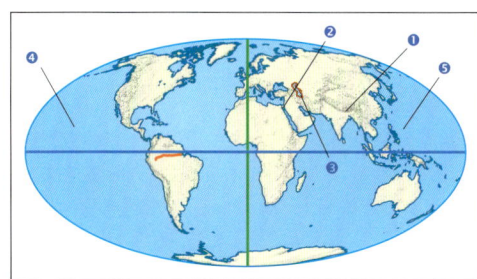

1. **PONTO MAIS ALTO:** Monte Everest (China/Nepal) 8 850 metros acima do nível do mar
2. **PONTO MAIS BAIXO:** Mar Morto (Oriente Médio) 417 metros abaixo do nível do mar
3. **MAIOR LAGO:** Mar Cáspio (Ásia) 371 000 km²
— **CIRCUNFERÊNCIA AO REDOR DO EQUADOR:** 40 075 km
4. **MAIOR OCEANO:** Pacífico 166 241 000 km²
5. **MAIOR FOSSA OCEÂNICA:** Fossa de Challenger (Oceano Pacífico) 11 200 metros abaixo do nível do mar
— **RIO MAIS LONGO:** Rio Amazonas (Brasil) 6 868 km*
— **DIÂMETRO DE UM PÓLO AO OUTRO:** 12 714 km

*Há controvérsias quanto a essa questão. Alguns pesquisadores acreditam que o rio Nilo seja o mais comprido.

Escala 1:78 800 000
(Projeção: Eckert IV)

0 km — 788 — 1 576 — 2 364

1 cm no mapa representa 788 km no terreno.

PLACAS TECTÔNICAS

A camada mais externa do planeta Terra divide-se em placas de rocha, chamadas de placas tectônicas, as quais se movem em diferentes direções. As placas tectônicas, também chamadas de litosfera, são formadas pela crosta terrestre mais a parte superior do manto. No contato das placas com o restante do manto há uma zona viscosa onde as placas deslizam. Essa zona é chamada de astenosfera. A maioria dos vulcões e das linhas de falhas da Terra se encontra nas extremidades das placas ou próximo a elas.

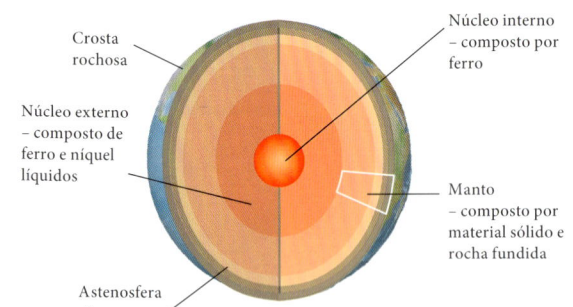

O INTERIOR DA TERRA
O centro da Terra é um núcleo sólido de ferro, rodeado por várias camadas de material rochoso – às vezes em estado líquido – de temperatura bastante elevada.

AS PLACAS DA TERRA
A crosta terrestre (continental e oceânica), junto com uma parte superior do manto, forma uma camada rígida. Esta camada chama-se LITOSFERA e constitui as placas tectônicas, que formam na superfície do globo um mosaico, como se fosse um quebra-cabeças. Movimentos do magma no interior do manto provocam o deslocamento das placas, causando transformações na superfície da Terra.

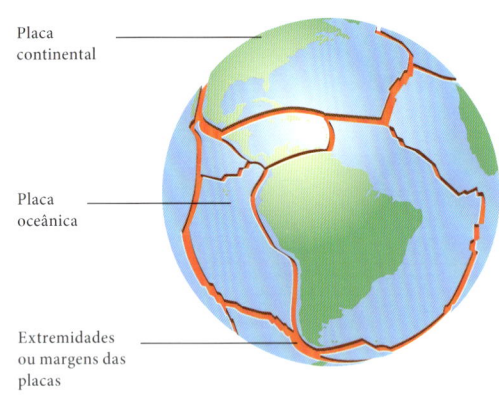

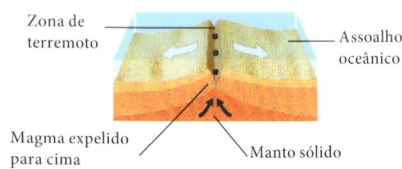

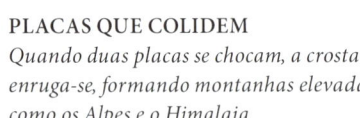

PLACAS DIVERGENTES (CONSTRUTIVAS)
À medida que as placas se separam, o magma sobe para fora do manto. Quando ele esfria, forma uma nova crosta. A cordilheira Meso-Atlântica se formou pela separação de placas.

PLACAS QUE COLIDEM
Quando duas placas se chocam, a crosta enruga-se, formando montanhas elevadas, como os Alpes e o Himalaia.

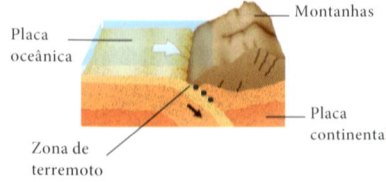

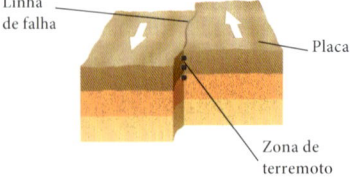

PLACAS CONVERGENTES (DESTRUTIVAS)
Quando placas de sustentação dos oceanos se chocam com placas continentais, as placas oceânicas são empurradas para baixo e para dentro do manto. Os vulcões ocorrem ao longo desses limites.

PLACAS DESLIZANTES
Quando duas placas deslizam próximas uma da outra, ocorre um grande atrito ao longo da linha de falha entre elas. Isso pode causar grandes terremotos.

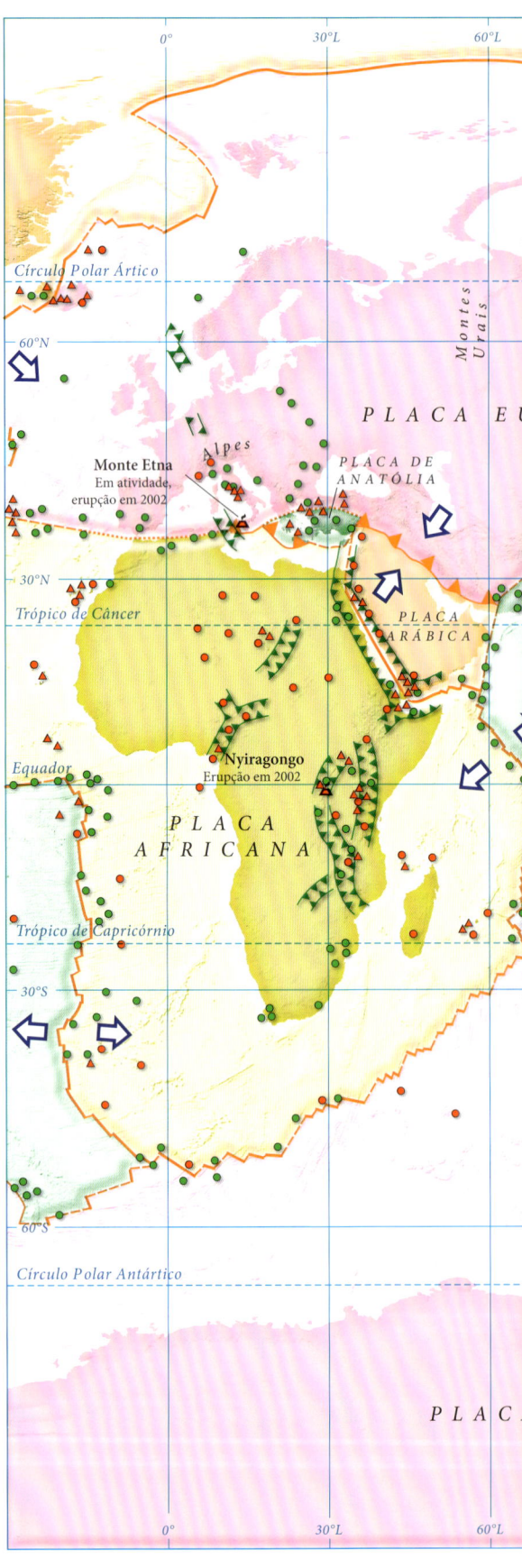

Escala 1:137 000 000
(Projeção: Gall Estereográfica)

0 km 1 370 2 740 4 110

1 cm no mapa representa 1 370 km no terreno.

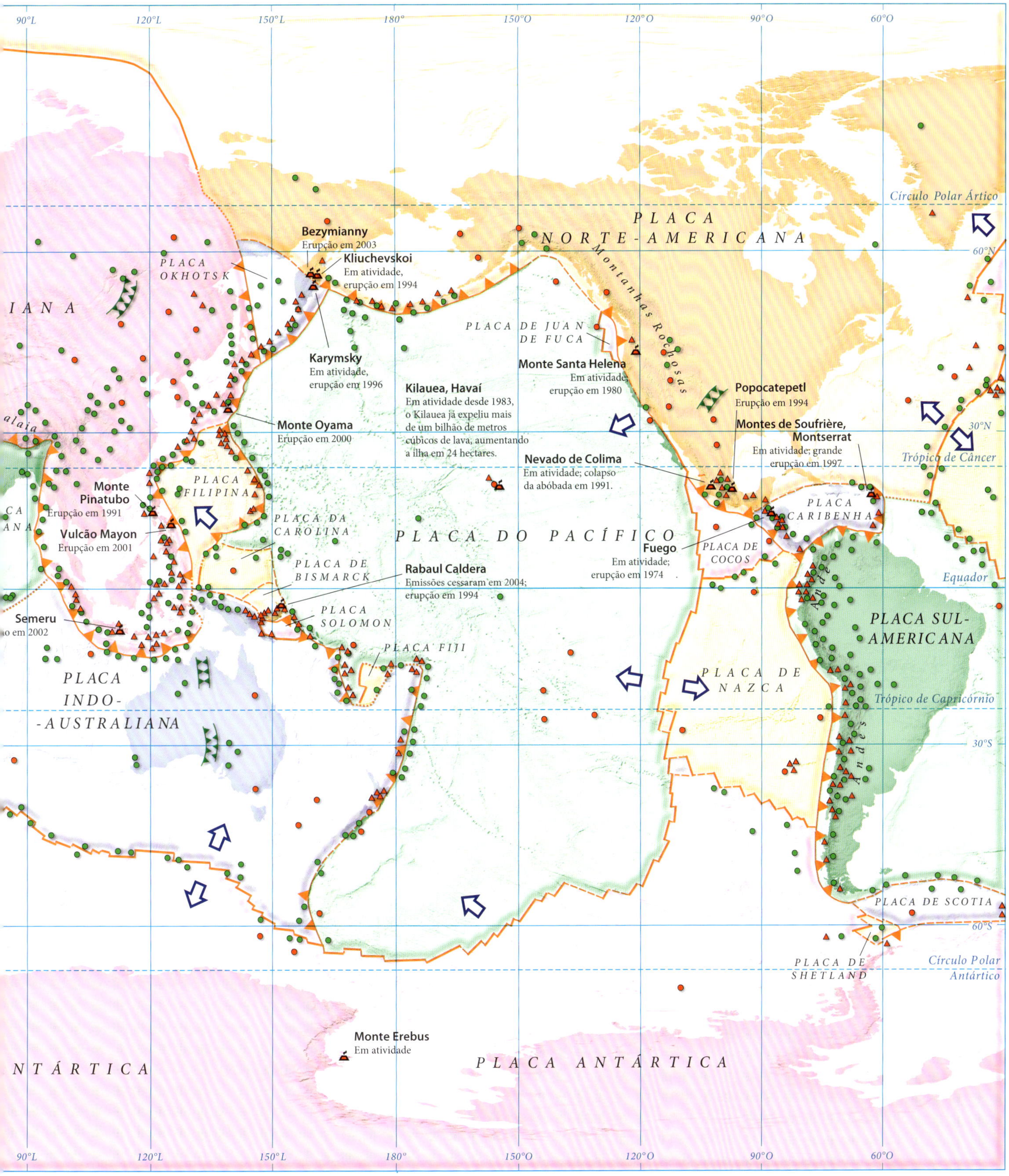

O MUNDO

27

(Mapa do Pacífico mostrando placas tectônicas e atividade vulcânica)

Placas identificadas:
- PLACA NORTE-AMERICANA
- PLACA OKHOTSK
- PLACA DE JUAN DE FUCA
- PLACA FILIPINA
- PLACA DA CAROLINA
- PLACA DE BISMARCK
- PLACA SOLOMON
- PLACA FIJI
- PLACA DO PACÍFICO
- PLACA DE COCOS
- PLACA CARIBENHA
- PLACA SUL-AMERICANA
- PLACA DE NAZCA
- PLACA INDO-AUSTRALIANA
- PLACA DE SCOTIA
- PLACA DE SHETLAND
- PLACA ANTÁRTICA

Vulcões destacados:

- **Bezymianny** — Erupção em 2003
- **Kliuchevskoi** — Em atividade, erupção em 1994
- **Karymsky** — Em atividade, erupção em 1996
- **Monte Oyama** — Erupção em 2000
- **Monte Pinatubo** — Erupção em 1991
- **Vulcão Mayon** — Erupção em 2001
- **Semeru** — em 2002
- **Rabaul Caldera** — Emissões cessaram em 2004; erupção em 1994
- **Kilauea, Havaí** — Em atividade desde 1983, o Kilauea já expeliu mais de um bilhão de metros cúbicos de lava, aumentando a ilha em 24 hectares.
- **Monte Santa Helena** — Em atividade, erupção em 1980
- **Popocatepetl** — Erupção em 1994
- **Nevado de Colima** — Em atividade; colapso da abóboda em 1991.
- **Montes de Soufrière, Montserrat** — Em atividade; grande erupção em 1997
- **Fuego** — Em atividade; erupção em 1974
- **Monte Erebus** — Em atividade

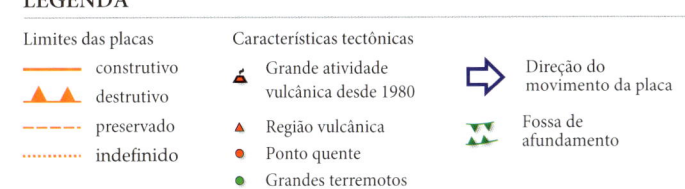

LEGENDA

Limites das placas:
- construtivo
- destrutivo
- preservado
- indefinido

Características tectônicas:
- Grande atividade vulcânica desde 1980
- Região vulcânica
- Ponto quente
- Grandes terremotos
- Direção do movimento da placa
- Fossa de afundamento

O MUNDO

OCEANOS

Mais de dois terços da superfície da Terra são cobertos por mares e oceanos, os quais contêm mais de 97% do total de água no mundo. A profundidade das águas varia muito. Em muitas regiões, onde a plataforma continental se estende além da costa marítima, há águas bastante rasas. Os oceanos estão em constante movimento, e as correntes marítimas causam grande impacto no clima do planeta, pois transportam águas quentes e frias para todas as partes do globo.

NÍVEL DO MAR
Se ignorássemos a influência das marés, dos ventos, das correntes marítimas e das variações na gravidade, a superfície dos oceanos seria bastante similar à topografia do assoalho oceânico, abaixo representada.

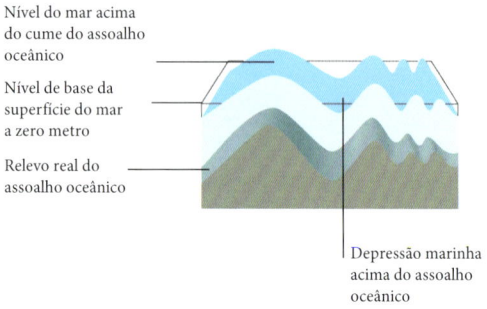

- Nível do mar acima do cume do assoalho oceânico
- Nível de base da superfície do mar a zero metro
- Relevo real do assoalho oceânico
- Depressão marinha acima do assoalho oceânico

CARACTERÍSTISCAS DO ASSOALHO OCEÂNICO
A plataforma continental é uma parte do relevo submarino próximo ao litoral e que se estende até o talude continental, o qual desce até o assoalho oceânico. Aqui, a zona abissal plana torna-se irregular em função de uma vasta cadeia de montanhas submersas, cordilheiras mesoceânicas e fossas oceânicas, as quais chegam a mais de 11 200 metros de profundidade.

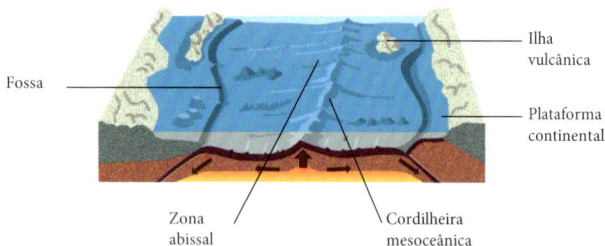

- Fossa
- Ilha vulcânica
- Plataforma continental
- Zona abissal
- Cordilheira mesoceânica

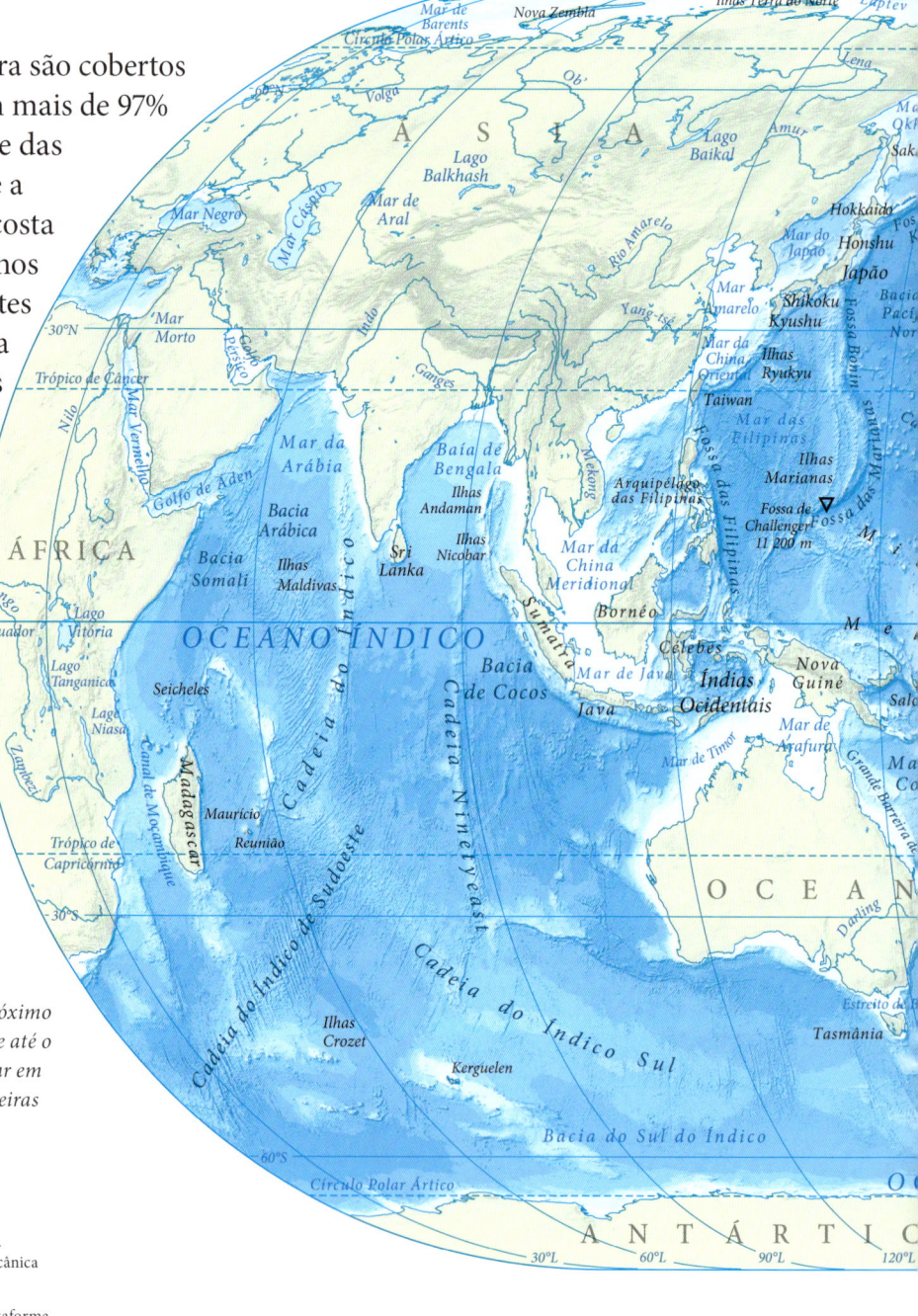

O OCEANO PACÍFICO
O oceano Pacífico cobre mais de um terço da superfície da Terra.

ERAS DO ASSOALHO OCEÂNICO

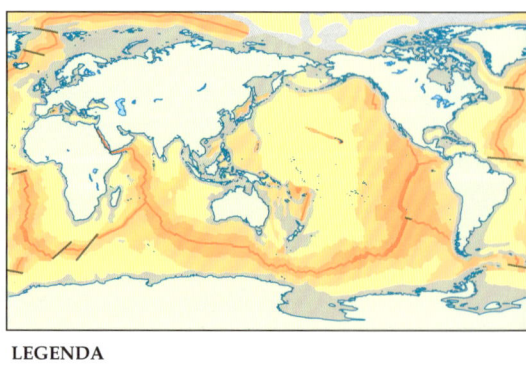

LEGENDA

Eras do assoalho oceânico
(em milhões de anos antes do presente período [Ma])

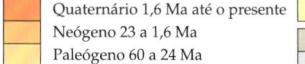 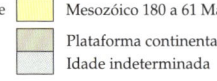

- Quaternário 1,6 Ma até o presente
- Neógeno 23 a 1,6 Ma
- Paleógeno 60 a 24 Ma
- Mesozóico 180 a 61 Ma
- Plataforma continental
- Idade indeterminada

O MUNDO

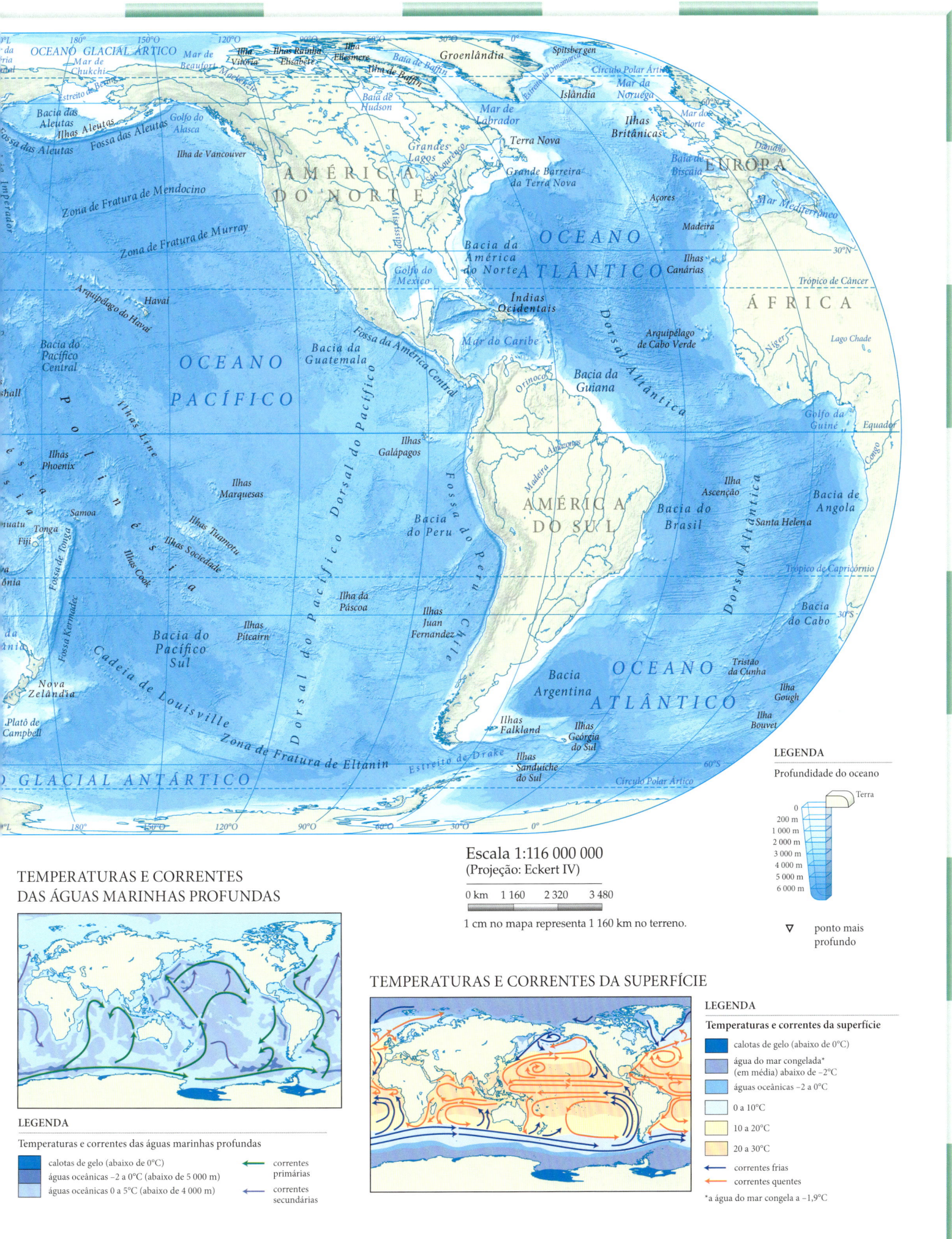

Escala 1:116 000 000
(Projeção: Eckert IV)

0 km 1 160 2 320 3 480

1 cm no mapa representa 1 160 km no terreno.

LEGENDA
Profundidade do oceano

Terra
0
200 m
1 000 m
2 000 m
3 000 m
4 000 m
5 000 m
6 000 m

▽ ponto mais profundo

TEMPERATURAS E CORRENTES DAS ÁGUAS MARINHAS PROFUNDAS

LEGENDA

Temperaturas e correntes das águas marinhas profundas

- calotas de gelo (abaixo de 0°C)
- águas oceânicas −2 a 0°C (abaixo de 5 000 m)
- águas oceânicas 0 a 5°C (abaixo de 4 000 m)
- → correntes primárias
- → correntes secundárias

TEMPERATURAS E CORRENTES DA SUPERFÍCIE

LEGENDA

Temperaturas e correntes da superfície

- calotas de gelo (abaixo de 0°C)
- água do mar congelada* (em média) abaixo de −2°C
- águas oceânicas −2 a 0°C
- 0 a 10°C
- 10 a 20°C
- 20 a 30°C
- → correntes frias
- → correntes quentes

*a água do mar congela a −1,9°C

CLIMA

O sistema atmosférico do mundo depende da energia solar. A distribuição dessa energia e, consequentemente, as variações climáticas do planeta dependem de fatores como: a distância em relação à linha do Equador (latitude), a altura em relação ao nível do mar (altitude), os ventos, as correntes marítimas e a distância em relação ao mar. Os climas tropicais ao longo da linha do Equador são separados das duas regiões polares por uma grande zona temperada.

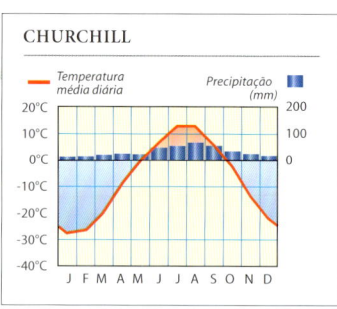

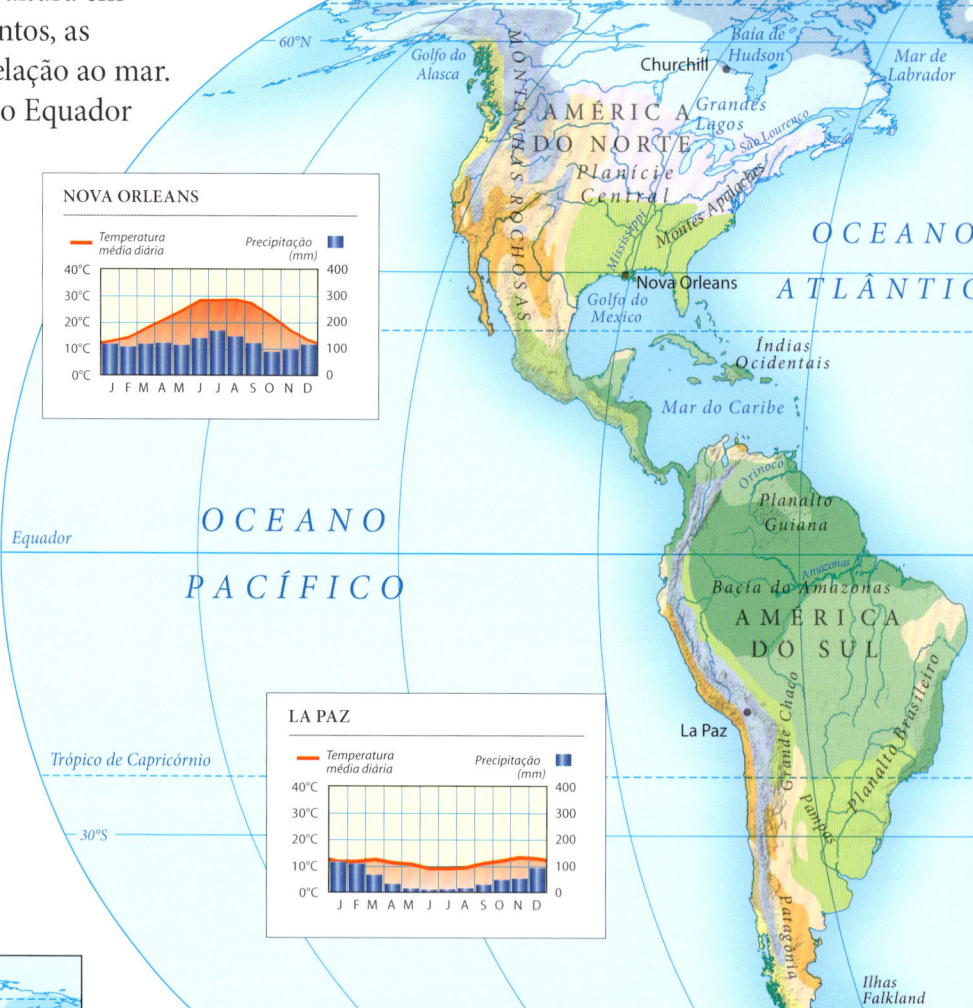

LEGENDA

Tipos de climas

- polar
- tundra
- subártico
- continental frio
- temperado
- subtropical
- mediterrâneo
- semiárido
- árido
- tropical
- equatorial úmido
- de montanha

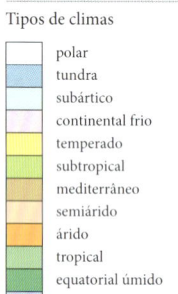

Escala 1:1 13 000 000
(Projeção: Eckert IV)

0 km   1 130   2 260   3390

1 cm no mapa representa 1 130 km no terreno.

PRECIPITAÇÃO PLUVIAL

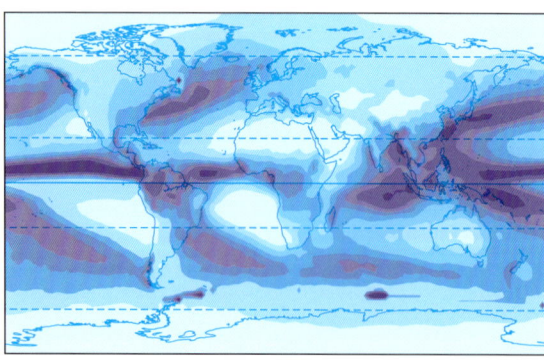

LEGENDA

Precipitação média anual (mm)

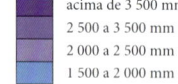
- acima de 3 500 mm
- 2 500 a 3 500 mm
- 2 000 a 2 500 mm
- 1 500 a 2 000 mm

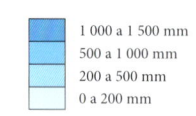
- 1 000 a 1 500 mm
- 500 a 1 000 mm
- 200 a 500 mm
- 0 a 200 mm

TEMPERATURA MÉDIA EM JANEIRO

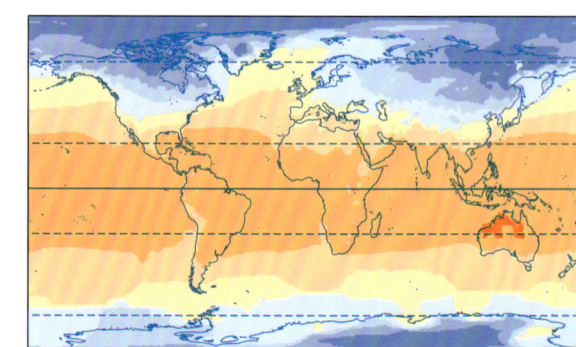

LEGENDA

Temperatura média em janeiro

- acima de 30°C
- 20 a 30°C
- 10 a 20°C
- 0 a 10°C
- -10 a 0°C
- -20 a -10°C
- -30 a -20°C
- abaixo de -30°C

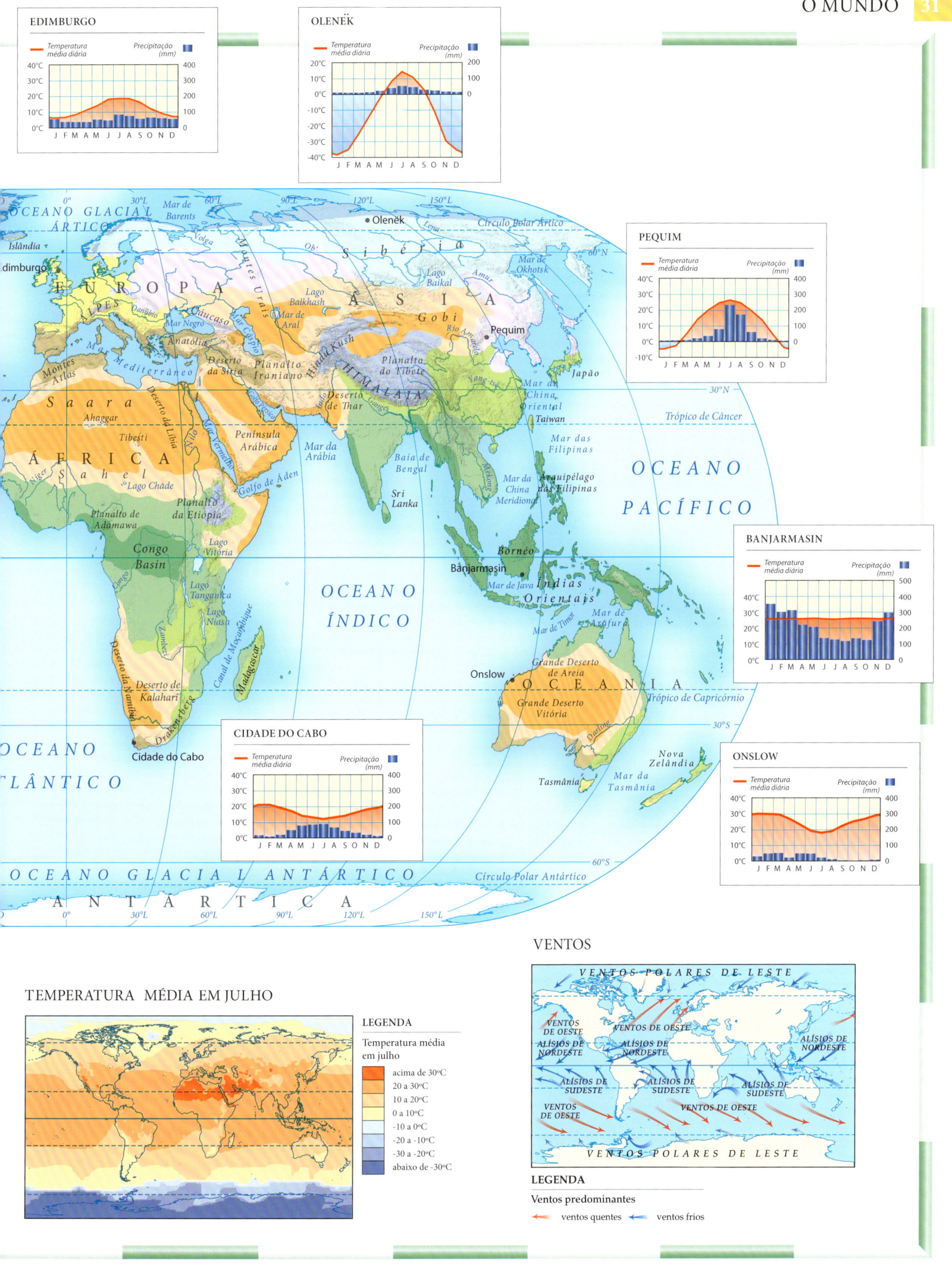

MUDANÇAS CLIMÁTICAS

O clima é um sistema dinâmico que resulta de interações complexas entre a atmosfera, a biosfera, a hidrosfera e a litosfera, as quais são conhecidas, em conjunto, como geosfera. Durante a história da Terra, houve vários períodos muito mais quentes e muito mais frios do que hoje em dia. Algumas variações e transformações ocorrem com certa regularidade, como, por exemplo, as eras de gelo, que ocorriam aproximadamente a cada 100 mil anos. Alguns eventos afetam o clima em períodos mais curtos de tempo e ocorrem com mais freqüência; dentre eles, podemos citar o El Niño, as manchas solares e as grandes erupções vulcânicas.

PRINCIPAIS GASES ESTUFA E CAUSAS DE EMISSÃO

Gás	Ações do homem
Dióxido de carbono CO_2	Queima de combustíveis fósseis, resíduos sólidos e madeira; desmatamento, que diminui a quantidade de dióxido de carbono removido da atmosfera.
Gás metano CH_4	Deterioração da matéria orgânica, por exemplo, em depósitos de lixo, em atividades pecuárias, na extração de combustíveis fósseis e no cultivo do arroz.
Óxido nitroso N_2O	Uso de fertilizantes à base de nitrogênio; queima de combustíveis fósseis e de madeira.
Gás ozônio O_3	Poluição do ar.
Halocarbonetos HFCs, CFCs, HCFCs	Utilização em solventes, produtos de limpeza e gases refrigerantes (por exemplo, em embalagens spray e geladeiras).

A GEOSFERA
Os sistemas físicos encontrados na superfície da Terra ou próximos a ela podem ser divididos em quatro esferas. A interação entre esses sistemas determina o clima.

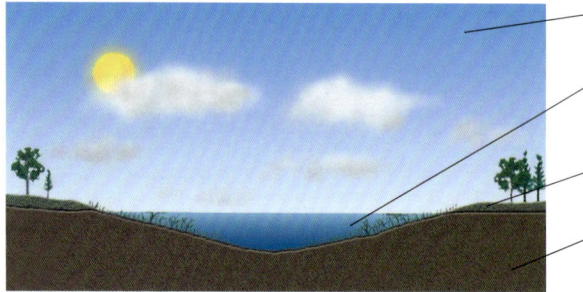

- A atmosfera contém o ar da Terra. Ela é composta por diferentes camadas.
- A hidrosfera contém a água do planeta, em estado sólido, líquido ou gasoso.
- A biosfera contém os organismos vivos da Terra.
- A litosfera contém as rochas sólidas da crosta terrestre e a camada de manto mais próxima da superfície.

EVIDÊNCIAS DAS MUDANÇAS CLIMÁTICAS

Medições mais precisas de clima e temperatura começaram a ser feitas recentemente. Isso tem permitido aos cientistas identificar mudanças e tendências nos últimos 150 anos, bem como fazer previsões. Em média, o mundo está 0,6°C mais quente do que cem anos atrás. De acordo com o Centro Nacional de Dados Climatéricos dos EUA, os anos de 1998, 2005, 2010 e 2013 estão entre os mais quentes desde o início dos registros em 1880. Outras evidências das alterações no clima são:
- elevação do nível dos mares;
- elevação das temperaturas e derretimento das calotas polares;
- diminuição da espessura do gelo no oceano Ártico;
- períodos prolongados de seca;
- tempestades e enchentes mais devastadoras.

As altas temperaturas já provocaram a diminuição de grandes geleiras. Na Groenlândia, elas estão derretendo cada vez mais rápido, e a extensão dos blocos de gelo está diminuindo. Na Antártica, especialmente em torno da península, blocos de gelo estão se desprendendo das calotas polares.

MUDANÇAS DE TEMPERATURA EM RELAÇÃO À MÉDIA

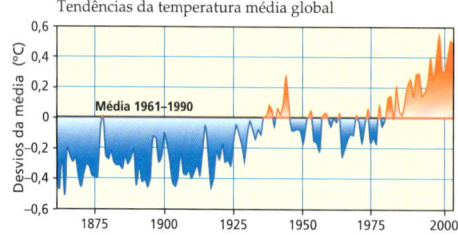

Tendências da temperatura média global

POR QUE OS CIENTISTAS ESTÃO PREOCUPADOS?

Embora o clima da Terra tenha passado por diversas mudanças ao longo do tempo, as causas das transformações recentes e a velocidade com que vêm ocorrendo preocupam os cientistas. As causas da elevação da temperatura são bastante discutidas, porém muitos estudiosos atualmente acreditam que a principal delas seja o aumento da presença de certos gases na atmosfera, comumente conhecidos como gases estufa.

O QUE É O EFEITO ESTUFA?

A atmosfera da Terra é composta por gases que se formam naturalmente, incluindo o dióxido de carbono, os vapores de água, o gás metano e o óxido nitroso, os quais são chamados de gases estufa. Eles são essenciais no controle e na manutenção da temperatura da Terra, processo chamado de efeito estufa.

AUMENTO DO EFEITO ESTUFA

Medições têm apresentado um grande aumento dos gases estufa na atmosfera – os níveis de dióxido de carbono, por exemplo, se elevaram em 50% desde 1800. Como resultado, a camada de gases-estufa passou a reter mais radiação solar; assim, a quantidade de calor que atinge a Terra passou a ser maior do que a irradiada para fora dela, aumentando o efeito estufa e ocasionando variações na temperatura do planeta conhecidas como aquecimento global.

O EFEITO ESTUFA
Sem o efeito estufa, o calor seria diretamente irradiado para o espaço, e a temperatura da Terra seria de 20 a 30 graus Celsius mais baixa.

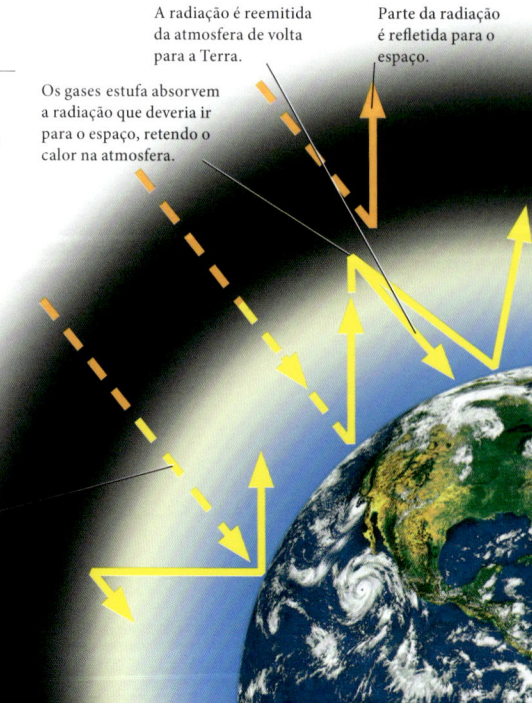

- A radiação é reemitida da atmosfera de volta para a Terra.
- Parte da radiação é refletida para o espaço.
- Os gases estufa absorvem a radiação que deveria ir para o espaço, retendo o calor na atmosfera.
- Os gases estufa permitem a entrada de radiação solar suficiente para aquecer a Terra.

O MUNDO

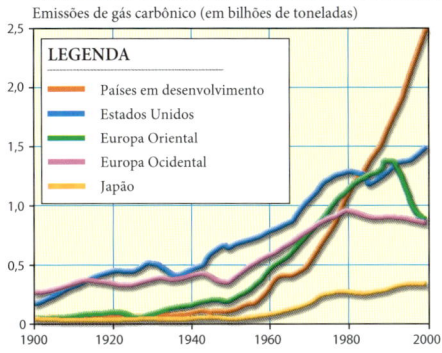

AUMENTO NAS EMISSÕES DE GÁS CARBÔNICO

Emissões de gás carbônico (em bilhões de toneladas)

LEGENDA
- Países em desenvolvimento
- Estados Unidos
- Europa Oriental
- Europa Ocidental
- Japão

A AÇÃO DO HOMEM E O AQUECIMENTO GLOBAL

A maioria dos cientistas concorda que as atividades humanas têm contribuído significativamente para o aquecimento global. Gases estufa são produzidos e liberados pela agricultura e pela indústria. O dióxido de carbono é a maior causa de preocupação, uma vez que representa mais de dois terços dos níveis de gases estufa. As emissões de gases das fábricas, a queima de combustíveis fósseis (petróleo, carvão e gás natural) e a emissão de gases pelos veículos automotivos são as maiores fontes de emissões "excedentes". Os maiores produtores de gases estufa são os países economicamente mais desenvolvidos, sendo os EUA responsáveis por 36% das emissões.

PROVÁVEIS EFEITOS DO AQUECIMENTO GLOBAL

Se as emissões de gases estufa continuarem a aumentar, estudiosos afirmam que, em 2100, as temperaturas globais podem estar entre 1,4 e 5,8 graus Celsius mais altas em relação às atuais. Algumas possíveis consequências desse aumento:

- Derretimento do gelo nas calotas polares, causando elevação do nível dos mares e deixando milhões de pessoas desabrigadas em consequência de enchentes de grandes proporções.
- Menor quantidade de radiação solar refletida e irradiada por geleiras e regiões cobertas de neve; maior quantidade de radiação absorvida pela superfície da Terra.
- Aumento nas temperaturas dos oceanos, possivelmente alterando os padrões das correntes e os padrões climáticos globais.

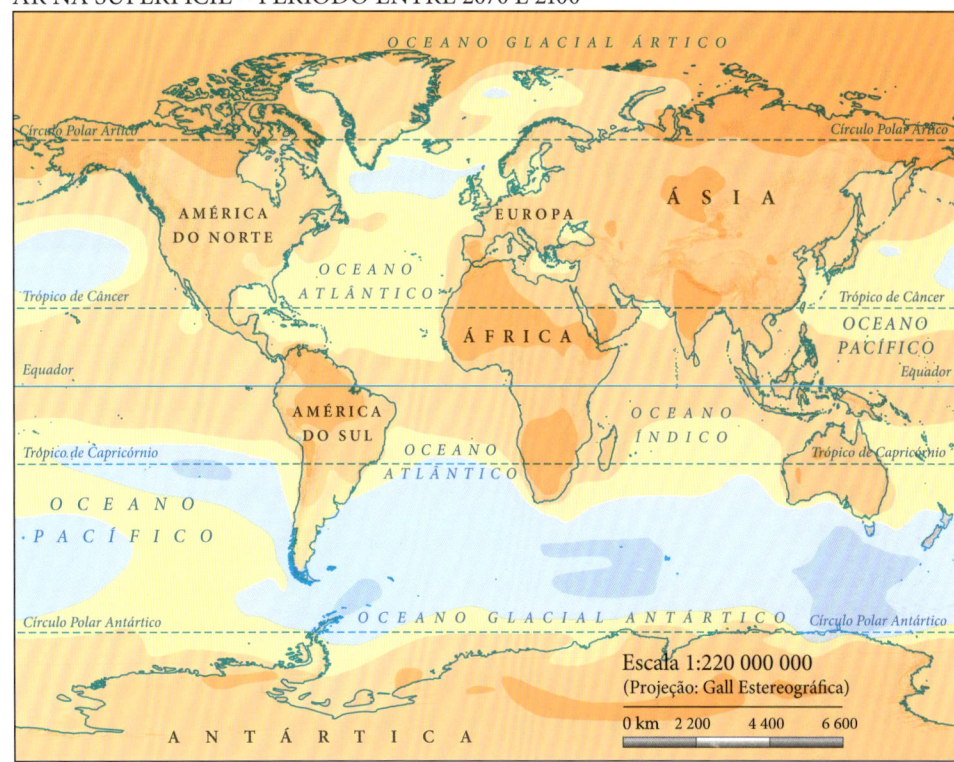

PREVISÃO DE ALTERAÇÃO NAS TEMPERATURAS DO AR NA SUPERFÍCIE – PERÍODO ENTRE 2070 E 2100

Escala 1:220 000 000
(Projeção: Gall Estereográfica)

LEGENDA

Alteração na temperatura média do ar na superfície em graus Celsius – períodos de 1960 a 1990 e de 2070 a 2100

- 4 a 5
- 3 a 4
- 2 a 3
- 1 a 2
- 0 a 1

- Diminuição da ocorrência de chuvas e aumento do calor nas regiões quentes, tornando-as ainda mais quentes e praticamente inabitáveis; expansão dos desertos.
- Aumento da ocorrência de enchentes, secas e outras condições climáticas extremas.
- Mudanças na distribuição natural da vegetação e dos ecossistemas.
- Extinção de milhares de vegetais e animais terrestres em decorrência da perda do hábitat.

ESFORÇOS PARA FREAR O AQUECIMENTO GLOBAL

Em 1997, no encontro de Kyoto, Japão, um novo acordo foi elaborado na tentativa de pôr em prática as recomendações feitas pela UNFCC (sigla em inglês para Convenção das Nações Unidas sobre Mudanças Climáticas). O Protocolo de Kyoto foi considerado essencial para a redução dos gases estufa e para a desaceleração do aquecimento global. Entretanto, o sucesso do Protocolo foi limitado. Os países que provavelmente não excederão suas cotas de emissão poderão negociar as "sobras" com aqueles que as excederem.

Também é possível compensar as emissões por meio do mercado de carbono (plantando ou preservando áreas de florestas, por exemplo). Isso significa que países como a Rússia, que é altamente dependente de combustíveis fósseis, mas tem grandes áreas de floresta, podem continuar a produzir altos níveis de emissão de dióxido de carbono.

O Protocolo de Kyoto foi ratificado em fevereiro de 2005, mas as emissões continuam a crescer em muitos países. A recusa dos EUA (maior emissor de dióxido de carbono do mundo) em assinar o tratado significa que o Protocolo de Kyoto pode ter somente um pequeno impacto nas alterações do clima no futuro. Os problemas relacionados a esse tratado também evidenciaram as dificuldades de se tentar aplicar uma ação global na questão do meio ambiente. Em 2012, durante a Conferência da ONU sobre Mudanças Climáticas (COP 18), em Doha, no Qatar, os países decidiram estender a validade do Protocolo de Kyoto até 2020.

TEMAS IMPORTANTES

1. É possível afirmar que acordos como o Protocolo de Kyoto (relacionado às emissões de gases estufa) estão sendo suficientemente eficazes para reduzir o aquecimento global e, consequentemente, frear as alterações no clima?
2. Que consequências pode haver se as emissões dos gases estufa não forem reduzidas?
3. Seria melhor simplesmente aceitarmos o fato de que o clima do mundo é algo que muda constantemente e providenciarmos as devidas adaptações?

A VIDA NA TERRA

O mundo pode ser dividido em vários biomas. Biomas são regiões que apresentam combinações específicas de vegetação, vida animal, climas, solos e paisagens. Alguns têm maior biodiversidade em relação a outros, e muitos estão sob ameaça em consequência da ação do homem.

Alexander Ivanov

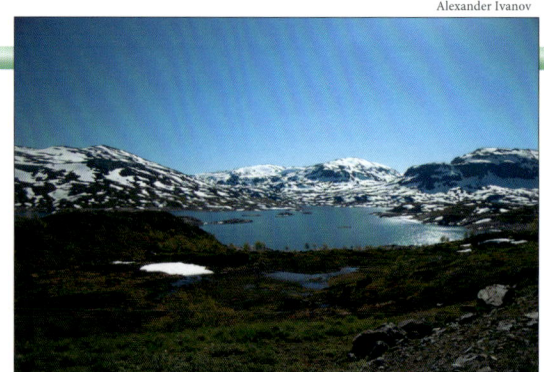

Tundra no norte da Escandinávia.

BIOMAS DO MUNDO

LEGENDA

Biomas do mundo

- polar
- tundra
- floresta de coníferas
- floresta temperada decidual
- floresta temperada úmida
- mediterrâneo
- savana e pradarias
- floresta tropical
- deserto quente
- deserto frio
- montanha

Marek Kosmal

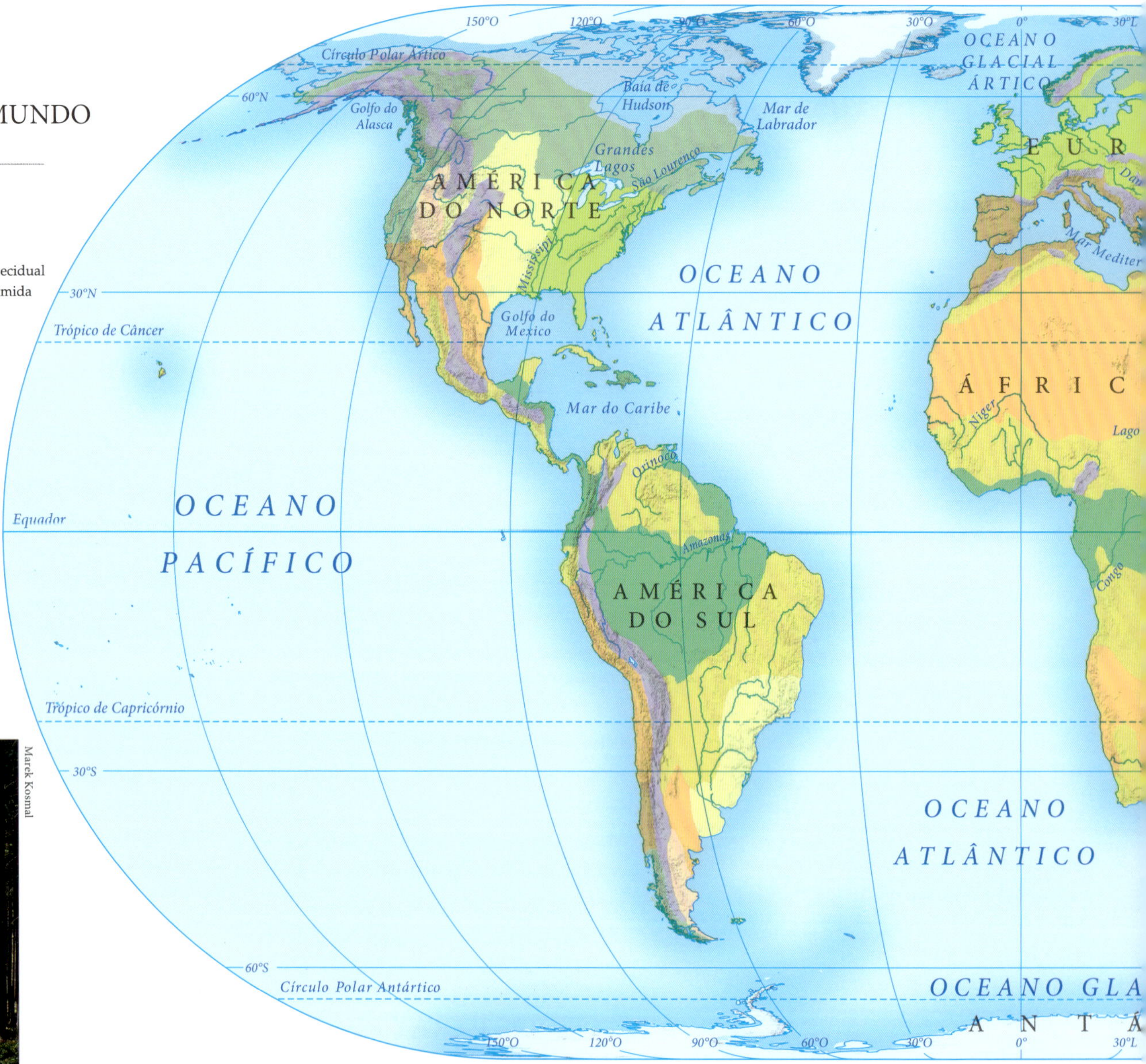

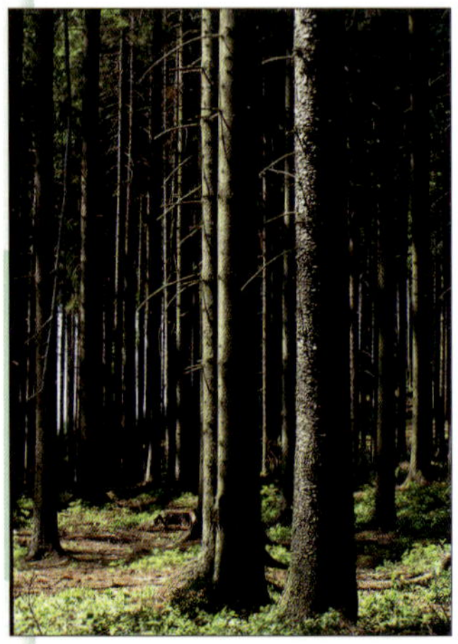

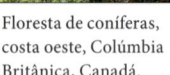

Floresta de coníferas, costa oeste, Colúmbia Britânica, Canadá.

Vladimir Kondrachov

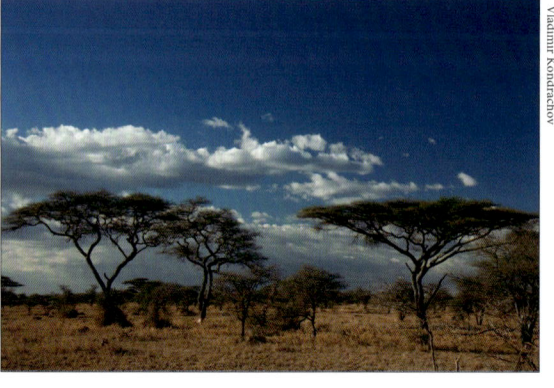

Savana na Tanzânia, África.

Maxime Mottin

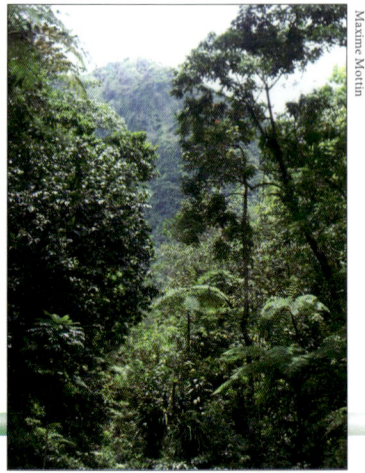

Floresta pluvial tropical na Ilha da Martinica, no Caribe.

36 EUROPA

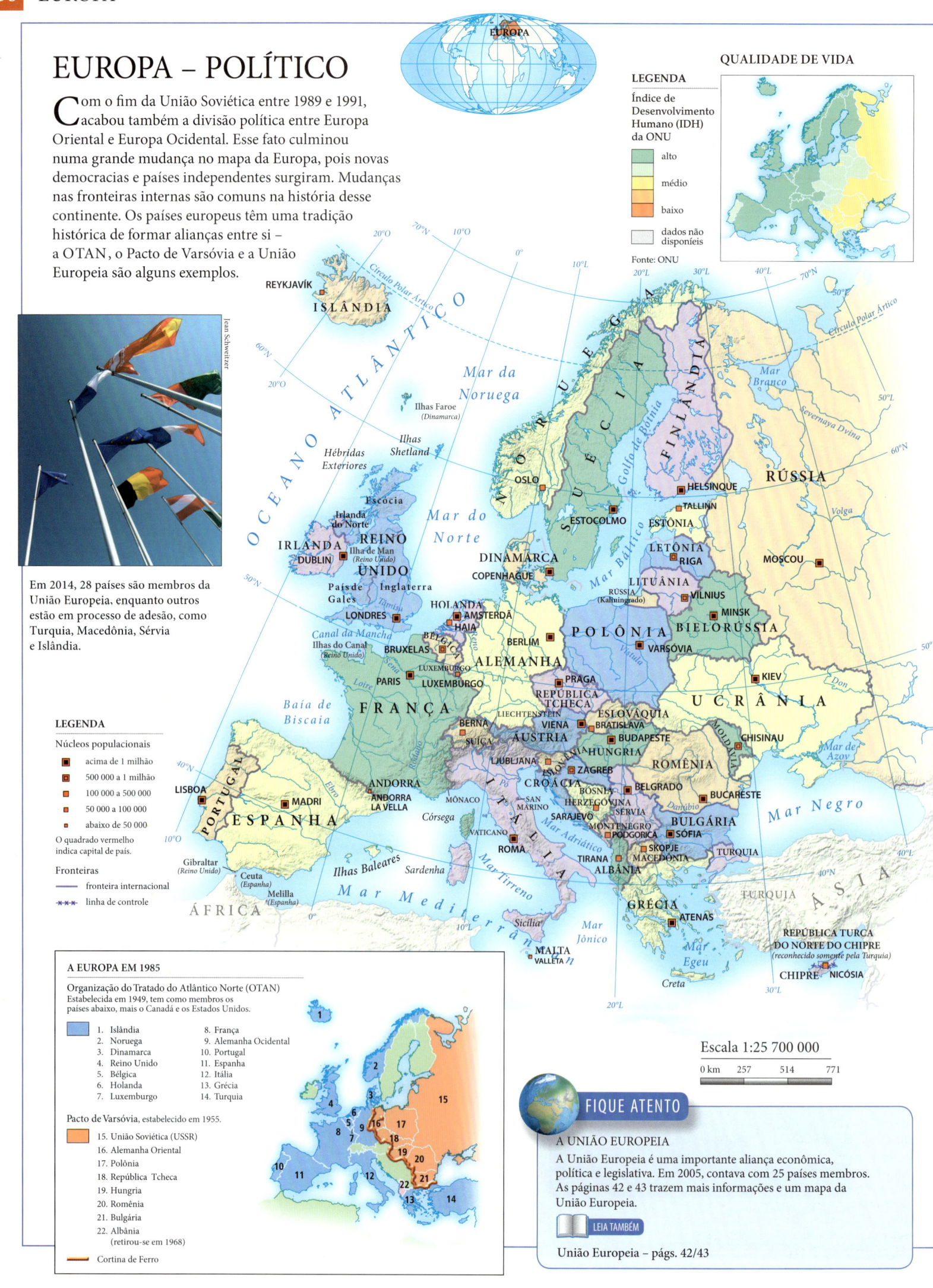

EUROPA – POLÍTICO

Com o fim da União Soviética entre 1989 e 1991, acabou também a divisão política entre Europa Oriental e Europa Ocidental. Esse fato culminou numa grande mudança no mapa da Europa, pois novas democracias e países independentes surgiram. Mudanças nas fronteiras internas são comuns na história desse continente. Os países europeus têm uma tradição histórica de formar alianças entre si – a OTAN, o Pacto de Varsóvia e a União Europeia são alguns exemplos.

Em 2014, 28 países são membros da União Europeia, enquanto outros estão em processo de adesão, como Turquia, Macedônia, Sérvia e Islândia.

QUALIDADE DE VIDA

LEGENDA
Índice de Desenvolvimento Humano (IDH) da ONU
- alto
- médio
- baixo
- dados não disponíveis

Fonte: ONU

LEGENDA

Núcleos populacionais
- ■ acima de 1 milhão
- ■ 500 000 a 1 milhão
- ■ 100 000 a 500 000
- ■ 50 000 a 100 000
- ■ abaixo de 50 000

O quadrado vermelho indica capital de país.

Fronteiras
- —— fronteira internacional
- ××× linha de controle

A EUROPA EM 1985

Organização do Tratado do Atlântico Norte (OTAN)
Estabelecida em 1949, tem como membros os países abaixo, mais o Canadá e os Estados Unidos.

1. Islândia
2. Noruega
3. Dinamarca
4. Reino Unido
5. Bélgica
6. Holanda
7. Luxemburgo
8. França
9. Alemanha Ocidental
10. Portugal
11. Espanha
12. Itália
13. Grécia
14. Turquia

Pacto de Varsóvia, estabelecido em 1955.

15. União Soviética (USSR)
16. Alemanha Oriental
17. Polônia
18. República Tcheca
19. Hungria
20. Romênia
21. Bulgária
22. Albânia (retirou-se em 1968)

—— Cortina de Ferro

Escala 1:25 700 000
0 km   257   514   771

FIQUE ATENTO

A UNIÃO EUROPEIA

A União Europeia é uma importante aliança econômica, política e legislativa. Em 2005, contava com 25 países membros. As páginas 42 e 43 trazem mais informações e um mapa da União Europeia.

LEIA TAMBÉM

União Europeia – págs. 42/43

EUROPA – FÍSICO

A Europa é considerada um continente, embora faça parte das terras da Ásia. Depois da Oceania, é o menor continente em termos de extensão territorial, mas possui grande variedade de paisagens. A planície norte europeia é uma região de terras baixas que se estende por 4 000 km, passando pelo centro e pelo leste da Europa. É delimitada ao sul pelos Alpes e Pirineus, bem como por planaltos erodidos ou maciços; ao norte, estão as montanhas mais antigas da Escandinávia (Alpes Escandinavos) e o norte da Grã-Bretanha.

CURIOSIDADES

1. **PONTO MAIS ALTO:** Monte Elbrus, 5 642 metros acima do nível do mar
2. **PONTO MAIS BAIXO:** Mar Cáspio, 28 metros abaixo do nível do mar
3. **MAIOR LAGO:** Lago Ladoga, 18 400 km²
- **RIO MAIS LONGO:** Rio Volga, 3 531 km

LEGENDA

Elevação
- 4 000 m
- 2 000 m
- 1 000 m
- 500 m
- 250 m
- 100 m
- 0 — Abaixo do nível do mar
- 250 m
- 2 000 m
- 4 000 m

- △ montanha
- ⌂ vulcão
- ▽ depressão

Limites das placas
- —— construtivo
- △—△ destrutivo
- – – – conservativo
- ····· indefinido

GLACIAÇÕES NA EUROPA

A Europa vivenciou vários grandes períodos de glaciação, durante os quais os tipos de geleira mostrados no diagrama à direita podiam ser encontrados. O último período de glaciação terminou aproximadamente há 10 mil anos. Naquele tempo, os Alpes e a maior parte do norte da Europa encontravam-se cobertos por geleiras; estas participaram dos processos erosivos e de deposição que ajudaram a formar a paisagem que vemos hoje. Atualmente, as geleiras são encontradas somente na Islândia, na Escandinávia, nos Alpes e em parte da Espanha.

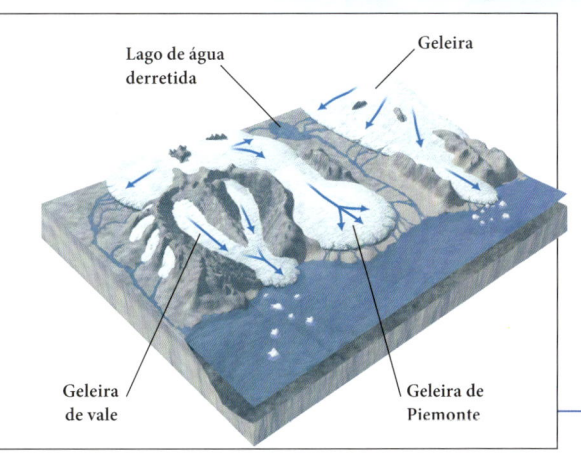

Escala 1:27 000 000

0 km 270 540 810

EUROPA – CLIMA

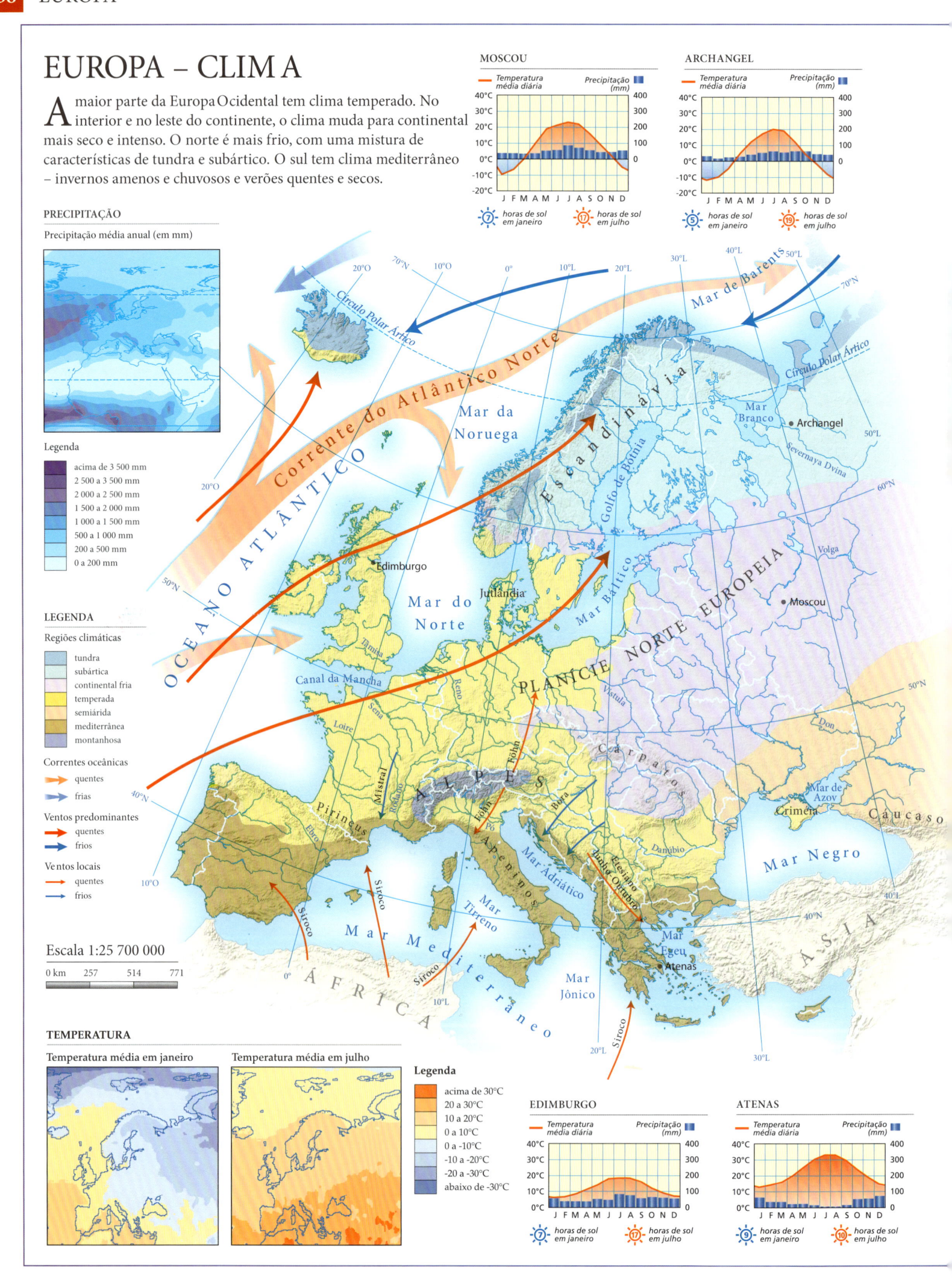

A maior parte da Europa Ocidental tem clima temperado. No interior e no leste do continente, o clima muda para continental mais seco e intenso. O norte é mais frio, com uma mistura de características de tundra e subártico. O sul tem clima mediterrâneo – invernos amenos e chuvosos e verões quentes e secos.

PRECIPITAÇÃO

Precipitação média anual (em mm)

Legenda
- acima de 3 500 mm
- 2 500 a 3 500 mm
- 2 000 a 2 500 mm
- 1 500 a 2 000 mm
- 1 000 a 1 500 mm
- 500 a 1 000 mm
- 200 a 500 mm
- 0 a 200 mm

LEGENDA

Regiões climáticas
- tundra
- subártica
- continental fria
- temperada
- semiárida
- mediterrânea
- montanhosa

Correntes oceânicas
- quentes
- frias

Ventos predominantes
- quentes
- frios

Ventos locais
- quentes
- frios

Escala 1:25 700 000
0 km — 257 — 514 — 771

TEMPERATURA

Temperatura média em janeiro

Temperatura média em julho

Legenda
- acima de 30°C
- 20 a 30°C
- 10 a 20°C
- 0 a 10°C
- 0 a -10°C
- -10 a -20°C
- -20 a -30°C
- abaixo de -30°C

MOSCOU
Temperatura média diária — Precipitação (mm)
7 horas de sol em janeiro / 17 horas de sol em julho

ARCHANGEL
Temperatura média diária — Precipitação (mm)
5 horas de sol em janeiro / 19 horas de sol em julho

EDIMBURGO
Temperatura média diária — Precipitação (mm)
7 horas de sol em janeiro / 17 horas de sol em julho

ATENAS
Temperatura média diária — Precipitação (mm)
9 horas de sol em janeiro / 19 horas de sol em julho

EUROPA – POPULAÇÃO

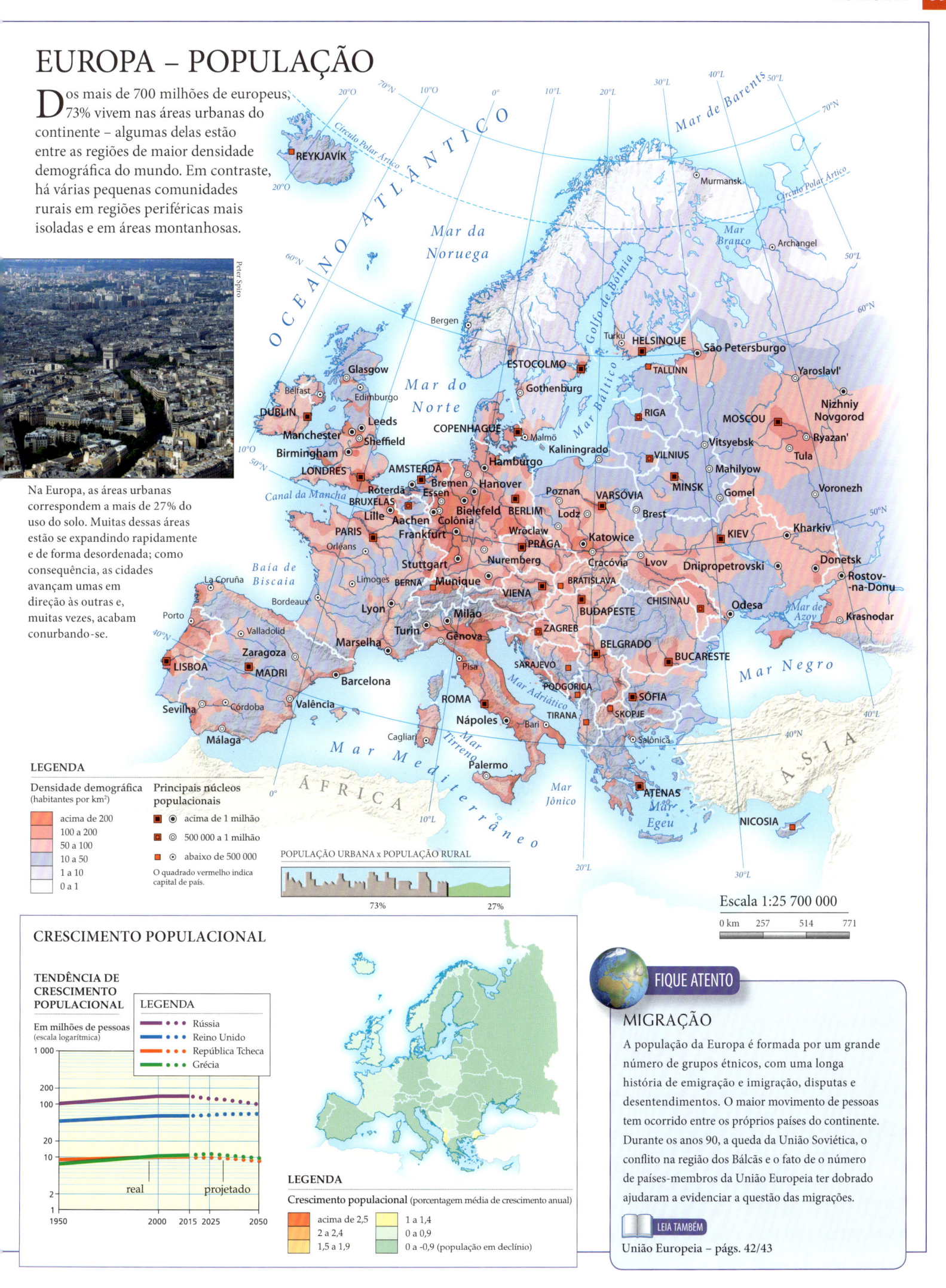

Dos mais de 700 milhões de europeus, 73% vivem nas áreas urbanas do continente – algumas delas estão entre as regiões de maior densidade demográfica do mundo. Em contraste, há várias pequenas comunidades rurais em regiões periféricas mais isoladas e em áreas montanhosas.

Peter Spiro

Na Europa, as áreas urbanas correspondem a mais de 27% do uso do solo. Muitas dessas áreas estão se expandindo rapidamente e de forma desordenada; como consequência, as cidades avançam umas em direção às outras e, muitas vezes, acabam conurbando-se.

LEGENDA

Densidade demográfica (habitantes por km²)
- acima de 200
- 100 a 200
- 50 a 100
- 10 a 50
- 1 a 10
- 0 a 1

Principais núcleos populacionais
- acima de 1 milhão
- 500 000 a 1 milhão
- abaixo de 500 000

O quadrado vermelho indica capital de país.

POPULAÇÃO URBANA x POPULAÇÃO RURAL
73% 27%

Escala 1:25 700 000
0 km 257 514 771

CRESCIMENTO POPULACIONAL

TENDÊNCIA DE CRESCIMENTO POPULACIONAL

Em milhões de pessoas (escala logarítmica)

LEGENDA
- Rússia
- Reino Unido
- República Tcheca
- Grécia

real — projetado
1950 – 2000 – 2015 – 2025 – 2050

LEGENDA

Crescimento populacional (porcentagem média de crescimento anual)
- acima de 2,5
- 2 a 2,4
- 1,5 a 1,9
- 1 a 1,4
- 0 a 0,9
- 0 a -0,9 (população em declínio)

FIQUE ATENTO

MIGRAÇÃO

A população da Europa é formada por um grande número de grupos étnicos, com uma longa história de emigração e imigração, disputas e desentendimentos. O maior movimento de pessoas tem ocorrido entre os próprios países do continente. Durante os anos 90, a queda da União Soviética, o conflito na região dos Bálcãs e o fato de o número de países-membros da União Europeia ter dobrado ajudaram a evidenciar a questão das migrações.

LEIA TAMBÉM

União Europeia – págs. 42/43

EUROPA – USO DO SOLO

O uso do solo na Europa varia bastante. As regiões de terras mais baixas geralmente têm grande densidade demográfica, com áreas altamente industrializadas, bem como agricultura e pecuária intensivas. As florestas de coníferas são encontradas nas regiões montanhosas, especialmente na Escandinávia, ao norte, e nos Alpes e Pirineus, onde o clima é mais frio e mais úmido.

A maior parte do norte e do centro da Europa é fria e montanhosa, com fortes nevascas de inverno. Florestas de coníferas, como a mostrada acima, nos montes Cárpatos, Romênia, são o principal tipo de uso do solo nessas regiões montanhosas.

LEGENDA

Usos do solo
- polar
- tundra
- pântano ou área alagada
- floresta
- pasto
- agricultura
- de montanha

Indústria
- área industrial
- grande conurbação

Escala 1:25 700 000

0 km — 257 — 514 — 771

RECURSOS MINERAIS

LEGENDA

Recursos minerais
- campos petrolíferos
- campos de gás natural
- jazidas carboníferas

- **Al** alumínio
- **Fe** ferro
- **Pb** chumbo
- **U** urânio
- **Zn** zinco

FIQUE ATENTO

DESMATAMENTO

O desmatamento é um grande problema mundial. Muitas das florestas primárias da Europa já desapareceram, pois foram derrubadas para suprimento de madeira ou substituídas por núcleos populacionais, indústrias e plantações. Entretanto, entre 1990 e 2000, mais de 880 mil hectares de novas florestas foram plantados a cada ano.

EUROPA – MEIO AMBIENTE

A Europa é altamente industrializada e densamente povoada. Emissões e despejos de usinas atômicas, indústrias, veículos e residências poluem o ar e a água por todo o continente. Vazamentos de petróleo e de radioatividade das usinas atômicas têm tido impacto duradouro, não somente nas áreas onde aconteceram, mas por toda a Europa.

Vazamentos de navios petrolíferos nos mares e oceanos em torno da Europa causaram poluição de grandes proporções, afetando tanto os ecossistemas marinhos quanto os da costa. Isso trouxe prejuízo para a pesca local e para a indústria do turismo. O vazamento de petróleo do Prestige, em dezembro de 2002, atingiu uma grande parte da costa atlântica no norte da Espanha.

Vazamentos de petróleo (mapa):
- Braer, 1993 — 85 000 t
- Sea Empress, 1996 — 72 000 t
- Torrey Canyon, 1967 — 119 000 t
- Amoco Cadiz, 1978 — 223 000 t
- Jakob Maersk, 1975 — 88 000 t
- 1. Prestige, 2002, 77 000 t
- 2. Aegean Sea, 1992, 74 000 t
- 3. Urquiola, 1976, 100 000 t
- Haven, 1991 — 144 000 t
- Irenes Serenade, 1980 — 100 000 t
- Independenta, 1979 — 95 000 t

Acidentes nucleares:
- Windscale (Sellafield), 1957
- Greifswald, 1976
- Chernobyl, 1986

Escala 1:30 250 000

LEGENDA
Questões ambientais
- poluição marinha
- poluição marinha intensa
- chuva ácida
- rio poluído
- ar urbano de má qualidade
- grande vazamento de petróleo
- acidente nuclear

O ACIDENTE DE CHERNOBYL

O pior acidente nuclear do mundo aconteceu em Chernobyl, na Ucrânia, em 1986. O material radioativo tóxico que escapou foi levado pelos ventos e se espalhou pela Europa, chegando até o noroeste da Inglaterra.

Uma blindagem de concreto (chamada de sarcófago) foi construída para conter a contaminação. No entanto, há risco de rompimento, pois tal blindagem está se deteriorando, fato que preocupa as autoridades.

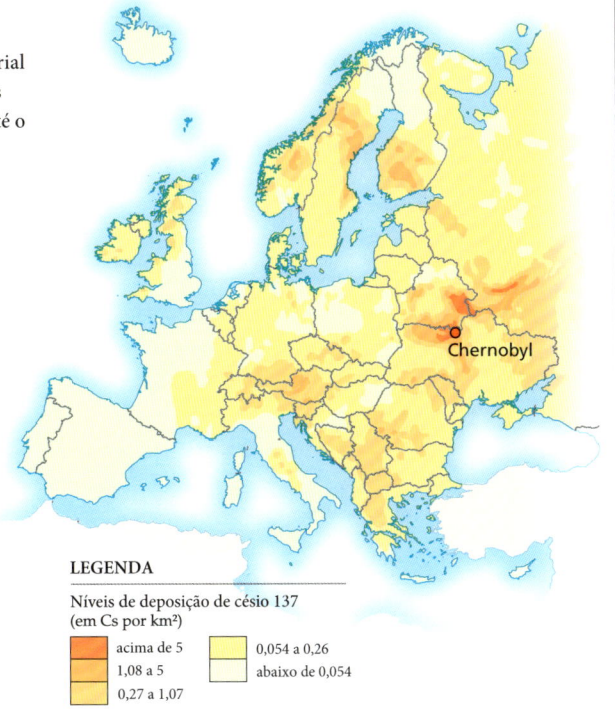

LEGENDA
Níveis de deposição de césio 137 (em Cs por km²)
- acima de 5
- 1,08 a 5
- 0,27 a 1,07
- 0,054 a 0,26
- abaixo de 0,054

FIQUE ATENTO

POLUIÇÃO MARINHA

A faixa costeira da Europa é uma das mais poluídas do mundo. Os despejos industriais e a navegação são as principais causas da poluição ao longo das costas do Mar do Norte, do Báltico e do Atlântico. A passagem estreita e a pouca correnteza do mar Mediterrâneo contribuem para que nele rapidamente se acumulem dejetos químicos, petróleo, lixo e esgoto.

UNIÃO EUROPEIA

A União Europeia é uma organização composta por países democráticos formada para propiciar a cooperação econômica e política entre seus membros. Sustentada por uma série de tratados, é diferente de qualquer outro bloco de comércio internacional, pois criou instituições em comum entre os países-membros, às quais estes delegam alguns de seus poderes de decisão.

A bandeira da União Europeia foi apresentada em 1955. As 12 estrelas douradas, dispostas em círculo, simbolizam solidariedade, perfeição e unidade. Independente do número de países-membros, a bandeira sempre terá apenas 12 estrelas.

AS ORIGENS DA UNIÃO EUROPEIA

A União Europeia tem suas raízes nas consequências da 2.ª Guerra Mundial. Com a intenção de assegurar uma paz duradoura depois de séculos de conflito, em 1951, seis países entraram em acordo para manter um controle mútuo da produção de carvão mineral e aço. O acordo teve grande sucesso e, em 1957, esses países assinaram o Tratado de Roma, estabelecendo um mercado comum (Comunidade Econômica Europeia – CEE) e removendo as barreiras comerciais entre eles. Desde então, movimentos de expansão vêm ocorrendo – em 2004, 25 países já faziam parte da União Europeia. Em 1992, um mercado comum foi criado, viabilizando a livre circulação de produtos, serviços e pessoas entre os países-membros. A integração econômica culminou na criação de uma moeda única, o euro, adotada por 12 países em janeiro de 2002.

MUDANÇAS NO PAPEL DA UNIÃO EUROPEIA

Ao longo do tempo, a atuação da União Europeia se expandiu. A cooperação política entre os países-membros cresceu e a criação de instituições comuns entre eles viabilizou a tomada de decisões em conjunto em algumas áreas.

LEGENDA
Países-membros da União Europeia
- 1957: Bélgica, França, Alemanha, Itália, Luxemburgo, Holanda
- 1973: Dinamarca, Irlanda, Reino Unido
- 1981: Grécia
- 1986: Portugal, Espanha
- 1995: Áustria, Finlândia, Suécia
- 2004: República Tcheca, Chipre, Estônia, Hungria, Letônia, Lituânia, Malta, Polônia, Eslováquia, Eslovênia
- 2007: Romênia e Bulgária
- Prováveis novos membros: Turquia, Croácia, Macedônia
- País não membro

Escala 1:38 500 000
(Projeção: Equivalente Azimutal de Lambert)

0 km — 385 — 770 — 1 155

1 cm no mapa representa 385 km no terreno.

As bases da atual União Europeia foram estabelecidas no Tratado de Maastricht, assinado em 1992. O tratado estabeleceu áreas políticas nas quais os países-membros colaboram entre si. Tais áreas são comumente conhecidas como "os três pilares" da União Europeia:

- **A Comunidade Europeia:** Instituições europeias são responsáveis pela administração do mercado comum, da livre circulação entre fronteiras, da união econômica e monetária e da cooperação nas políticas de agricultura e meio ambiente. Os países-membros abriram mão do arbítrio em relação a essas áreas, delegando o controle delas à União Europeia.

- **Política internacional e de segurança:** Os países-membros buscam desenvolver planos de ação e tomar decisões conjuntas no que diz respeito a questões internacionais e de segurança.

- **Justiça e questões internas:** Os países-membros buscam integrar suas políticas relativas ao sistema judiciário, aos impostos sobre importação e exportação e às leis de asilo político.

O PAPEL DAS INSTITUIÇÕES DA UNIÃO EUROPEIA

Instituição	Funções	Características
Comissão Europeia	Gerencia as operações da União Europeia e propõe novas leis. Também é responsável pela implementação das políticas. Há 25 comissários, cada um responsável por uma área de atuação.	Politicamente independente. Responde somente ao Parlamento Europeu. Os comissários são indicados pelos governos dos países-membros.
Parlamento Europeu	É responsável, ao lado do Conselho da União Europeia, pela aprovação de leis e orçamento. Tem poder para destituir membros da Comissão Europeia.	É eleito pelos cidadãos europeus a cada cinco anos.
Conselho de Ministros	É responsável, ao lado do Parlamento Europeu, pela aprovação de leis e orçamento.	É composto por ministros dos países-membros.

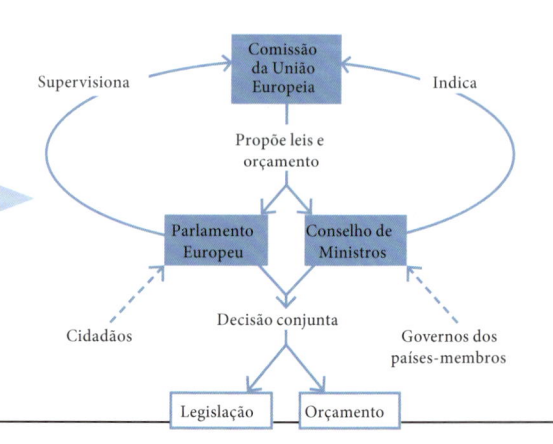

AS MIGRAÇÕES E A UNIÃO EUROPEIA

A Europa tem uma longa história de migração. Ao longo do tempo, milhões de europeus emigraram para outros continentes ou se deslocaram dentro da Europa e da União Europeia. O movimento de imigração também é intenso – grandes quantidades de pessoas deslocam-se para a Europa, muitas vindas de ex-colônias.

O crescimento das empresas internacionais com filiais em vários países favorece o crescimento da migração de profissionais

MIGRAÇÕES DENTRO DA UNIÃO EUROPEIA

Cidadãos da União Europeia têm o direito de trabalhar e estudar nos países-membros e também de viajar por qualquer um deles. A migração tornou-se mais fácil devido ao fim do controle das fronteiras entre os países-membros e aos melhoramentos nos sistemas de transportes e de comunicação.

A facilidade de migração entre os países-membros da União Europeia, estimula o deslocamento em busca de melhores oportunidades de trabalho.

Entretanto, determinados imigrantes em potencial, especialmente os provenientes dos novos países-membros ex-comunistas, sofrem certas restrições. Isso ocorre porque alguns países do oeste da União Europeia temem que os habitantes dos novos membro realizem uma migração em massa. Por outro lado, alguns argumentam que a expansão da União Europeia fará crescer o setor econômico nesses países, o que acabará reduzindo o número de pessoas que desejam migrar.

MIGRAÇÕES PARA FORA DA UNIÃO EUROPEIA

A Europa foi o maior ponto de partida de emigrantes internacionais no século XIX e no começo do século XX. Entre 1820 e 1924, 35 a 40 milhões de pessoas migraram apenas para os EUA. Os europeus continuam a se deslocar para países não pertencentes à União Europeia, na maioria das vezes para países desenvolvidos (o principal destino são os EUA). Os países da Comunidade Britânica de Nações, como Austrália e Nova Zelândia, recebem um grande número de imigrantes do Reino Unido. Essa forma de deslocamento é voluntária e motivada por incentivos econômicos e sociais, como melhores oportunidades de trabalho e educação.

MIGRAÇÕES PARA DENTRO DA UNIÃO EUROPEIA

A União Europeia atrai imigrantes por causa de sua prosperidade econômica e estabilidade política. Há dois principais grupos de migrantes provenientes de países não pertencentes à União Europeia:
- imigrantes econômicos, que se deslocam em busca de trabalho e melhor qualidade de vida;
- imigrantes forçados, que deixam seu país de origem por causa de guerras, perseguições ou catástrofes naturais; é comum buscarem asilo político como refugiados.

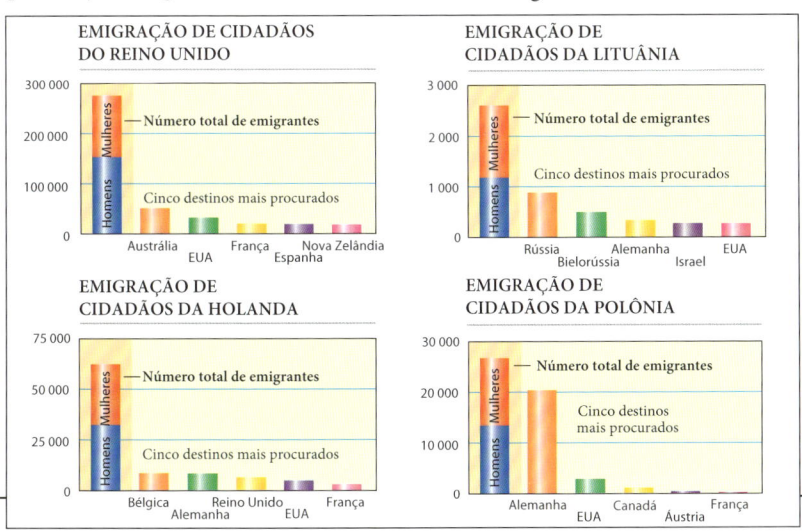

Ambos os tipos de migração têm aumentado nos últimos 50 anos. Eventos como a guerra civil na Iugoslávia (com a consequente divisão do país) nos anos 90, os conflitos na Chechênia (iniciados em 1999), as guerras no Afeganistão (2001), no Iraque (2003 e 2004), a Primavera Árabe iniciada em 2010 e que gerou instabilidade política no Norte da África e Oriente Médio têm forçado milhares de pessoas a fugir para a União Europeia em busca de segurança.

As fazendas de frutas e hortaliças na Andaluzia, Espanha, dependem de mão de obra sazonal oriunda principalmente do Marrocos.

Muitos negócios na União Europeia dependem de mão de obra imigrante, tanto qualificada quanto não qualificada, e o número de trabalhadores estrangeiros é grande. Os governos têm procurado controlar essa situação, permitindo que as empresas recrutem trabalhadores imigrantes não qualificados – necessários para realizar tarefas temporárias ou sazonais (geralmente em setores não atrativos para trabalhadores locais) –, porém negando-lhes o direito a residência permanente. O controle nas fronteiras também foi intensificado a fim de evitar a entrada ilegal de pessoas na União Europeia. Se por um lado, a União Europeia busca evitar a entrada de imigrantes, a crise econômica de 2008, que atingiu os Estados Unidos e posteriormente a Europa, gerou uma onda de desemprego principalmente em países menos industrializados, como Grécia, Portugal e Espanha. Muitos europeus buscam emprego em países emergentes, como o Brasil, China e Índia. Entre os europeus que buscam emprego no Brasil, destacam-se os espanhóis e portugueses.

TEMAS IMPORTANTES

1. Quais foram as principais realizações da União Europeia desde 1951, ano em que foi formada?
2. Quais são os argumentos contra e a favor da expansão da União Europeia?
3. Que benefícios os europeus obtêm com os movimentos de migração?
4. Em sua opinião, como a União Europeia deve conduzir seu desenvolvimento?

ILHAS BRITÂNICAS – FÍSICO

As Ilhas Britânicas, que antigamente eram ligadas ao território europeu, são agora separadas do resto do continente pelo Canal da Mancha. O norte e o oeste são basicamente formados por regiões montanhosas. Ao sul e a leste, as terras são bem mais baixas e planas.

GLACIAÇÃO NAS ILHAS BRITÂNICAS

Grande parte do panorama físico atual das Ilhas Britânicas formou-se na última era glacial, que terminou há 10 mil anos.

Limite ao sul da glaciação entre 10 mil e 70 mil anos atrás

LEGENDA

Elevação
- 4 000 m
- 2 000 m
- 1 000 m
- 500 m
- 250 m
- 100 m
- 0
- 250 m
- 2 000 m
- 4 000 m

abaixo do nível do mar

△ montanha
▽ depressão

Escala: 1:5 600 000
0 km 56 112 168
1 cm no mapa representa 56 km no terreno.

CURIOSIDADES

1. **PONTO MAIS ALTO:** Ben Nevis, 1 343 m acima do nível do mar
2. **PONTO MAIS BAIXO:** Fenlands, 4 m abaixo do nível do mar
3. **MAIOR LAGO:** Lago Neagh, 396 km²
- **RIO MAIS LONGO:** Rio Shannon, 370 km

FIQUE ATENTO

MANEJO DA COSTA

Grande parte da costa das Ilhas Britânicas, especialmente na região mais baixa, no leste da Inglaterra, requer um amplo esquema de proteção contra a ação do mar. Em alguns lugares, a manutenção é cara e está deixando de ser feita, permitindo que a erosão ocorra e provocando modificações na paisagem.

LEIA TAMBÉM E INTERNET

Mudanças climáticas – págs. 32/33

Informações sobre erosão costeira no Brasil: http://www.cpgg.ufba.br/lec/BEeros.htm

Trecho da costa de East Anglia, no leste da Inglaterra. Essa parte da costa britânica é a mais vulnerável a enchentes e erosão.

EUROPA 45

POPULAÇÃO DO REINO UNIDO

Os 60 milhões de habitantes do Reino Unido não estão distribuídos pelo país de maneira uniforme. A maioria vive nos grandes centros urbanos, sendo que uma em cada quatro pessoas vive em Londres e na região sudeste. Por outro lado, a maior parte dos planaltos da Escócia e do País de Gales é pouco habitada.

Dez por cento da população do Reino Unido vive em áreas rurais, basicamente em pequenos vilarejos como este, em Cotswolds, a oeste de Oxford.

Londres tem uma população de cerca de 7 milhões de habitantes, muitos dos quais moram na periferia e em bairros mais distantes e se dirigem à capital todos os dias para trabalhar.

LEGENDA

Densidade demográfica (habitantes por km²)
- Acima de 200
- 100 a 200
- 50 a 100
- 10 a 50
- 1 a 10

Principais núcleos populacionais
- Mais de 1 milhão de habitantes
- Entre 500 000 e 1 milhão de habitantes
- Abaixo de 500 000 habitantes

O quadrado vermelho indica capital de país.
O quadrado laranja indica capital de província ou capital federal.

POPULAÇÃO URBANA x POPULAÇÃO RURAL
90%   10%

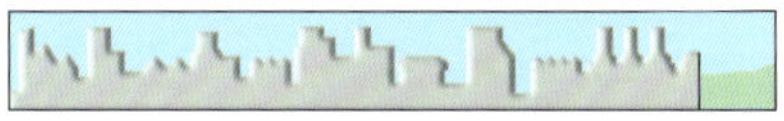

CRESCIMENTO POPULACIONAL

Legenda

Crescimento populacional (porcentagem média de crescimento anual)
- Superior a 0,6
- 0,4 a 0,59
- 0,2 a 0,39
- 0,1 a 0,19
- 0 a 0,09
- 0 a −0,09 (população em declínio)

CRESCIMENTO POPULACIONAL

Em milhões de pessoas

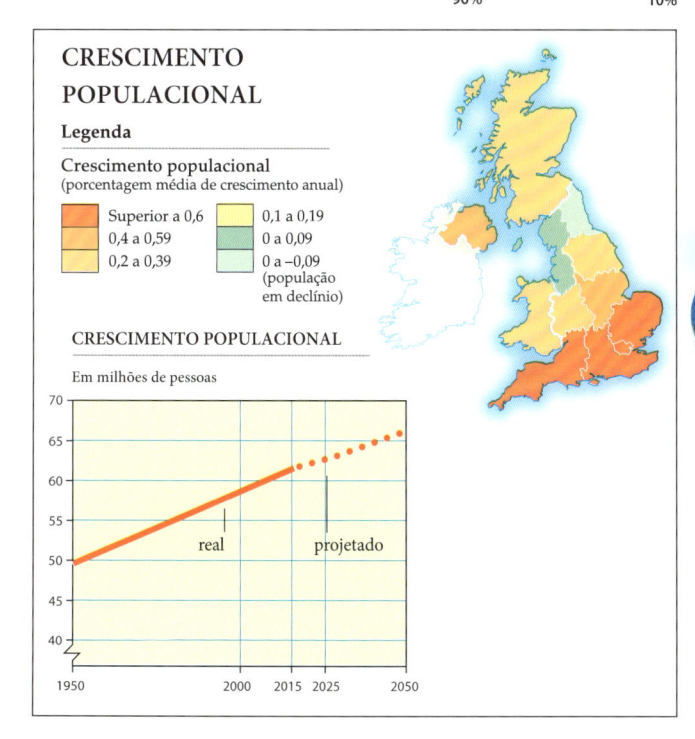

(gráfico: 1950 a 2050, real e projetado)

Escala: 1:5 600 000
0 km   56   112   168

FIQUE ATENTO

ESTRUTURA POPULACIONAL

As crianças que nasceram no Reino Unido em 2002 têm uma expectativa de vida de 81 anos (sexo feminino) e 76 anos (sexo masculino). Cem anos atrás, a expectativa era de 49 e 45 anos, respectivamente. Pela primeira vez, o Reino Unido tem mais pessoas com mais de 60 anos do que com menos de 16 anos. A proporção da população em idade de trabalho está decaindo e o Reino Unido, como outros países da União Europeia, precisa de trabalhadores imigrantes para compensar a falta de mão de obra.

LEIA TAMBÉM E INTERNET

União Europeia – págs. 42/43

Informações sobre o Censo Demográfico Brasileiro 2000: www.ibge.gov.br/ibgeteen

INUNDAÇÕES NO REINO UNIDO

As inundações são um dos desastres naturais mais comuns do mundo. Em alguns países, grandes áreas de terra são cobertas por água todos os anos, afetando a vida de milhões de pessoas. Na China, somente no século XX, mais de 4,5 milhões morreram em consequência de inundações. Apesar desse desastre dificilmente causar mortes no Reino Unido, aproximadamente 5 milhões de pessoas e 2 milhões de residências encontram-se em áreas de risco.

PRINCIPAIS CAUSAS/TIPOS DE INUNDAÇÕES NO REINO UNIDO

Rios: O principal causador do transbordamento de rios no Reino Unido são as chuvas fortes e prolongadas. Elas provocam a saturação do solo, o aumento do escoamento de água na superfície deste e o transbordamento dos canais. Às vezes, a situação piora com o derretimento de neve, especialmente em áreas elevadas, ou em função da ação do homem. A canalização dos rios nas áreas urbanas e as construções nas planícies de inundação dos rios aumentam os riscos de enchente.

Inundações súbitas: Ocorrem quando as águas não são drenadas nem absorvidas pelo solo. Isso pode acontecer em bacias de rios que sejam pequenas e íngremes, por exemplo, Lynmouth (1952) e Boscastle (2004). Inundações desse tipo podem causar grandes estragos e é praticamente impossível prever quando irão ocorrer.

Falha no escoamento de águas pluviais e esgotos: Na maioria das áreas urbanas do Reino Unido, os sistemas de drenagem de águas pluviais e redes de esgoto são antigos. Muitos não têm as dimensões necessárias para dar vazão ao fluxo dos esgotos ou à quantidade de água que escoa depois de chuvas repentinas ou períodos de chuva intensa. Os alagamentos decorrentes disso representam um grave risco para a saúde, pois grandes quantidades de esgoto são trazidas para a superfície.

Inundações costeiras: Sendo o Reino Unido um conjunto de ilhas, o risco de enchentes nas regiões costeiras é alto, especialmente ao longo das terras baixas da costa leste da Inglaterra. As regiões de estuário também correm perigo – o sudeste das Ilhas Britânicas está gradativamente afundando, e o nível das águas do mar, elevando-se; isso pode fazer com que, em um período de cem anos, o nível do rio Tâmisa na região de Londres aumente em 2,5 metros. Ao longo da costa do Mar do Norte, a combinação de marés altas, baixa pressão atmosférica e ventos fortes pode gerar tempestades com ondas e causar inundações arrasadoras, como a ocorrida em 1953, quando 300 pessoas morreram.

Boscastle, agosto de 2004.

Whitstable, durante a grande inundação de 1953.

CONTROLE DE INUNDAÇÕES

É impossível evitar que inundações ocorram, pois elas são fenômenos naturais. Depois da grande inundação ocorrida em 1953 (conhecida no Reino Unido como *The 1953 Great Flood*), muitas proteções contra inundações foram construídas, especialmente na costa. Para que continuem sendo eficazes, tais proteções precisam de manutenção e, por causa das mudanças climáticas, de reforço, isso tudo tem um custo considerável.

A GRANDE INUNDAÇÃO DE 1953

A pior inundação que o Reino Unido sofreu nos últimos tempos aconteceu em janeiro de 1953, na região da costa leste e do estuário do Tâmisa. Mais de 300 pessoas morreram, 25 mil casas foram danificadas e 40 mil pessoas tiveram de ser resgatadas ou removidas. A combinação entre um sistema de baixa pressão no Mar do Norte e uma grande elevação da maré criou uma onda gigante que ultrapassou as barreiras de proteção da costa, devastando partes de Lincolnshire, East Anglia, Essex e Kent. Essa catástrofe estimulou a construção de proteção em grande escala; dentre as obras, destaca-se a Thames Flood Barrier (Barreira Contra Inundações do Tâmisa), a leste de Londres.

ÁREAS AFETADAS PELA GRANDE INUNDAÇÃO DE 1953

Cleethorpes: 1 500 casas afetadas
Skegness: Dunas de areia arrastadas
Mablethorpe: Barreiras transpostas. Casas inundadas
Wells: Barreiras rompidas em dois lugares
Boston: Barreiras rompidas. Casas inundadas
Blakeney: Barreiras transpostas. Casas inundadas
Hunstanton: Barreiras transpostas. Centenas de *trailer* arrastados
Wisbech: Barreiras marítimas rompidas. 1 000 pessoas removidas. 1 pessoa morreu
Grande Yarmouth: 10 pessoas morreram
Kings Lynn: Barreiras transpostas. 15 pessoas morreram. 400 casas inundadas
Ilha Canvey: Barreiras destruídas. Toda a ilha foi inundada. Todas as casas foram desocupadas. 58 pessoas morreram
Harwich: 8 pessoas morreram
Frinton: Cabanas de praia destruídas
Margate: Barreiras transpostas. 300 casas inundadas
Whitstable: 40 pessoas removidas. Casas inundadas
Baía Herne: Cais destruído
Deal: Proteções rompidas. Casas inundadas

LEGENDA: Extensão da inundação; Núcleo populacional

EUROPA 47

O FUTURO

Um dos maiores desafios que a Environment Agency (agência ambiental britânica) enfrenta é o provável aumento dos riscos de inundação. Os mapas abaixo, produzidos pelo Foresight Flood and Coastal Defence Project (Projeto de Previsão de Inundação e Defesa da Costa) em 2004, apresentam uma estimativa do prejuízo anual causado pelas inundações em 2080. As diferentes previsões baseiam-se no nível de desenvolvimento das áreas vulneráveis, na força da economia e nas mudanças climáticas.

Barreira contra inundações do Tâmisa, Londres.

A BARREIRA DO TÂMISA

A Barreira Contra Inundações do Tâmisa (acima) começou a ser construída em 1974 e foi inaugurada em 1983. Projetada para evitar que ondas gigantescas inundem Londres, abrange 520 metros do rio Tâmisa, em Woolwich. É formada por dez grandes placas separadas por cais de concreto; em caso de alerta de inundação, as placas se elevam e se unem para formar uma poderosa proteção. Os alertas são enviados pelo Storm Tide Forecasting Service (STFS – Serviço de Previsão de Cheias de Marés), que monitora rigorosamente as marés e o clima da costa leste. A barreira foi projetada para resistir aos níveis de inundação previstos até 2030. A Environment Agency já estuda o que precisa ser feito para que a barreira resista a inundações após essa data.

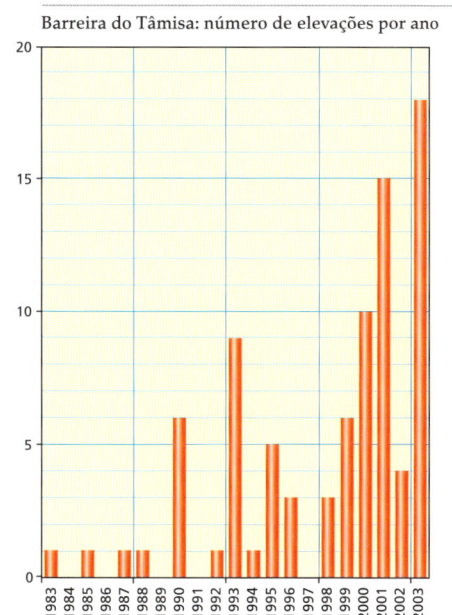

CONTROLE DOS RISCOS DE INUNDAÇÃO

Na Inglaterra e no País de Gales, a Environment Agency é responsável pelo controle dos riscos de inundação, realizando a manutenção dos sistemas de defesa e fornecendo um sistema de alerta. Sua prioridade agora é atacar os fatores causadores de inundações em vez de investir nos mecanismos de defesa contra elas, de forma a reduzir as chances de ocorrência de inundações, bem como o impacto destas sobre pessoas, propriedades e meio ambiente. Para isso, é preciso contar com a ajuda das autoridades locais para, por exemplo, evitar que novas casas sejam construídas em planícies de inundação. Também é preciso levar em conta a possibilidade de deixar a erosão costeira ocorrer em determinadas áreas, em vez de manter proteções marítimas de custo elevado.

PROTEÇÃO CONTRA ENCHENTES EM LONDRES
Barreira do Tâmisa: número de elevações por ano (1983-2003)

CUSTO DOS DANOS CASO AS EMISSÕES DE CO_2 SEJAM BAIXAS

LEGENDA
Alteração no custo dos danos em comparação com a atualidade (2002)
- diminuição
- alteração desprezível
- pequeno aumento
- médio aumento
- grande aumento

Fonte: Foresight Flood and Coastal Defence Project

CUSTO DOS DANOS CASO AS EMISSÕES DE CO_2 SEJAM ALTAS

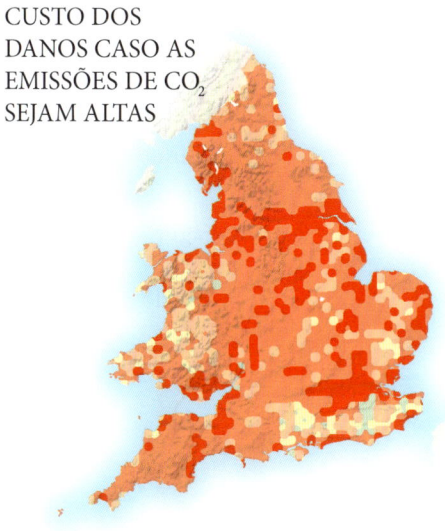

RISCOS DE ENCHENTE E CUSTOS DE CONTROLE

Causa/tipo da enchente	Propriedades ameaçadas	Prejuízo médio anual (em milhões de libras)	Custo do controle de enchentes 2003–2004 (em milhões de libras)
Rios/inundações costeiras			
Inglaterra e País de Gales	1 740 000	1 040	439
Escócia	180 000	32	14
Irlanda do Norte	45 000	16	11
Falha no escoamento/ nos esgotos			
Todo o Reino Unido	80 000	270	320
Total	2 045 000	1 358	884

TEMAS IMPORTANTES

1. Que combinação de fatores causou a grande inundação de 1953?
2. Quais são os principais efeitos e perigos das inundações nas cidades?
3. Por que é preferível atacar os fatores causadores de inundação em vez de investir nos mecanismos de defesa contra elas?
4. Os riscos de inundação no Reino Unido estão aumentando. O que pode ser feito para minimizá-los?

EUROPA

ESCANDINÁVIA E ESTADOS BÁLTICOS

Noruega, Suécia, Finlândia, Dinamarca e Islândia compõem os países nórdicos; a Noruega, a Suécia e a Dinamarca são conhecidas como Escandinávia. Localizados no extremo norte da Europa, estão entre os países mais frios e menos densamente povoados do continente. A sudeste da Escandinávia, separados pelo mar Báltico, encontram-se os estados bálticos da Estônia, Letônia e Lituânia, os quais entraram para a União Europeia em 2004.

Escala 1:7 800 000
0 km 78 156 234

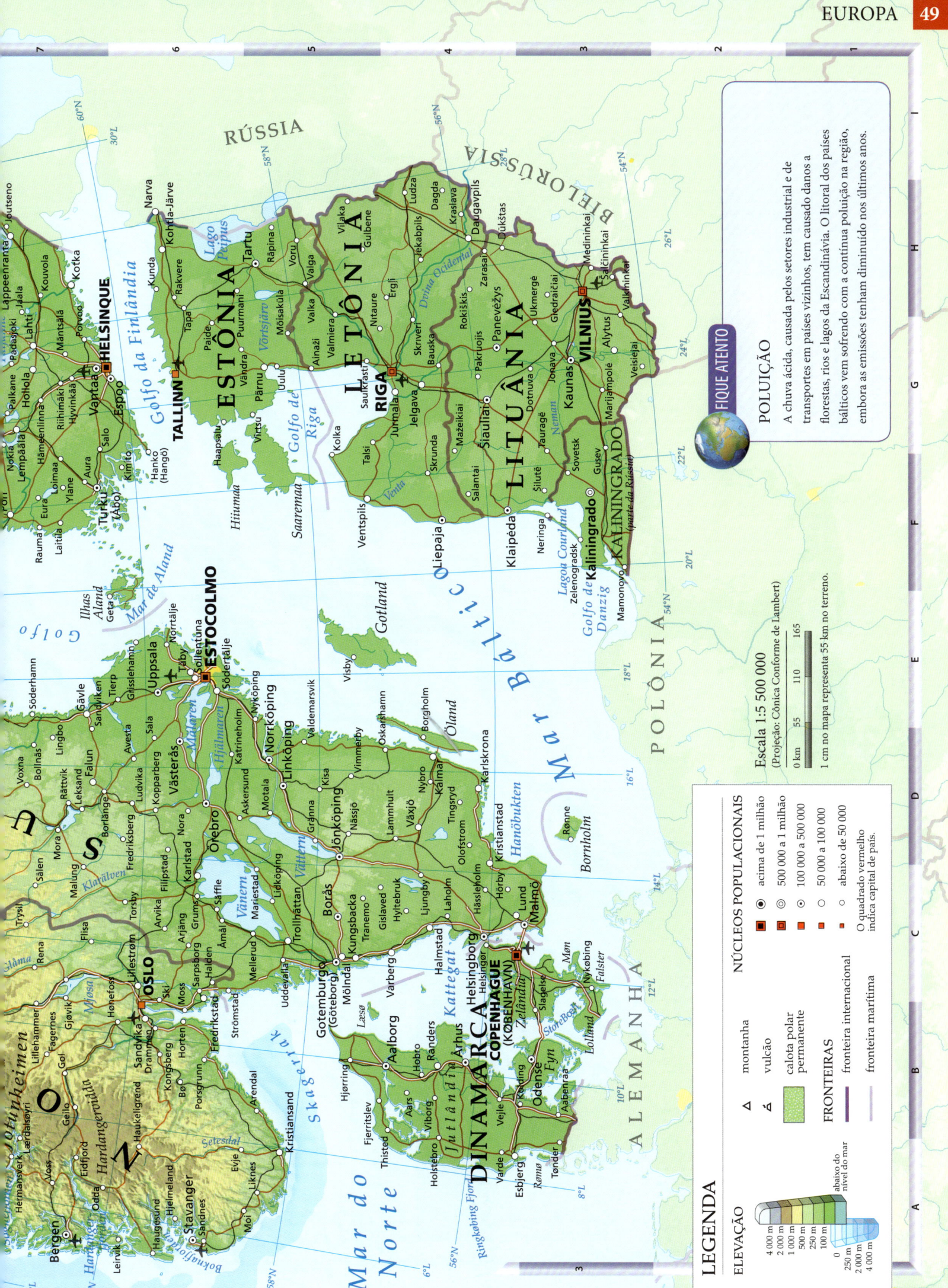

EUROPA

49

FIQUE ATENTO

POLUIÇÃO

A chuva ácida, causada pelos setores industrial e de transportes em países vizinhos, tem causado danos a florestas, rios e lagos da Escandinávia. O litoral dos países bálticos vem sofrendo com a contínua poluição na região, embora as emissões tenham diminuído nos últimos anos.

Escala 1:5 500 000
(Projeção Cônica Conforme de Lambert)

| 0 km | 55 | 110 | 165 |

1 cm no mapa representa 55 km no terreno.

LEGENDA

ELEVAÇÃO

- 4 000 m
- 2 000 m
- 1 000 m
- 500 m
- 250 m
- 100 m
- abaixo do nível do mar
- 250 m
- 2 000 m
- 4 000 m

NÚCLEOS POPULACIONAIS

- ● acima de 1 milhão
- ◉ 500 000 a 1 milhão
- ○ 100 000 a 500 000
- ○ 50 000 a 100 000
- ○ abaixo de 50 000

O quadrado vermelho indica capital de país.

- △ montanha
- ▲ vulcão
- calota polar permanente

FRONTEIRAS

- fronteira internacional
- fronteira marítima

HOLANDA, BÉLGICA E LUXEMBURGO

Holanda, Bélgica e Luxemburgo são conhecidos como Países Baixos, pois a maior parte da região é bastante plana e está no nível do mar ou abaixo dele. Também conhecidos como Benelux, os três países são membros fundadores da CEE, que mais tarde se tornou a União Européia.

O amplo porto de Roterdã serve a muitos países da Europa Ocidental e faz parte de uma região extensa e densamente habitada conhecida como Randstad. Mais de 7,5 milhões de pessoas vivem nessa área, onde se encontram as cidades de Amsterdã, Utrecht e Haia.

Caramaria

Escala 1:1 400 000
(Projeção: Cônica Conforme de Lambert)

0 km   14   28   42

1 cm no mapa representa 14 km no terreno.

EUROPA 51

COMÉRCIO

Holanda, Bélgica e Luxemburgo formam uma das areas mais industrializadas e densamente habitadas da região. A posição estratégica da região (um dos limites da Europa Ocidental) ajudou a desenvolver um importante centro de negócios, proporcionando a formação de um mercado comum e da Comunidade Econômica Europeia, precursora da atual União Europeia.

FIQUE ATENTO

LEIA TAMBÉM
União Europeia – págs. 42/43

A maior parte do noroeste da Holanda ao redor de IJsselmeer é composta por terras abaixo do nível do mar que foram adequadas à ocupação. Um sistema complexo de barreiras e diques foi construido para proteger a área da invasão das águas do mar do Norte.

Eric Gevaert

David Martyn

Sede da Comissão da União Européia em Bruxelas. A cidade abriga uma série de órgãos que administram a União Europeia e suas várias funções. O Parlamento Europeu realiza suas reuniões em Estrasburgo, na França.

LEGENDA

ELEVAÇÃO
- 4 000 m
- 2 000 m
- 1 000 m
- 500 m
- 250 m
- 100 m
- 0
- 250 m
- 2 000 m
- 4 000 m
- abaixo do nível do mar

△ montanha

FRONTEIRAS
- fronteira internacional
- fronteira marítima

NÚCLEOS POPULACIONAIS
- acima de 1 milhão
- 500 000 a 1 milhão
- 100 000 a 500 000
- 50 000 a 100 000
- abaixo de 50 000

O quadrado vermelho indica capital de país.

EUROPA

FRANÇA

A França é o país de maior extensão territorial da Europa Ocidental. Bacias hidrográficas localizadas em terras baixas e planas circundam o planalto do Maciço Central, e a fronteira com Espanha e Itália é demarcada pelos Pirineus e pelos Alpes. Membro fundador da União Europeia, a França tem os setores industrial e agrícola bastante desenvolvidos.

REGIÕES DA FRANÇA

Há 22 regiões na França (incluindo a ilha da Córsega), as quais são subdivididas em áreas menores chamadas de departamentos. Paris, a capital, localiza-se na Île-de-France, parte da Bacia de Paris.

PARIS

Esta imagem de satélite em falsa cor mostra Paris e arredores, localizados na região da Île-de-France. Pode-se ver claramente o rio Sena atravessando a região urbana. As pequenas manchas vermelhas representam áreas de agricultura.

NASA Visible Earth

EUROPA 53

DENSIDADE DEMOGRÁFICA

As regiões que formam a Bacia de Paris e as áreas costeiras são as mais densamente povoadas, contrastando bastante com as áreas montanhosas de Limousin, Auvergne e Rhone-Alpes, que são menos habitadas.

POPULAÇÃO URBANA x POPULAÇÃO RURAL
76% 24%

TENDÊNCIA DE CRESCIMENTO POPULACIONAL
Milhões de habitantes (1950 – 2050), real e projetado

LEGENDA

Densidade demográfica (habitantes por km²)
- acima de 200
- 100 a 200
- 50 a 100
- 10 a 50

Principais núcleos populacionais
- acima de 1 milhão
- 500 000 a 1 milhão
- outras cidades grandes

A TGV (sigla em francês para *train à grande vitesse* – trem de grande velocidade) é uma das redes ferroviárias mais rápidas do mundo. Há três grandes rotas que partem de Paris, e os trens alcançam velocidades de até 300 quilômetros por hora.

LEGENDA

ELEVAÇÃO
- 4 000 m
- 2 000 m
- 1 000 m
- 500 m
- 250 m
- 100 m
- 0
- 250 m
- 2 000 m
- 4 000 m
- abaixo do nível do mar

- △ montanha
- ✕ desfiladeiro

FRONTEIRAS
- fronteira internacional
- fronteira marítima

NÚCLEOS POPULACIONAIS
- acima de 1 milhão
- 500 000 a 1 milhão
- 100 000 a 500 000
- 50 000 a 100 000
- abaixo de 50 000

O quadrado vermelho indica capital de país.

Escala 1:4 300 000
(Projeção: Cônica Conforme de Lambert)
0 km 43 86 129
1 cm no mapa representa 43 km no terreno.

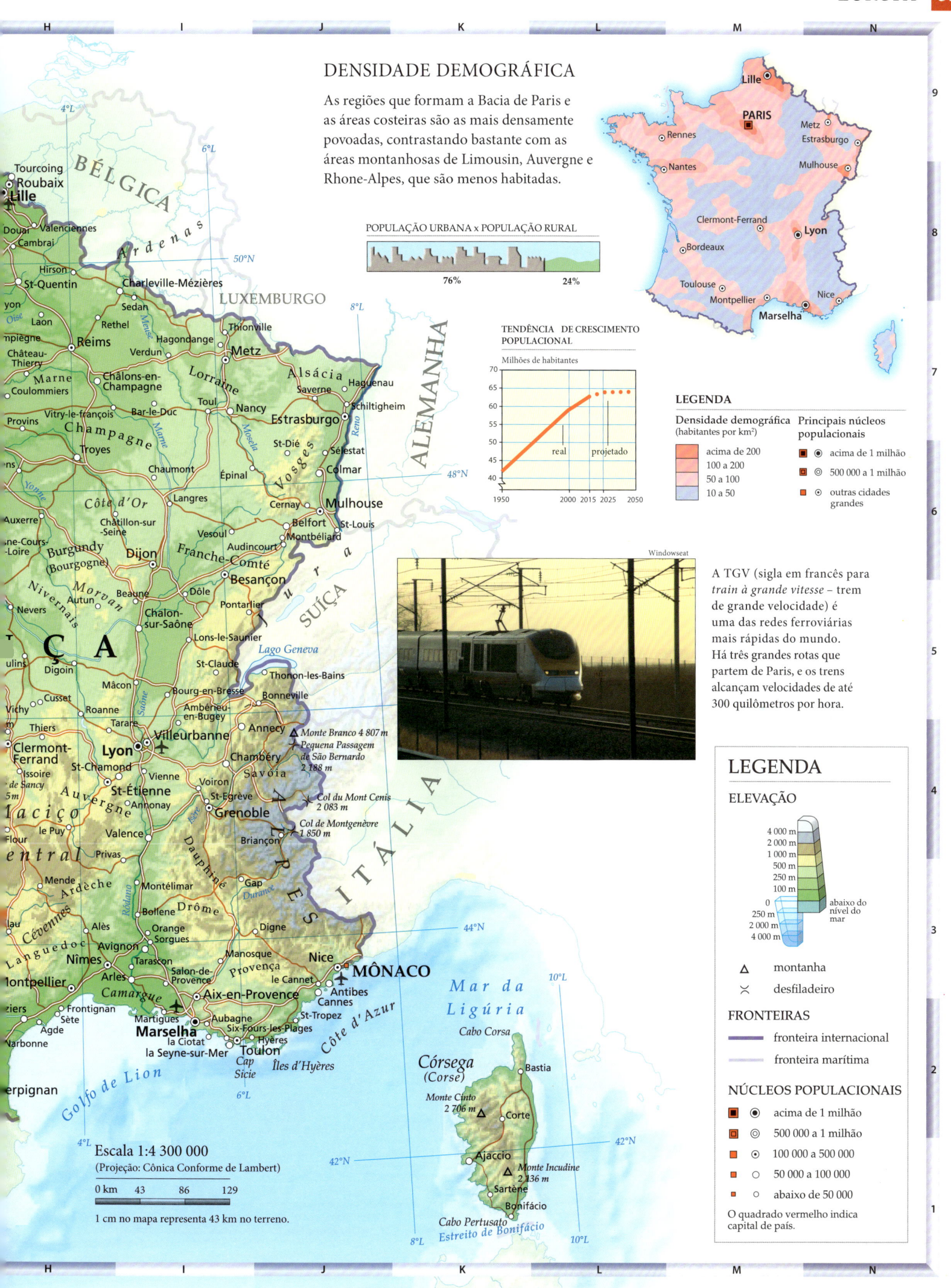

ESPANHA E PORTUGAL

Espanha e Portugal, ambos países pertencentes à União Europeia, formam a Península Ibérica. A fronteira ao norte com a França é delimitada pelos Pirineus. A parte central da Espanha é um amplo planalto árido chamado de Meseta. Nessa região, há alguns rios que escoam em direção à área costeira, irrigando uma parte da planície. As ilhas Canárias e Baleares também fazem parte da Espanha.

DIVISÃO REGIONAL

Muitas regiões da Espanha têm uma forte identidade cultural e política, especialmente a do País Basco e a da Catalunha, e isso tem sido motivo para conflitos. Em Portugal, os nomes das capitais administrativas derivam dos nomes dos distritos: Faro, por exemplo, é a capital administrativa do distrito de Faro.

Barcelona é uma das maiores cidades da Espanha; em 1992, sediou os Jogos Olímpicos. Muitos turistas são também atraídos pela Las Ramblas, uma próspera avenida que liga o porto ao antigo bairro gótico.

DENSIDADE POPULACIONAL

A maioria dos 40 milhões de espanhóis vive ao longo da costa do Mediterrâneo ou na capital, Madri. A densidade demográfica total da Espanha é uma das mais baixas da União Europeia.

TENDÊNCIA DE CRESCIMENTO POPULACIONAL
Milhões de habitantes

LEGENDA
- Espanha
- Portugal

LEGENDA

Densidade demográfica (em habitantes por km²)
- acima de 200
- 100 a 200
- 50 a 100
- 10 a 50

Principais núcleos populacionais
- acima de 1 milhão
- 500 000 a 1 milhão
- abaixo de 500 000

O quadrado vermelho indica capital de país.

POPULAÇÃO URBANA x POPULAÇÃO RURAL
78% 22%

EUROPA

55

Mapa da Península Ibérica

Principais localidades e referências geográficas:

França / Pirineus / Andorra / Espanha

- Baía de Biscaia
- Costa Verde: Viciosa, Llanes, Santander, Torrelavega, Laredo, Bermeo, Bilbao, San Vicente de Barakaldo, Zarautz, Donostia-San Sebastián, Irún
- Reinosa, Eibar, Tolosa, Pamplona (Iruña), Jaca, Monte Perdido 3 348 m, La Seo d'Urgel
- Vitoria-Gasteiz, Miranda de Ebro, Estella-Lizarra, Logroño, Calahorra, Arnedo, Tudela, Ejea de los Caballeros, Huesca, Barbastro, Berga, Ripoll, Banyoles, Figueres
- Palencia, Burgos, Lerma, Aranda de Duero, Soria, Tarazona, Monzón, Balaguer, Manlleu, Vic, Girona (Gerona), Palafrugell, Palamós
- Valladolid, El Burgo de Osma, Medinaceli, Zaragoza, Lleida (Lérida), Tàrrega, Cervera, Manresa, Terrassa, Sabadell, Mataró, Arenys de Mar, Blanes, Costa Brava
- Segóvia, Serra de Guadarrama, Calatayud, Daroca, Híjar, Fraga, Vilafranca del Penedès, Vilanova, Valls, Barcelona, L'Hospitalet de Llobregat
- Ávila, Madri, Alcalá de Henares, Torrejón de Ardoz, Guadalajara, Alcañiz, Reus, El Vendrell, Sitges, Tarragona
- Gredos, Talavera de la Reina, Getafe, Aranjuez, Cuenca, Teruel, Tortosa, Amposta, Sant Carles de la Ràpita, Vinaròs
- Toledo, Ocaña, Tarancón, Javalambre 2 020 m, Castelló de la Plana, Burriana, Vall d'Uxó, Sagunto (Sagunt)
- Orgaz, Madridejos, Mota del Cuervo, Minglanilla, Onda, Burjassot, Valencia, Catarroja, Torrent
- Embalse de Cíjara, Herrera del Duque, Campo de Criptana, Socuéllamos, La Roda, Sueca, Cullera, Algemesí, Xàtiva, Gandía, Oliva
- Ciudad Real, Daimiel, Manzanares, Tomelloso, Albacete, Almansa, Ontinyent, Alcoy (Alcoi), Dénia, Costa de Azahar
- Valdepeñas, La Solana, Villanueva de los Infantes, Hellín, Villena, Elda, Benidorm, Villajoyosa (La Vila Joiosa)
- Puertollano, Jumilla, Monóvar, San Juan de Alicante, Alicante (Alacant)
- Beas de Segura, Moratalla, Mula, Cieza, Callosa de Segura, Orihuela, Elche (Elx), Costa Branca
- La Carolina, Linares, Villacarrillo, Totana, Murcia
- Bailén, Úbeda, Cazorla, Lorca, La Unión, Cartagena
- Montoro, Bujalance, Jaén, Martos, Huéscar, Vera, Aguilas
- Écija, Lucena, Baza, Guadix, Mojácar
- Osuna, Antequera, Archidona, Granada, Serra Nevada, Mulhacén 3 481 m, Berja, Almería
- Ronda, Álora, Coín, Motril, Adra
- Gibraltar (Reino Unido), Ceuta (Espanha), Fuengirola, Málaga, Marbella, Estepona
- Costa do Sol

Ilhas e Mar Mediterrâneo:
- Golfo de Lion, Golfo de Valência, Mar Mediterrâneo
- Minorca (Menorca): Ciutadella de Menorca, Mahón
- Majorca (Maiorca): Pollença, Sa Pobla, Palma, Manacor, Felanitx, Llucmajor
- Cabrera
- Ibiza (Eivissa), Formentera
- Ilhas Baleares

Escala 1:4 000 000
(Projeção: Cônica Conforme de Lambert)

0 km — 40 — 80 — 120

1 cm no mapa representa 40 km no terreno.

INCÊNDIOS FLORESTAIS EM PORTUGAL

Esta é uma imagem de satélite em falsa cor obtida em agosto de 2003. As áreas em vermelho indicam incêndios; as partes em marrom-escuro representam as regiões devastadas pelo fogo — um total de 50 mil hectares. Temperaturas altas recordes e ventos fortes ajudaram a espalhar as chamas. Nove pessoas morreram e casas foram queimadas; além disso, plantações e rebanhos foram totalmente destruídos. Mais de 5 mil bombeiros lutaram contra o fogo em meio à fumaça extremamente densa.

NASA Visible Earth

LEGENDA

ELEVAÇÃO
- 4 000 m
- 2 000 m
- 1 000 m
- 500 m
- 250 m
- 100 m
- 0
- 250 m
- 2 000 m
- 4 000 m
- abaixo do nível do mar

- △ montanha
- pântano ou área alagada

FRONTEIRAS
- fronteira internacional
- fronteira marítima

NÚCLEOS POPULACIONAIS
- acima de 1 milhão
- 500 000 a 1 milhão
- 100 000 a 500 000
- 50 000 a 100 000
- abaixo de 50 000

O quadrado vermelho indica capital de país.

EUROPA

ITÁLIA

A península italiana é famosa por ter o formato de uma bota. A Itália faz parte do território europeu e se estende pelo mar Mediterrâneo; a fronteira ao norte é delimitada pelos Alpes. Os montes Apeninos atravessam o país e são separados dos Alpes pelas terras baixas e férteis do Vale do Pó.

MAPA REGIONAL

A Itália é dividida em 20 regiões, incluindo as ilhas Sicília e Sardenha. Há uma divisão marcante entre o norte e o sul do país. O norte é urbano e mais industrializado, contrastando com o sul, que é rural e menos rico.

Milão é a principal cidade no norte da Itália. Localiza-se na Lombardia, a mais populosa e desenvolvida região do país.

MONTE ETNA

Imagem de satélite em cores reais do monte Etna, na Sicília. O Etna é um vulcão ativo, e a foto mostra o quarto dia sucessivo de erupções em outubro de 2002. A nuvem de cinzas, bastante visível, se alastrou por mais de 400 km ao sul em direção ao norte da África.

Escala 1:4 250 000
(Projeção: Cônica Conforme de Lambert)

0 km   42,5   85   127,5

1 cm no mapa representa 42,5 km no terreno.

EUROPA 57

MAPA DA DENSIDADE POPULACIONAL

Nos últimos anos, a taxa de crescimento da população italiana tem decaído. Devido à diminuição na taxa de natalidade, o total da população quase não se altera. As pessoas continuam deixando a região de Mezzogiorno, ao sul, em direção ao norte, mais próspero.

POPULAÇÃO URBANA x POPULAÇÃO RURAL
67%   33%

TENDÊNCIA DE CRESCIMENTO POPULACIONAL
Milhões de habitantes
real — projetado
1950 2000 2015 2025 2050

LEGENDA

Densidade demográfica (em habitantes por km²)
- acima de 200
- 100 a 200
- 50 a 100
- 10 a 50

Principais núcleos populacionais
- ■ acima de 1 milhão
- ◉ 500 000 a 1 milhão
- ▪ outras grandes cidades

LEGENDA

ELEVAÇÃO
4 000 m
2 000 m
1 000 m
500 m
250 m
100 m
0
250 m
2 000 m
4 000 m
abaixo do nível do mar

- △ montanha
- ⌂ vulcão
- ✕ desfiladeiro

FRONTEIRAS
- fronteira internacional
- fronteira marítima

NÚCLEOS POPULACIONAIS
- ■ ◉ acima de 1 milhão
- ■ ◉ 500 000 a 1 milhão
- ■ ◉ 100 000 a 500 000
- ■ ○ 50 000 a 100 000
- ▪ ○ abaixo de 50 000

O quadrado vermelho indica capital de país.

O MEDITERRÂNEO

O mar Mediterrâneo tem 4 000 km de extensão, de leste a oeste. Há milhões de anos, ele era bem maior, mas foi comprimido pela colisão de duas grandes placas tectônicas. Quase 30 países, incluindo arquipélagos-estado, dividem sua costa, o que cria uma diversidade cultural historicamente importante. O termo mediterrâneo dá nome ao clima típico dessa região, encontrado também em outras partes do mundo.

O acesso oeste para o Mediterrâneo é o apertado estreito de Gibraltar, que separa a Espanha do Marrocos. Em função da pouca largura do estreito (apenas 13 km), o mar tem pequena variação de maré e é bastante salgado.

Escala 1:9 200 000
(Projeção: Gall)

0 km   92   184   276

1 cm no mapa representa 92 km no terreno.

LEGENDA

ELEVAÇÃO
- 4 000 m
- 2 000 m
- 1 000 m
- 500 m
- 250 m
- 100 m
- 0
- 250 m
- 2 000 m
- 4 000 m
abaixo do nível do mar

△ montanha   ▲ vulcão

- deserto arenoso
- lago sazonal

FRONTEIRAS
- fronteira internacional
- fronteira em litígio
- ××× linha de controle
- fronteira marítima

NÚCLEOS POPULACIONAIS
- ■ ● acima de 1 milhão
- ■ ◎ 500 000 a 1 milhão
- ■ ● 100 000 a 500 000
- ■ ○ 50 000 a 100 000
- ■ ○ abaixo de 50 000

O quadrado vermelho indica capital de país.

FIQUE ATENTO

TURISMO

O clima quente e ensolarado, bem como as paisagens do Mediterrâneo atraem milhões de turistas todos os anos. Essa é a região que mais recebe visitantes no mundo. No entanto, há um certo conflito entre os benefícios econômicos gerados pelo turismo e os efeitos deste sobre o meio ambiente e os recursos naturais da região.

LEIA TAMBÉM

Turismo – págs. 60/61

EUROPA 59

A União Europeia e as Nações Unidas tentam encontrar uma solução para os conflitos no Chipre. A ilha foi dividida em 1974, quando as divergências entre as comunidades gregas e turcas culminaram em conflitos armados. As forças de paz da ONU permaneceram na ilha por mais de 40 anos depois que a tensão entre as duas comunidades eclodiu, no início dos anos 60.

CHIPRE

REPÚBLICA TURCA DO NORTE DO CHIPRE (reconhecida somente pela Turquia)

Lápithos (Lápta), Kerýneia (Girne), Agialousa (Yenterenköy), Mórfou (Güzelyurt), Kythréa (Değirmenlik), NICOSIA, Famagusta (Ammóchostos / Gazimaěusa), Baía de Famagus, Pólis, CHIPRE, Troodos, Lárnaca (Lárnaka), Páfos, Limassol (Lemesós), Base aérea de Dhekelia (Reino Unido), Base aérea de Akrotiri (Reino Unido)

Mar Mediterrâneo

Escala 1:3 300 000 — 0 km 33 66 99

O canal de Suez, com 160 km de extensão, aberto em 1869, liga Porto Said, no Egito, a Suez e ao mar Vermelho. O canal proporciona uma rota entre a Europa e a Ásia, sem que seja necessário navegar em torno da África.

TURISMO

O turismo é uma das indústrias que cresce mais rapidamente no mundo. Atualmente, o turismo emprega aproximadamente 250 milhões de pessoas em todo o mundo, cerca de 8% da força de trabalho. Apesar de o crescimento do turismo ter trazido muitos benefícios econômicos e culturais a várias regiões, tais benefícios devem ser contrabalançados com os custos ambientais e sociais.

CRESCIMENTO DO TURISMO INTERNACIONAL

O rápido crescimento do turismo internacional, especialmente para destinos mais remotos, tem sido possível em função da diminuição dos custos do transporte aéreo e da maior disponibilidade de voos. Ao mesmo tempo, muitos turistas de países economicamente mais desenvolvidos têm mais tempo para o lazer, mais renda, e vários feriados ao longo do ano. O número de turistas internacionais e as divisas por eles geradas têm crescido constantemente desde 1950. Entretanto, fatores econômicos podem influenciar esse desenvolvimento. O turismo e as companhias áreas foram negativamente afetados pelos ataques terroristas de 11 de setembro de 2001 em Washington e Nova York. O número de turistas caiu em 3%, causando uma redução de 3 milhões de empregos. A situação começou a se reverter em 2004, quando o número de visitantes e as divisas geradas começaram a crescer novamente.

DESTINOS TURÍSTICOS

Posição mundial	País	Continente	Chegadas de turistas internacionais em 2009 (em milhões)2	Chegadas de turistas internacionais em 2008 (em milhões) 2	Chegadas de turistas internacionais em 2007 (em milhões) 2
1	França	Europa	74,2	79,2	80,9
2	Estados Unidos	América do Norte	54,9	57,9	56,0
3	Espanha	Europa	52,2	57,2	58,7
4	China	Ásia	50,9	53,0	54,7
5	Itália	Europa	43,2	42,7	43,7
6	Reino Unido	Europa	28,0	30,1	30,9
7	Turquia	Eur./Ásia	25,5	25,0	22,2
8	Alemanha	Europa	24,2	24,9	24,4
9	Malásia	Ásia	23,6	22,1	21,0
10	México	América do Norte	21,5	22,6	21,4

Organização Mundial do Turismo (OMT), 2009.

TURISMO SUSTENTÁVEL

A maioria dos turistas vive em países economicamente desenvolvidos e viaja também para lugares economicamente desenvolvidos, principalmente Europa e Estados Unidos. No entanto, isso está mudando, pois um número significativo de pessoas tem procurado países em desenvolvimento. Especialmente nesses novos destinos, o crescimento do turismo ameaça o meio ambiente e as tradições culturais, aspectos que mais frequentemente atraem turistas. Por outro lado, essa indústria é bastante importante para a economia de muitos desses países, o que significa que eles não podem refreá-lo. A solução encontrada por algumas regiões foi promover o turismo sustentável e o ecoturismo, o que garante que o dinheiro gasto pelos turistas beneficie diretamente as comunidades locais e que o meio ambiente seja devidamente protegido.

PRINCIPAIS DESTINOS MUNDIAIS – PREVISÃO 2020

Posição	País	Turistas (milhões)	Cres. (%)
1	China	130	7,8
2	França	106	2,3
3	EUA	102	3,5
4	Espanha	74	2,6
5	Hong Kong	57	7,1
6	Reino Unido	54	2,1
7	Itália	52	3,4
8	México	49	3,6
9	Fed. Russa	48	6,8
10	Rep. Checa	44	4,0

Organização Mundial do Turismo (OMT), 2008.

DISTRIBUIÇÃO REGIONAL EM 2007

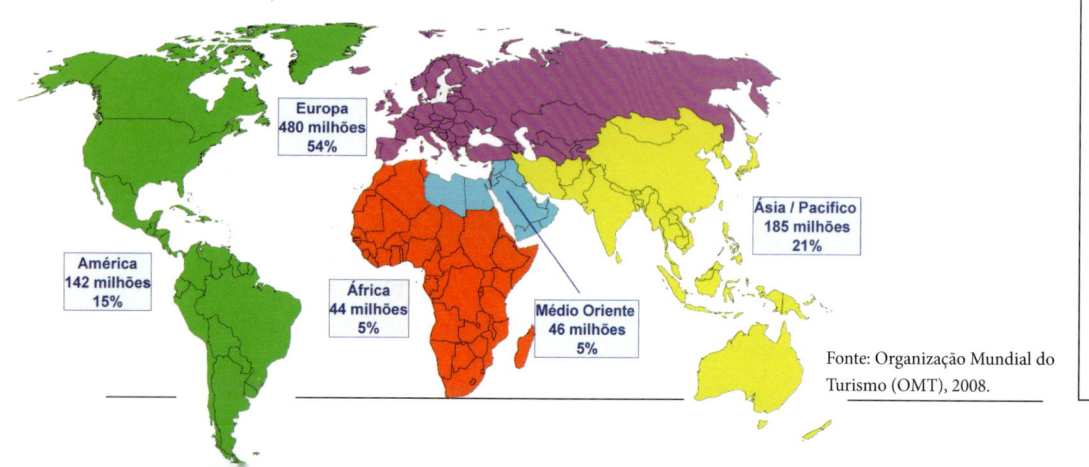

- Europa 480 milhões 54%
- América 142 milhões 15%
- África 44 milhões 5%
- Médio Oriente 46 milhões 5%
- Ásia / Pacífico 185 milhões 21%

Fonte: Organização Mundial do Turismo (OMT), 2008.

TURISMO NO MEDITERRÂNEO

A Europa ainda é o destino mais popular do mundo, respondendo, de forma geral, por 60% do mercado mundial de turismo. A maior parte dos visitantes prefere as regiões montanhosas e a costa europeia. Sem dúvida, as regiões costeiras mais visitadas são as dos países e ilhas do Mediterrâneo, especialmente França, Itália, Espanha e Grécia.

TURISMO X BIODIVERSIDADE
A região do Mediterrâneo tem uma grande variedade de flora – 25 mil diferentes espécies. Destas, 13 mil são endêmicas, ou seja, encontradas somente naquela região. Grande parte dos locais em que a biodiversidade é o grande atrativo acaba ameaçada pelos efeitos do turismo.

EFEITOS SOBRE A REGIÃO

O grande número de visitantes, geralmente concentrados em alguns períodos do ano, tem causado uma grande quantidade de problemas e resultado na exploração excessiva de recursos muitas vezes limitados. Alguns dos maiores impactos do turismo são:

- Alta demanda de água em lugares onde geralmente ela é escassa – turistas consomem quase o dobro de água em relação aos habitantes locais.

- Produção e despejo de mais de 40 milhões de toneladas de lixo a cada ano.

EUROPA 61

QUANTIDADE DE VISITANTES

No Mediterrâneo, mais de 5 milhões de pessoas trabalham direta ou indiretamente no setor turístico, o qual é responsável por 7% do produto interno bruto (PIB) da região. 135 milhões de visitantes internacionais estiveram no Mediterrâneo em 1990. Esse número elevou-se para 220 milhões em 2002 e espera-se que vá subir para 350 milhões em 2020.

Localizada na costa espanhola, a região de Benidorm (acima), antigamente pouco habitada, continua a atrair um grande número de turistas apesar de ter se desenvolvido bastante nos últimos anos.

LEGENDA

Atividade turística no Mediterrâneo em 2005
- muito alta
- alta
- média

Biodiversidade da flora (taxa de espécies endêmicas)
- acima de 20%
- 10% a 20%

PROTEGENDO O MEIO AMBIENTE

Até 1975, não existiam planos ou estratégias organizadas para o desenvolvimento do turismo no Mediterrâneo. Naquele ano, foi criado o MAP (sigla para Plano de Ação do Mediterrâneo), como parte do PNUMA (sigla para Programa das Nações Unidas para o Meio Ambiente). O primeiro objetivo era proteger a região marinha, mas, desde 1995, o plano tem sido ampliado, incluindo o desenvolvimento sustentável, a biodiversidade e o controle das regiões costeiras.

Algumas áreas, como as ilhas Baleares, estão considerando a possibilidade de instituir uma ecotaxa, para dar suporte a um crescimento sustentável. Essa é uma iniciativa que pode salvar muitas regiões turísticas no Mediterrâneo, principalmente se os fundos arrecadados forem reinvestidos na proteção do meio ambiente, principal atração da região.

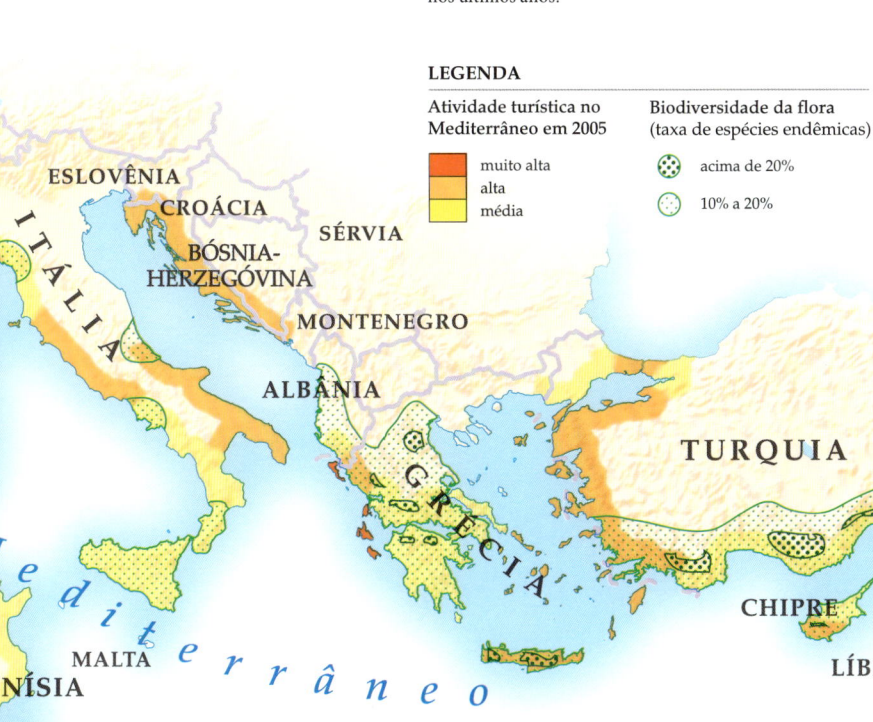

- Aumento na urbanização da região costeira devido à construção de mais hotéis e infraestrutura turística, o que afeta os ecossistemas locais.

- Aumento do número de residências de férias, que ocupam muito mais espaço do que hotéis, mas geralmente são utilizadas apenas durante curtos períodos.

- Altos níveis de poluição proveniente principalmente de carros, aeronaves e barcos.

A rápida expansão do turismo no Mediterrâneo coloca em risco o delicado ecossistema da região, como na Sardenha, Itália.

TEMAS IMPORTANTES

1. Por que tantos turistas visitam especialmente a Europa e o Mediterrâneo?
2. Por que os acontecimentos de 11 de setembro afetaram a indústria do turismo?
3. Quais são os benefícios e os prejuízos da rápida expansão da indústria do turismo? E quem são os principais beneficiários?
4. Como é possível conseguir o dinheiro proveniente do turismo, tão necessário para as comunidades locais nos países em desenvolvimento, sem que o meio ambiente seja destruído?

EUROPA

A ALEMANHA E OS PAÍSES ALPINOS

A Alemanha é o país mais populoso da Europa e um dos membros fundadores da União Europeia. Em 1990, a Alemanha Ocidental e a Alemanha Oriental voltaram a formar um só país. O norte é formado por planícies, e o centro, por planaltos, incluindo as montanhas Harz. Na fronteira ao sul, encontram-se os Alpes, que se estendem para outros países: Suíça, Áustria e Eslovênia.

DENSIDADE POPULACIONAL

Com exceção da região de Berlim, todos os estados da antiga Alemanha Oriental sofreram uma queda na população, uma vez que as pessoas começaram a migrar para o oeste em busca de trabalho e de melhores condições de vida.

LEGENDA

Densidade populacional (habitantes por km²)
- acima de 200
- 100 a 200
- 50 a 100
- 10 a 50

Principais núcleos populacionais
- acima de 1 milhão
- 500 000 a 1 milhão
- outras cidades grandes

POPULAÇÃO URBANA x POPULAÇÃO RURAL: 88% / 12%

TENDÊNCIA DE CRESCIMENTO POPULACIONAL (Milhões de habitantes) — real / projetado — 1950 2000 2015 2025 2050

MAPA REGIONAL

A Alemanha é constituída por 16 estados federados, 6 dos quais (inclusive a capital, Berlim) formavam a antiga Alemanha Oriental.

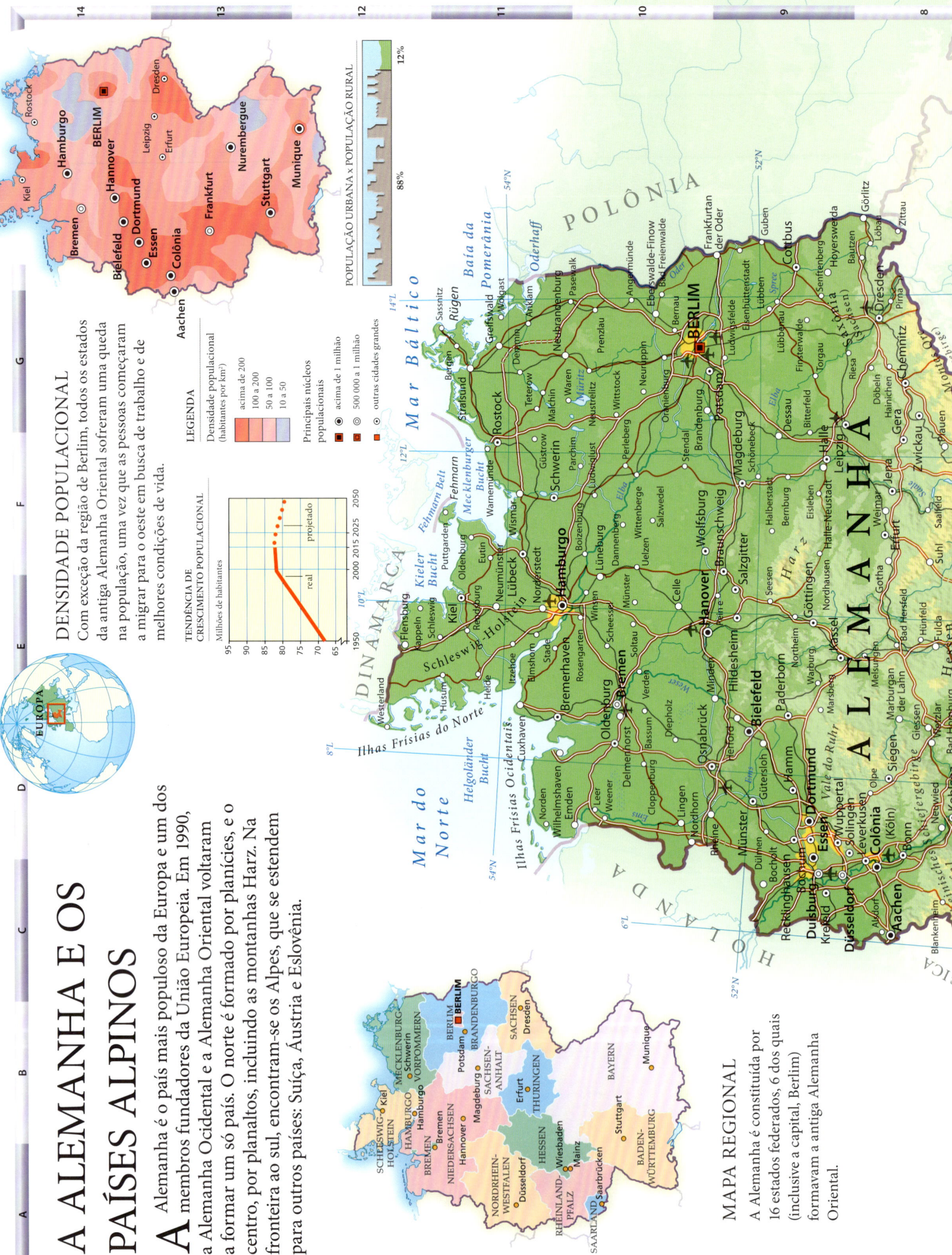

EUROPA 63

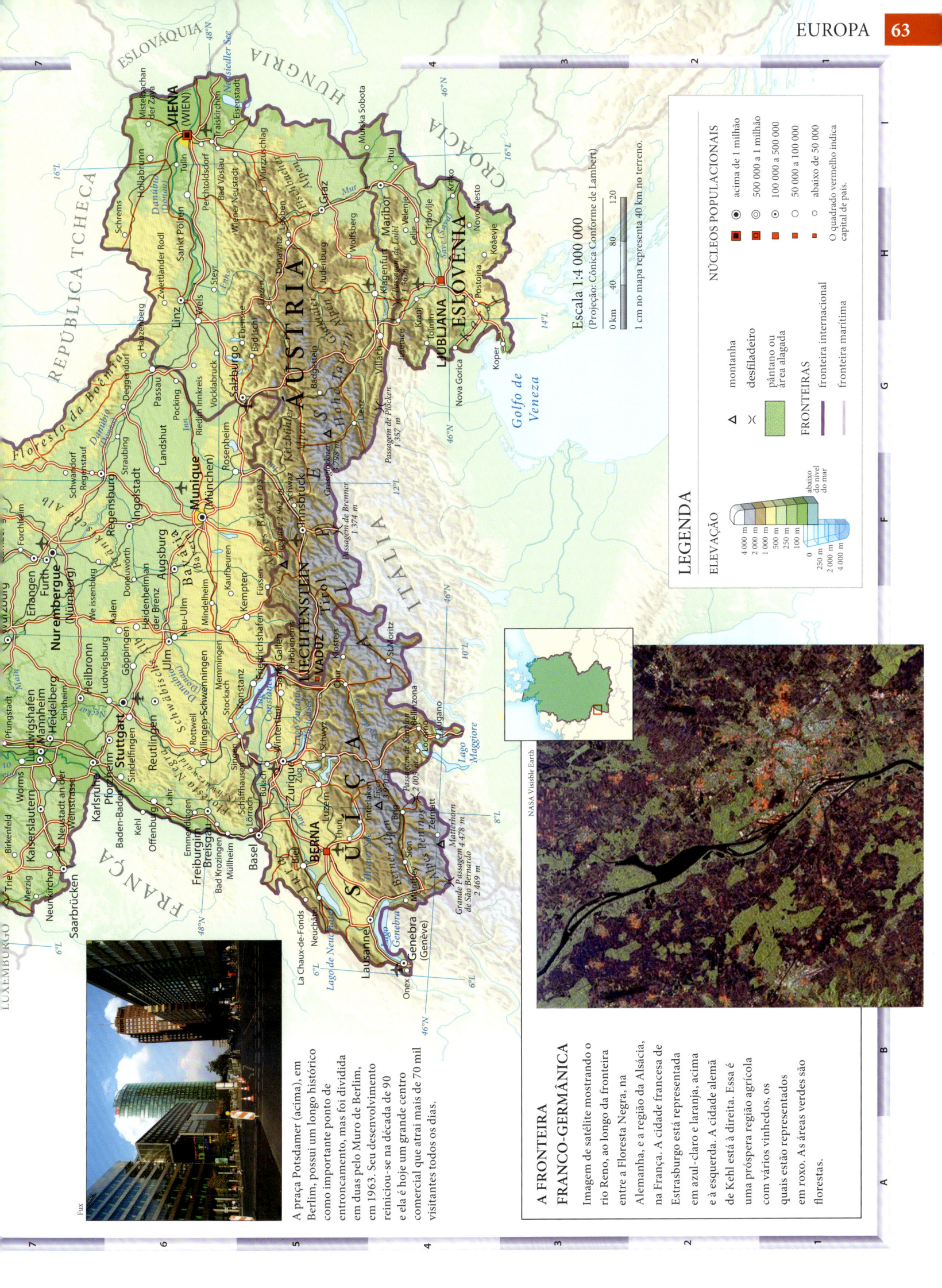

LEGENDA

ELEVAÇÃO
- 4 000 m
- 2 000 m
- 1 000 m
- 500 m
- 250 m
- 100 m
- 0
- 250 m
- 2 000 m
- 4 000 m (abaixo do nível do mar)

NÚCLEOS POPULACIONAIS
- ◉ acima de 1 milhão
- ◎ 500 000 a 1 milhão
- ⊙ 100 000 a 500 000
- ○ 50 000 a 100 000
- ○ abaixo de 50 000
- ■ O quadrado vermelho indica capital de país.

- △ montanha
- ✕ desfiladeiro
- pântano ou área alagada

FRONTEIRAS
- fronteira internacional
- fronteira marítima

Escala 1:4 000 000
(Projeção: Cônica Conforme de Lambert)
0 km 40 80 120
1 cm no mapa representa 40 km no terreno.

A FRONTEIRA FRANCO-GERMÂNICA

Imagem de satélite mostrando o rio Reno, ao longo da fronteira entre a Floresta Negra, na Alemanha, e a região da Alsácia, na França. A cidade francesa de Estrasburgo está representada em azul-claro e laranja, acima e à esquerda. A cidade alemã de Kehl está à direita. Essa é uma próspera região agrícola com vários vinhedos, os quais estão representados em roxo. As áreas verdes são florestas.

NASA Visible Earth

A praça Potsdamer (acima), em Berlim, possui um longo histórico como importante ponto de entroncamento, mas foi dividida em duas pelo Muro de Berlim, em 1963. Seu desenvolvimento reiniciou-se na década de 90 e ela é hoje um grande centro comercial que atrai mais de 70 mil visitantes todos os dias.

EUROPA CENTRAL

Durante o século XX, a Europa Central enfrentou intensos conflitos. Com o fim do regime comunista durante os anos 80 e começo dos anos 90, os quatro países da região estabeleceram governos democráticos e buscaram estreitar seus laços com a Europa Ocidental. Em 2004, juntaram-se à União Europeia. Hoje, a região é uma área importante tanto para a agricultura quanto para a indústria.

Praga, a capital da República Tcheca, é uma cidade histórica que atrai um grande número de visitantes. Ela tem tantas igrejas que é chamada de "a cidade dos cem campanários".

Jacek Chabraszewski

Jacek Kozyra

As indústrias pesadas da Polônia desempenham papel importante no desenvolvimento econômico do país. Porém a atividade carbonífera — a segunda maior da Europa — está altamente endividada. Muitas minas estão sendo fechadas, o que vem gerando desemprego.

EUROPA

LEGENDA

ELEVAÇÃO
- 4 000 m
- 2 000 m
- 1 000 m
- 500 m
- 250 m
- 100 m
- 0
- 250 m abaixo do nível do mar
- 2 000 m
- 4 000 m

△ montanha
pântano ou área alagada

FRONTEIRAS
- fronteira internacional
- fronteira marítima

NÚCLEOS POPULACIONAIS
- ■ acima de 1 milhão
- ◎ 500 000 a 1 milhão
- ● 100 000 a 500 000
- ○ 50 000 a 100 000
- · abaixo de 50 000

O quadrado vermelho indica capital de país.

Escala 1:3 200 000
(Projeção: Cônica Conforme de Lambert)

0 km | 32 | 64 | 96
1 cm no mapa representa 32 km no terreno.

FIQUE LIGADO

INUNDAÇÕES

Três países da Europa Central – Hungria, Eslováquia e República Tcheca – não têm acesso ao mar. Muitos rios importantes atravessam a região, dentre eles o Danúbio, o Elba e o Vltava, os quais constituem importantes vias de transporte. Em 2002, a Europa Central foi atingida pelas piores inundações em 200 anos. Cidades importantes, como Budapeste, Bratislava e Praga, tiveram perdas de bilhões de dólares. Em 2010 e 2013, a região voltou a ser castigada por inundações que deixaram milhares de pessoas desabrigadas.

LEIA TAMBÉM
Inundações no Reino Unido – págs. 46/47.

O Danúbio corre através do centro da Hungria e de sua capital, Budapeste. Um dos mais longos rios da Europa, é uma importante rota de transporte, unindo o leste ao oeste do continente.

Peter Spiro

SUDESTE EUROPEU

A Grécia, país que já foi o centro da civilização ocidental, vem desfrutando de condições relativamente pacíficas nos tempos modernos, embora ainda esteja envolvida numa disputa com a Turquia pelo controle de Chipre. Ao norte da região, a guerra civil durante a década de 90 causou o deslocamento de muitas pessoas e levou ao desmembramento da antiga Iugoslávia em seis novos países independentes: Croácia, Eslovênia, Macedônia, Bósnia Herzegovina, Sérvia e Montenegro, tendo os dois últimos se separado em maio de 2006, após o plebiscito em que 55,5% dos cerca de 700 mil habitantes de Montenegro decidiram pela independência. Em 2008 a província de Kosovo se declarou independente, porém essa independência ainda não é reconhecida totalmente pela ONU.

A cidade de Dubrovnik, com suas antigas muralhas, foi duramente castigada durante o embate com a Sérvia na década de 90. Destino turístico tradicional e popular, a cidade, localizada na costa adriática do que hoje é a Croácia, está voltando a receber visitantes.

Montenegro é o mais novo país europeu, após a separação da Sérvia em 2006. A bandeira da nação, de 14 mil km² e população de 630 mil habitantes, tremula na baía de Kotor, na costa do Mediterrâneo.

LEGENDA

ELEVAÇÃO
- 4 000 m
- 2 000 m
- 1 000 m
- 500 m
- 250 m
- 100 m
- 0
- 250 m
- 2 000 m
- 4 000 m
- abaixo do nível do mar

△ montanha

pântano ou área alagada

FRONTEIRAS
- fronteira internacional
- fronteira marítima
- fronteira nacional (interna)

NÚCLEOS POPULACIONAIS
- acima de 1 milhão
- 500 000 a 1 milhão
- 100 000 a 500 000
- 50 000 a 100 000
- abaixo de 50 000

O quadrado vermelho indica capital de país.
O quadrado laranja indica capital de província ou capital federal.

EUROPA

A maior população nômade da Europa vive na Romênia, frequentemente em condições de pobreza. Muitos tentam migrar para outras partes da Europa, onde acabam enfrentando hostilidade e preconceito.

Quando Atenas sediou as Olimpíadas de 2004, muitas novas construções foram erguidas, como o complexo olímpico principal. A infraestrutura da cidade, inclusive sua rede de transportes, também foi reformulada para atender a grande quantidade de atletas e espectadores.

Escala 1:5 300 000
(Projeção: Cônica Conforme de Lambert)

0 km   53   106   159

1 cm no mapa representa 53 km no terreno.

FIQUE ATENTO

CONFLITO

A guerra civil que se espalhou pela antiga Iugoslávia na década de 90 não apenas causou inúmeras mortes devido à tentativa de "limpeza étnica" como também levou à intensa migração pela Europa, pois milhares de pessoas fugiram do país para salvar suas vidas.

📖 LEIA TAMBÉM

União Europeia – págs. 66/67

EUROPA

EUROPA ORIENTAL E RÚSSIA EUROPEIA

Antes pertencente à União Soviética, a Rússia tornou-se independente em 1991. Sem dúvida, é o maior país do mundo, mas apenas o sexto mais populoso. Os montes Urais formam a linha divisória entre a Europa, a oeste, e a Ásia, a leste, estendendo-se pelos dois continentes. Três outros antigos estados soviéticos, Bielorússia, Ucrânia e Moldávia, situam-se na fronteira oeste ou perto dela.

Os montes Urais formam uma divisão natural da Rússia, atravessando-a de norte a sul e separando as regiões europeia e asiática do país.

A Praça Vermelha (acima) situa-se no coração geográfico e político de Moscou, capital da Rússia. Todas as principais ruas da cidade convergem para esse local. O Kremlin – sede do governo nacional – a delimita de um lado. Hoje em dia, é uma importante atração turística.

Ivan Chuyev

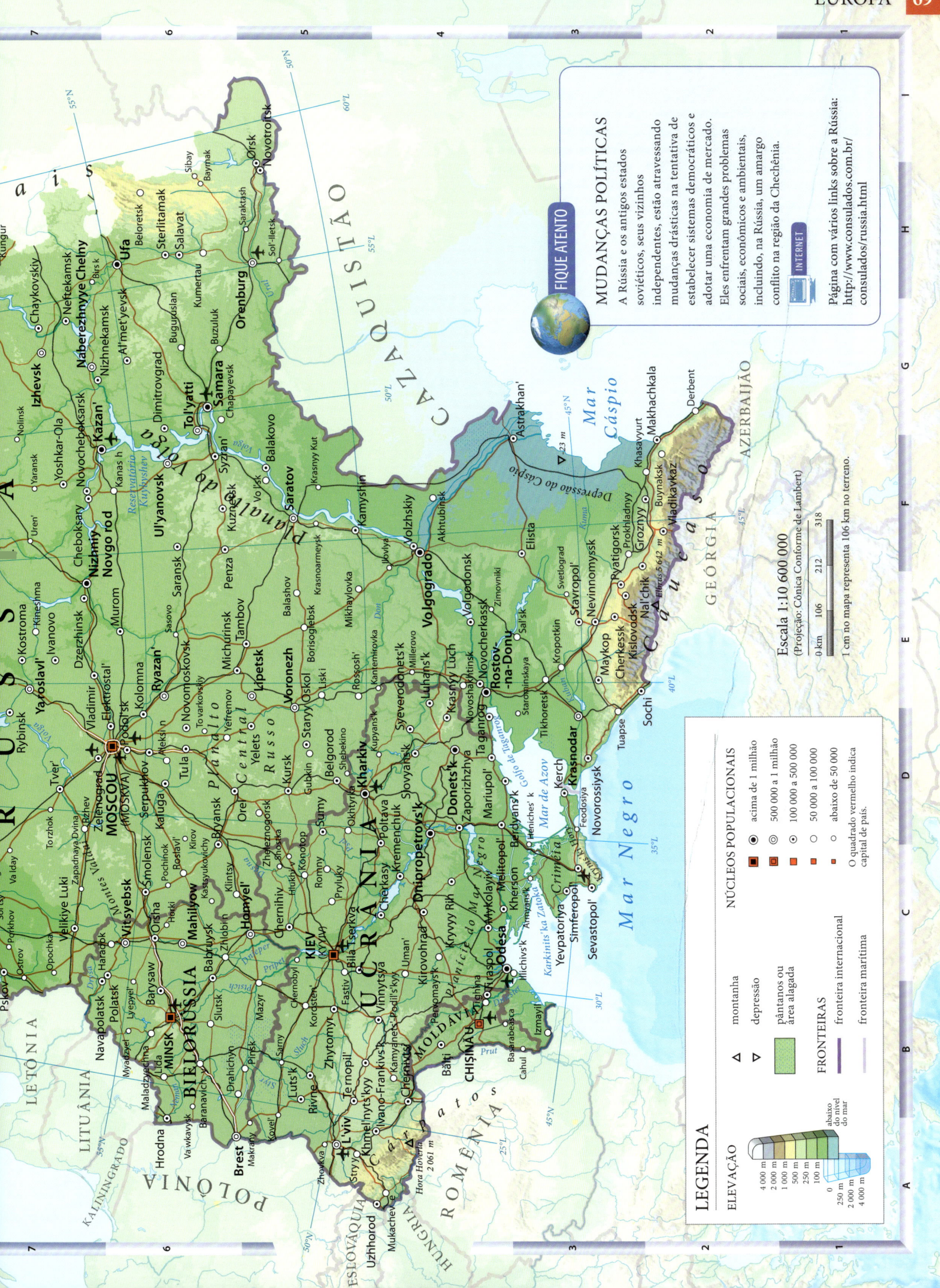

EUROPA

MUDANÇAS POLÍTICAS

A Rússia e os antigos estados soviéticos, seus vizinhos independentes, estão atravessando mudanças drásticas na tentativa de estabelecer sistemas democráticos e adotar uma economia de mercado. Eles enfrentam grandes problemas sociais, econômicos e ambientais, incluindo, na Rússia, um amargo conflito na região da Chechênia.

Página com vários links sobre a Rússia: http://www.consulados.com.br/consulados/russia.html

Escala 1:10 600 000
(Projeção: Cônica Conforme de Lambert)

| 0 km | 106 | 212 | 318 |

1 cm no mapa representa 106 km no terreno.

LEGENDA

ELEVAÇÃO
- 4 000 m
- 2 000 m
- 1 000 m
- 500 m
- 250 m
- 100 m
- 0
- 250 m
- 2 000 m
- 4 000 m
- abaixo do nível do mar

NÚCLEOS POPULACIONAIS
- ■ acima de 1 milhão
- ◉ 500 000 a 1 milhão
- ● 100 000 a 500 000
- ○ 50 000 a 100 000
- ∘ abaixo de 50 000

O quadrado vermelho indica capital de país.

- △ montanha
- ▽ depressão
- pântanos ou área alagada

FRONTEIRAS
- fronteira internacional
- fronteira marítima

ÁFRICA – POLÍTICO

Existem 55 países na África, dos quais 33 se encontram entre as nações mais pobres do mundo. Tendo o desenvolvimento dessa região como grande prioridade, as Nações Unidas e outras organizações vêm trabalhando ao lado dos governos africanos e de comunidades locais para erradicar as causas da pobreza. Em 2011, o Sudão do Sul, por meio de um referendo popular, aprovou sua independência do Sudão. No mesmo ano, a ONU acolheu o Sudão do Sul como o 193º membro dessa organização.

QUALIDADE DE VIDA

LEGENDA

Índice de Desenvolvimento Humano da ONU (IDH)

- alto
- médio
- baixo
- dados não disponíveis

Fonte: ONU.

Escala 1:46 000 000

0 km   460   920   1 380

1 cm no mapa representa 460 km no terreno.

LEGENDA

Núcleos populacionais:
- acima de 1 milhão
- 500 000 a 1 milhão
- 100 000 a 500 000
- 50 000 a 100 000
- abaixo de 50 000

O quadrado vermelho indica capital do país.

Fronteiras:
- fronteira internacional
- fronteira em litígio

ÁFRICA COLONIAL

O mapa político da África de hoje é bem diferente daquele de 70 anos atrás. Gradualmente, o domínio colonial foi substituído, mas muitas democracias jovens continuam em busca de estabilidade política. Uma grande quantidade de países africanos ainda tem línguas europeias, geralmente francês ou inglês, como língua oficial.

LEGENDA

Territórios controlados por nações europeias em 1914:
- Bélgica
- Reino Unido
- França
- Alemanha
- Itália
- Portugal
- Espanha
- Império Otomano, sob controle do Reino Unido
- Independente

Muitos dos habitantes do norte da África são de origem árabe, e o islamismo é a religião mais difundida nessa região. É comum encontrar mesquitas como esta, em Casablanca, no Marrocos. O sul da África é predominantemente cristão, em sua maioria habitado por seguidores do catolicismo romano.

LEIA TAMBÉM

Comércio Justo – págs. 80/81

ÁFRICA

ÁFRICA – FÍSICO

África é o terceiro maior continente do mundo. É separado da Europa pelo mar Mediterrâneo, ao norte, e da Ásia pelo mar Vermelho, a leste. O deserto do Saara cobre a maior parte do norte do continente, enquanto o Grande Vale do Rift e os planaltos montanhosos dominam o sul.

CURIOSIDADES

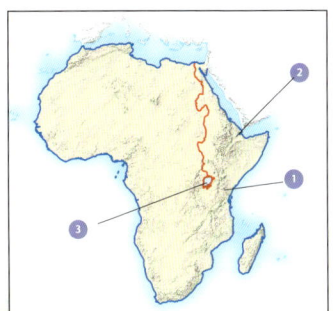

1. **PONTO MAIS ALTO:** Monte Kilimanjaro, 5 895 metros acima do nível do mar
2. **PONTO MAIS BAIXO:** Lago Assal, 156 metros abaixo do nível do mar
3. **MAIOR LAGO:** Lago Vitória, 69 500 km²
- **RIO MAIS LONGO:** Rio Nilo, 6 825 km

LEGENDA

Elevação
- 4 000 m
- 2 000 m
- 1 000 m
- 500 m
- 250 m
- 100 m
- 0
- 250 m — abaixo do nível do mar
- 2 000 m
- 4 000 m

- △ montanha
- ▲ vulcão
- ▽ depressão

Limites das placas
- ─── construtivo
- ─△─ destrutivo
- ─ ─ ─ conservativo
- .... indefinido

FORMAÇÃO DO VALE DO RIFT

O Grande Vale do Rift estende-se por 6 400 quilômetros, do mar Vermelho, ao norte, até Moçambique, ao sul.
A altura das encostas do vale varia de 990 a 1 700 metros.

FORMAÇÃO DO VALE DA FENDA
- falha
- A área central afunda entre as falhas
- O magma emerge através de fendas na crosta
- As placas se separam

Escala 1:46 000 000

0 km — 460 — 920 — 1 380

1 cm no mapa representa 460 km no terreno.

LEIA TAMBÉM
Acesso à água – págs. 22/23

ÁFRICA – CLIMA

Com boa parte do continente situada entre os trópicos, a maior parte dos tipos climáticos encontrados na África apresenta temperaturas altas durante todo o ano ou grande parte dele. A variedade é muito maior no que se refere à precipitação anual – os climas tropicais da África Central contrastam com os desertos quentes e áridos que cobrem vastas áreas em volta dos trópicos de Câncer e de Capricórnio.

LEGENDA

Regiões climáticas
- subtropical
- mediterrâneo
- semiárido
- árido
- tropical
- equatorial úmido
- de montanha

Ventos locais
- → ventos frios
- → ventos quentes

CAIRO
Temperatura média diária — Precipitação (mm)

PRECIPITAÇÃO
Precipitação média anual (mm)

Legenda
- acima de 3 500 mm
- 2 500 a 3 500 mm
- 2 000 a 2 500 mm
- 1 500 a 2 000 mm
- 1 000 a 1 500 mm
- 500 a 1 000 mm
- 200 a 500 mm
- 0 a 200 mm

NAIRÓBI
Temperatura média diária — Precipitação (mm)

LAGOS
Temperatura média diária — Precipitação (mm)

TEMPERATURA

Temperatura média em janeiro

Legenda:
- acima de 30°C
- 20 a 30°C
- 10 a 20°C
- 0 a 10°C
- 0 a -10°C

Temperatura média em julho

CIDADE DO CABO
Temperatura média diária — Precipitação (mm)

Escala 1:46 000 000

0 km — 460 — 920 — 1 380

1 cm no mapa representa 460 km no terreno.

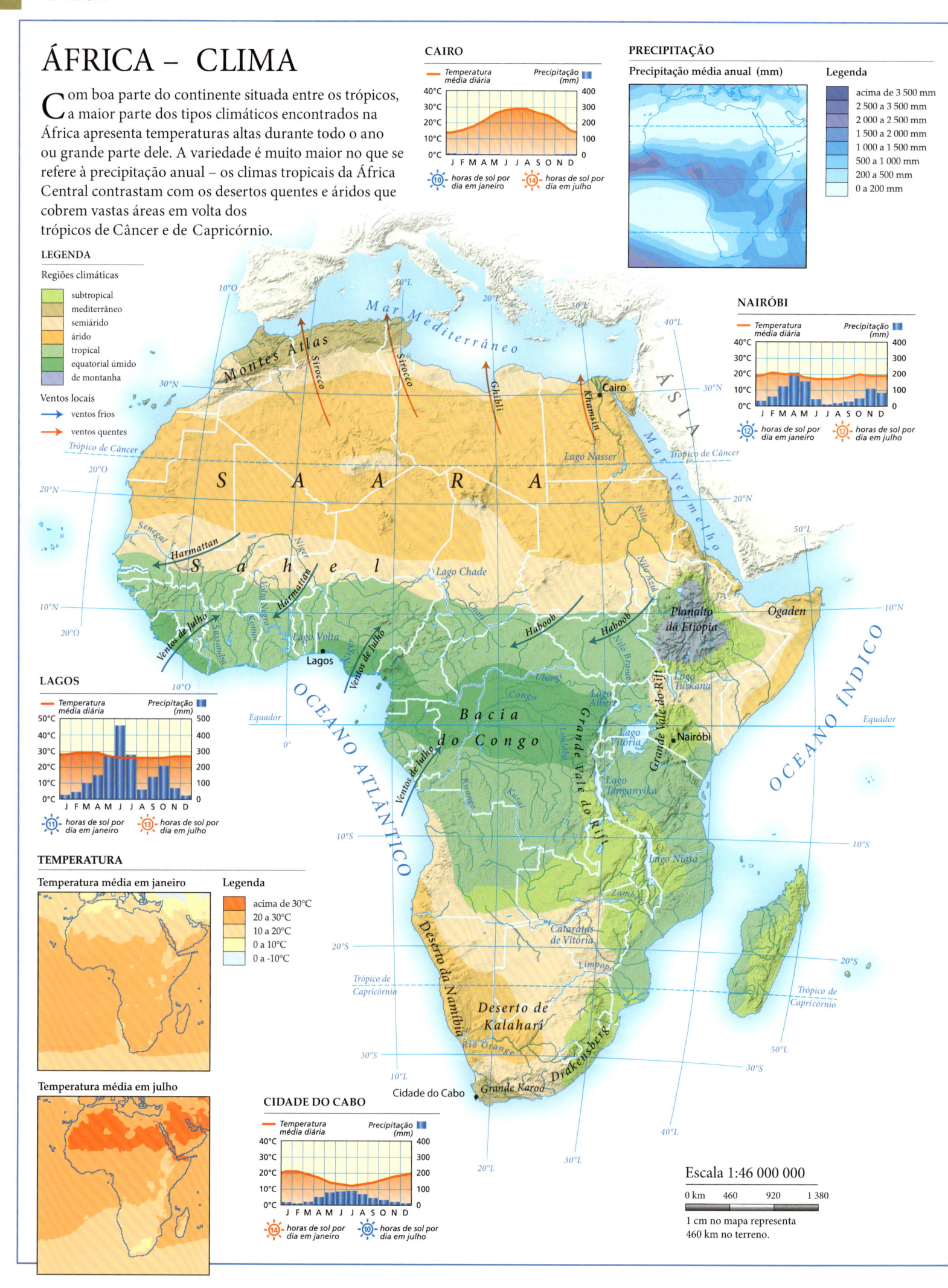

ÁFRICA

ÁFRICA – POPULAÇÃO

A densidade populacional é baixa na maior parte do continente, já que poucas pessoas vivem no extremo calor e aridez das áreas desérticas. As regiões mais densamente povoadas ficam próximas às reservas de água disponíveis, como Cairo, às margens do rio Nilo, ou em países tropicais mais úmidos, como a Nigéria.

POPULAÇÃO URBANA x POPULAÇÃO RURAL
37%   63%

LEGENDA

Densidade populacional (em habitantes por km²)
- acima de 200
- 100 a 200
- 50 a 100
- 10 a 50
- 1 a 10
- 0 a 1

Principais núcleos populacionais
- ■ acima de 1 milhão
- ◉ 500 000 a 1 milhão
- ◎ 100 000 a 500 000

O quadrado vermelho indica capital de país.

A maioria das pessoas ainda vive em áreas rurais, preservando sua herança cultural. Para boa parte dos povos do Quênia, o estilo de vida tradicional é observado ainda hoje.

Escala 1:51 000 000
0 km   510   1 020   1 530

1 cm no mapa representa 510 km no terreno.

CRESCIMENTO POPULACIONAL

TENDÊNCIA DE CRESCIMENTO POPULACIONAL

Milhões de habitantes (escala logarítmica)

LEGENDA
- Nigéria
- Etiópia
- África do Sul
- Argélia

real | projetado
1950 – 2000 – 2025 – 2050

LEGENDA

Crescimento populacional (porcentagem média de crescimento anual)
- acima de 2,5
- 2 a 2,4
- 1,5 a 1,9
- 1 a 1,4
- 0 a 0,9
- 0 a -0,9 (população em declínio)
- dados não disponíveis

FIQUE ATENTO

SAÚDE

Os países africanos estão sofrendo o impacto da pandemia mundial da AIDS. Setenta e cinco por cento das mortes ocorridas em todo o mundo na atualidade aconteceram em nações subsaarianas, nas quais milhões de crianças ficaram órfãs.
Nos últimos anos, a expectativa de vida nessa região da África caiu de valores próximos a 60 anos para aproximadamente 40 anos.

INTERNET E LEIA TAMBÉM

Programa Conjunto das Nações Unidas sobre HIV/AIDS:
http://www.unfpa.org.br/gt/

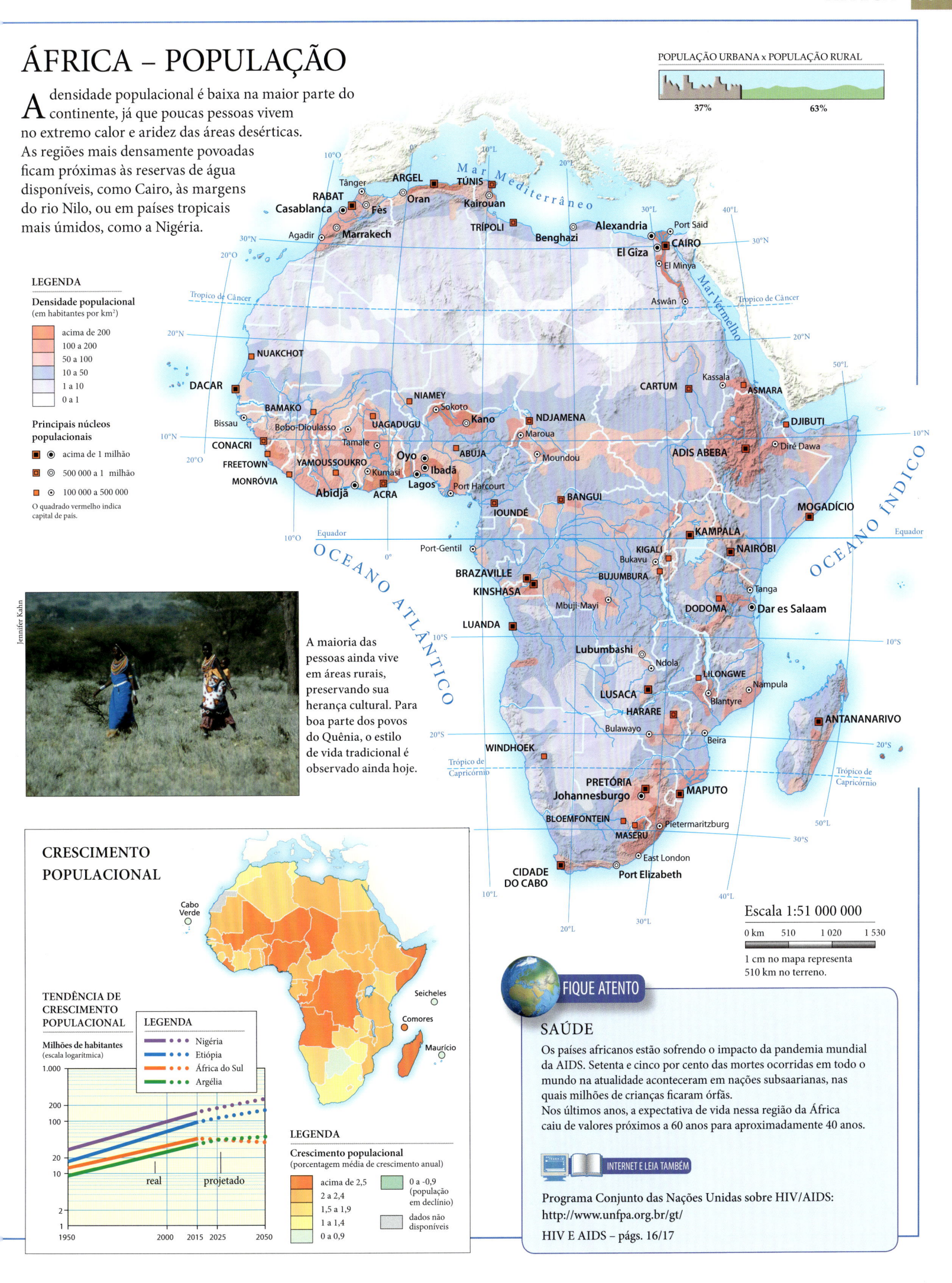

HIV E AIDS – págs. 16/17

ÁFRICA

ÁFRICA – USO DO SOLO

Com enormes faixas de terra improdutiva, árida e escassamente povoada, a indústria e a agricultura comercial podem ser encontradas principalmente em áreas tropicais ou próximas a rios importantes. Muitos dos países do oeste da África próximos ao Equador sobrevivem da renda da exportação de produtos agrícolas, como cacau e café. A extração e o processamento de diferentes recursos minerais é um elemento importante para a economia de diversos países.

A maior parte do Egito depende das águas do rio Nilo para uso industrial e doméstico. As férteis planícies de inundação próximas às suas margens são usadas intensamente para o cultivo. Hoje em dia, as inundações anuais são controladas, a montante, pela grande represa de Aswan.

LEGENDA

Tipos de uso do solo
- floresta
- pasto
- agricultura
- pântano ou área alagada
- deserto quente

Indústria
- área industrial
- grande conurbação

Escala 1:48 500 000
0 km — 485 — 970 — 1 455
1 cm no mapa representa 485 km no terreno.

RECURSOS MINERAIS

LEGENDA
Recursos minerais
- campos petrolíferos
- campos de gás natural
- jazidas carboníferas

- Bu bauxita
- Cu cobre
- Fe ferro
- P   fosfato
- U   urânio
- Au ouro
- D   diamante

FIQUE ATENTO

AS PLANTATIONS

O plantio de produtos agrícolas é uma importante fonte de renda para muitos países, principalmente os de clima tropical. Tais produtos incluem cacau, banana, cana-de-açúcar, borracha, chá e café. Contudo, é comum os agricultores receberem bem pouco dinheiro por sua produção no mercado mundial.

LEIA TAMBÉM

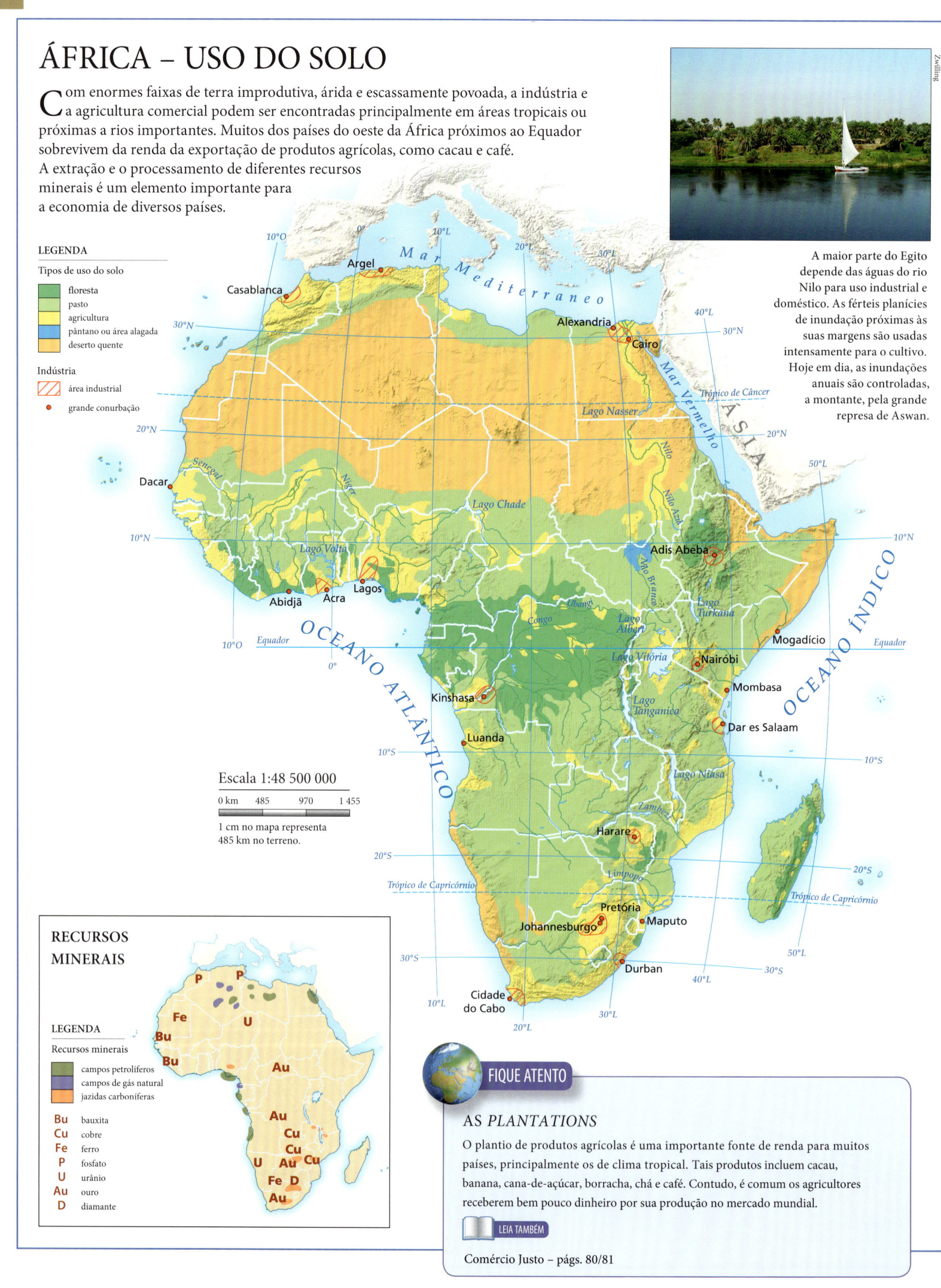

Comércio Justo – págs. 80/81

ÁFRICA – MEIO AMBIENTE

Diversas questões ambientais da África estão ligadas às suas temperaturas altas e condições áridas. Áreas marginais nos limites dos desertos africanos estão sendo degradadas com a remoção de madeira destinada a gerar combustível, deixando o solo seco exposto à erosão. Ao longo da costa oeste, indústrias químicas e petrolíferas vêm causando poluição intensa em terra firme e no mar.

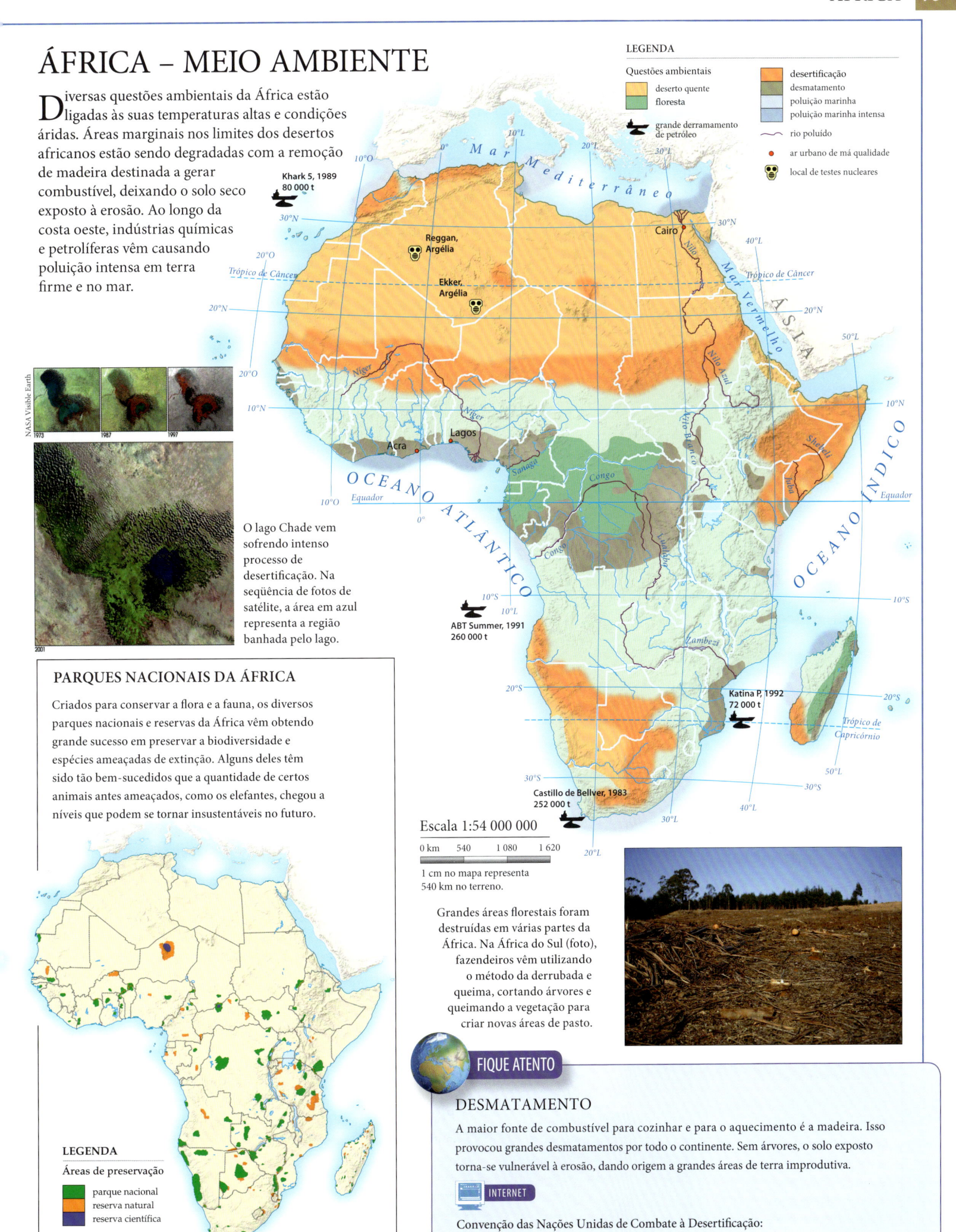

LEGENDA

Questões ambientais
- deserto quente
- floresta
- desertificação
- desmatamento
- poluição marinha
- poluição marinha intensa
- grande derramamento de petróleo
- rio poluído
- ar urbano de má qualidade
- local de testes nucleares

Khark 5, 1989 — 80 000 t
Reggan, Argélia
Ekker, Argélia
Cairo
ABT Summer, 1991 — 260 000 t
Katina P, 1992 — 72 000 t
Castillo de Bellver, 1983 — 252 000 t
Acra
Lagos

Escala 1:54 000 000
0 km — 540 — 1 080 — 1 620
1 cm no mapa representa 540 km no terreno.

O lago Chade vem sofrendo intenso processo de desertificação. Na seqüência de fotos de satélite, a área em azul representa a região banhada pelo lago.

Grandes áreas florestais foram destruídas em várias partes da África. Na África do Sul (foto), fazendeiros vêm utilizando o método da derrubada e queima, cortando árvores e queimando a vegetação para criar novas áreas de pasto.

PARQUES NACIONAIS DA ÁFRICA

Criados para conservar a flora e a fauna, os diversos parques nacionais e reservas da África vêm obtendo grande sucesso em preservar a biodiversidade e espécies ameaçadas de extinção. Alguns deles têm sido tão bem-sucedidos que a quantidade de certos animais antes ameaçados, como os elefantes, chegou a níveis que podem se tornar insustentáveis no futuro.

LEGENDA
Áreas de preservação
- parque nacional
- reserva natural
- reserva científica

FIQUE ATENTO

DESMATAMENTO

A maior fonte de combustível para cozinhar e para o aquecimento é a madeira. Isso provocou grandes desmatamentos por todo o continente. Sem árvores, o solo exposto torna-se vulnerável à erosão, dando origem a grandes áreas de terra improdutiva.

INTERNET

Convenção das Nações Unidas de Combate à Desertificação:
http://desertificacao.cnrh-srh.gov.br/arquivos/ccd.doc

NORTE DA ÁFRICA

A geografia do norte da África é cheia de extremos em termos de clima e paisagem. Do oeste ao leste, atravessando o centro da região, encontra-se o Saara – o maior deserto do mundo e uma das regiões mais quentes e áridas de todo o planeta. Em contrapartida, muitos países ao longo da costa oeste apresentam clima tropical quente e úmido e ricas florestas tropicais.

Os tuaregues são pastores nômades por tradição. Em busca de pastos, deslocam seu gado pelo ambiente árido de países como Mali, que faz parte da região seca do Sahel, no limite sul do deserto do Saara.

LEGENDA

ELEVAÇÃO
- 4 000 m
- 2 000 m
- 1 000 m
- 500 m
- 250 m
- 100 m
- 0
- 250 m — abaixo do nível do mar
- 2 000 m
- 4 000 m

△ montanha

deserto arenoso

pântano ou área alagada

FRONTEIRAS
- fronteira internacional
- fronteiras em litígio
- fronteira marítima

NÚCLEOS POPULACIONAIS
- acima de 1 milhão
- 500 000 a 1 milhão
- 100 000 a 500 000
- 50 000 a 100 000
- abaixo de 50 000

O quadrado vermelho indica capitais de país.

O Níger é o terceiro rio mais longo da África e o principal da África Ocidental. Nasce nas montanhas na fronteira entre Guiné e Serra Leoa, banha Mali, Níger, Benim e deságua na costa da Nigéria.

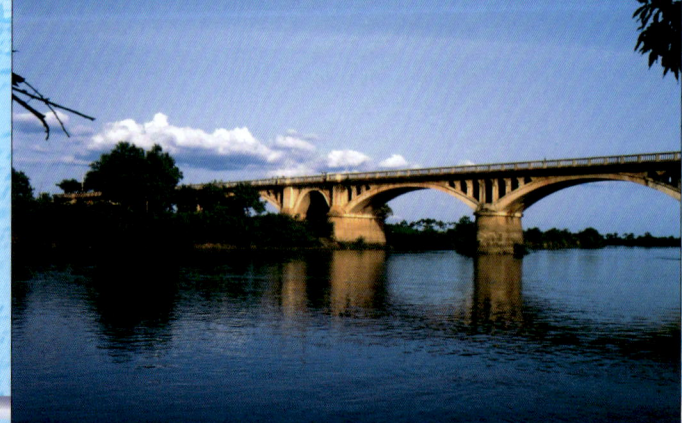

ÁFRICA

O Cairo, capital do Egito, está situado próximo ao delta do Nilo e é a cidade mais populosa da África: possui aproximadamente 8 milhões de habitantes, cerca de 10% da população total do Egito.

Gustavo Fadel

FIQUE ATENTO

DESERTIFICAÇÃO

Muitas pessoas vivem nas margens dos desertos, em áreas como a região do Sahel. A utilização intensa dessas terras marginais frequentemente leva ao sobrepastoreio e à erosão do solo, tornando o terreno improdutivo. Esse processo é chamado de desertificação, o que dá a entender que os desertos estão se expandindo; no entanto, por meio de um controle intenso, essa situação pode ser revertida.

📖 LEIA TAMBÉM

Mudanças climáticas – págs. 32/33

Escala 1:22 700 000
(Projeção: Azimutal Equivalente de Lambert)

0 km   227   454   681

1 cm no mapa representa 227 km no terreno.

ÁFRICA

SUL DA ÁFRICA

Com exceção da bacia do Congo, no norte da região, e das planícies ao longo da costa, grande parte do sul da África é coberta por planaltos. Economicamente, a África do Sul é o país mais rico e industrializado do continente.

A represa de Gariep aproveita o potencial hidrelétrico do rio Orange, o mais importante da África do Sul, além de permitir o controle do fluxo de água, usado para irrigação e consumo na bacia do rio.

A cidade do Cabo, capital legislativa da África do Sul, é contemplada pela majestosa Table Mountain. A cidade ocupa as planícies costeiras entre o oceano Atlântico e as montanhas no interior.

LEGENDA

ELEVAÇÃO
- 4 000 m
- 2 000 m
- 1 000 m
- 500 m
- 250 m
- 100 m
- 0
- 250 m abaixo do nível do mar
- 2 000 m
- 4 000 m

△ montanha

deserto arenoso

pântano ou área alagada

FRONTEIRAS
- ——— fronteira internacional
- ----- fronteira em litígio
- ——— fronteira marítima

NÚCLEOS POPULACIONAIS
- ■ ● acima de 1 milhão
- ■ ◎ 500 000 a 1 milhão
- ■ ○ 100 000 a 500 000
- ■ ○ 50 000 a 100 000
- ■ ○ abaixo de 50 000

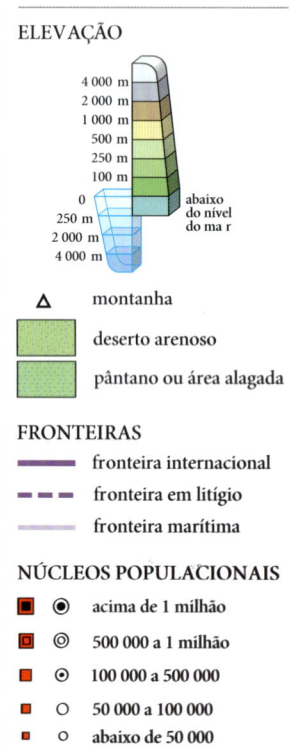

O quadrado vermelho indica capitais de país.

Locais no mapa

REPÚBLICA CENTRO-AFRICANA
CAMARÕES
GUINÉ EQUATORIAL
SÃO TOMÉ E PRÍNCIPE — São Tomé
GABÃO — Libreville, Bitam, Oyem, Lambaréné, Port-Gentil, Omboué, Mouila, Franceville, Moanda, Ndendé, Setté Cama
CONGO — Brazzaville, Ouésso, Sembé, Épéna, Makoua, Owando, Djambala, Sibiti, Dolisie, Nkayi, Pointe-Noire, Mossendjo, Planalto Batéké
REP. DEM. CONGO — Kinshasa, Mbandaka, Boende, Lisala, Bumba, Bandundu, Mangai, Ilebo, Kikwit, Kananga, Tshikapa, Mbuji-Mayi, Mbanza-Ngungu, Boma, Matadi, M'Banza Congo, Kasongo-Lunda
CABINDA (Angola) — Cabinda
ANGOLA — Luanda, N'Zeto, Ambriz, Caxito, N'Dalatando, Malanje, Uíge, Camabatela, Saurimo, Lucapa, Dilolo, Sumbe, Gabela, Lobito, Benguela, Cubal, Huambo, Kuito, Camacupa, Luena, Planalto de Bié, Caconda, Cubango, Menongue, Chiume, Namibe, Tombua, Lubango, Planalto de Huíla, N'Giva, Olifa
NAMÍBIA — Windhoek, Oshakati, Oshikango, Rundu, Delta do Okavango, Tsumeb, Otavi, Outjo, Grootfontein, Otjiwarongo, Karibib, Brandberg 2 574 m, Wlotzkasbaken, Swakopmund, Walvis Bay, Rehoboth, Mariental, Deserto de Kalahari, Keetmanshoop, Lüderitz, Aus, Karasburg, Oranjemund
BOTSUANA
ÁFRICA DO SUL — Cidade do Cabo, Bellville, Vanrhynsdorp, Baía de Sta. Helena, Springbok, Beaufort West, Worcester, Mossell, Cabo da Boa Esperança

Oceano Atlântico

Equador
10°L, 20°L
10°S, 20°S
Trópico de Capricórnio
30°S

Rio Ubangui, Ngoko, Lulonga, Bacia do Congo, Tshuapa, Kwa, Sankuru, Kwango, Cuanza, Cunene, Cuito, Zambeze

ÁFRICA

Safáris e expedições são atrações turísticas populares em muitos países do sul da África.

FIQUE ATENTO

PROTEÇÃO AO MEIO AMBIENTE

O sul da África possui uma grande quantidade de parques nacionais e balneários que atraem milhões de turistas todos os anos. Para a economia de muitos países, o dinheiro proveniente desses visitantes é a principal fonte de renda. Entretanto, como vem acontecendo no resto do mundo, procura-se cada vez mais proteger o meio ambiente e incentivar o turismo comunitário.

LEIA TAMBÉM

Biodiversidade – págs. 142/143
Turismo – págs. 60/61

Escala 1:19 200 000
(Projeção: Azimutal Eqüidistante de Lambert)
0 km   192   384   576
1 cm no mapa representa 192 km no terreno.

ÁFRICA

COMÉRCIO JUSTO

Muitos dos mais populares gêneros alimentícios do mundo são cultivados em regiões tropicais, nos países em desenvolvimento. Produtos como chá, café, cacau, banana e cana-de-açúcar são cultivados em grandes plantações ou pequenas fazendas e exportados para o mundo todo. Desde a década de 80 realizam-se esforços cada vez maiores para garantir aos agricultores uma parcela mais justa da riqueza gerada pela comercialização desses produtos.

POR QUE COMÉRCIO JUSTO?

Produtos agrícolas cultivados para o comércio geralmente são exportados como produtos primários não processados. A maior parte das etapas de processamento, empacotamento, *marketing* e vendas é desempenhada por grandes corporações transnacionais em seus países de origem. Tais corporações geralmente situam-se em nações economicamente desenvolvidas, o que significa que os países ricos são os que mais se beneficiam em termos de empregos e lucros. Como um grupo pequeno de grandes corporações domina os mercados de *commodities* (no qual são estabelecidos os preços dos produtos primários), os agricultores costumam receber muito pouco pelo que produzem. Eles não têm controle sobre os preços, que costumam flutuar consideravelmente de ano para ano, e até recentemente não tinham alternativa a não ser vender sua colheita no mercado mundial.

Há vários anos, organizações vêm realizando campanhas contra os baixos valores pagos aos agricultores e demais trabalhadores rurais dos países em desenvolvimento. Tais organizações acreditam que os consumidores das nações mais ricas irão se dispor a pagar mais pelos produtos se o dinheiro excedente for usado para beneficiar diretamente os produtores mais pobres. Esse tipo de comércio ficou conhecido como Comércio Justo (*Fairtrade*).

O selo FAIRTRADE pode ser exibido apenas nas embalagem de produtos que sigam estritamente as normas estabelecidas e monitoradas pela FLO (Fairtrade Labelling Organizations International).

PRODUTOS DO COMÉRCIO JUSTO

Atualmente, 19 organizações estão envolvidas na FLO. Agricultores e produtores se associaram a essa organização para receber o selo FAIRTRADE. O selo é uma garantia de que os agricultores ganharão uma quantia justa por sua colheita, além de um prêmio adicional, a ser usado em benefício da comunidade local.

A venda de produtos do Comércio Justo no Reino Unido tem aumentado rapidamente desde sua introdução no mercado em 1994. Mais de 250 produtos do Comércio Justo, como chá, café, chocolate, frutas, vinho, rosas e bolas de futebol, são vendidos no Reino Unido, totalizando um valor de 92 milhões de libras.

DEFINIÇÃO DE COMÉRCIO JUSTO

Em 1999, a IFAT (*International Federation of Fair Trade* – Federação Internacional de Comércio Justo), associação formada por mais de 150 organizações de todo o mundo, estabeleceu a seguinte definição de Comércio Justo:

- *O Comércio Justo é uma abordagem alternativa ao comércio internacional convencional. É uma parceria comercial que tem por objetivo contribuir para o desenvolvimento sustentável de produtores excluídos e em posição de desvantagem. Para isso, procura proporcionar melhores condições de comércio, bem como realizar campanhas e trabalhos de conscientização.*

CULTIVO DE CACAU EM GANA

Os fazendeiros de cacau em Gana produzem alguns dos melhores grãos do mundo. Tais grãos, porém, são de pouca utilidade direta para a população do país, já que esta não consome chocolate; no entanto, constituem uma essencial fonte de renda quando exportados para produzir chocolate nos países desenvolvidos.

LEGENDA

- 28 — Mulheres agricultoras associadas à Kuapa Kokoo. Os símbolos são proporcionais ao número de mulheres.
- Região de cultivo de cacau

DESENVOLVIMENTO DA INDÚSTRIA DE CACAU EM GANA

Década de 1890 — Primeiras exportações de cacau.

1890	1900	1910	1920

1897 Início do cultivo de cacau em Gana.

1930 O governo assume a produção, controlando a compra e venda de cacau no país.

ÁFRICA

CLIMA DA ÁFRICA

LEGENDA
Regiões climáticas
- subtropical
- mediterrâneo
- semi-árido
- árido
- tropical
- equatorial úmido
- de montanha

Escala 1:5 000 000
(Projeção: Azimutal Equivalente de Lamb)

0 km 50 100 150

1 cm no mapa representa 50 km no terreno.

KUAPA KOKOO

A cooperativa de agricultores de cacau Kuapa Kokoo, na região de Ashanti, em Gana, foi formada em 1993 em parceria com a Twin Trading Company, do Reino Unido. Em 1995, entrou para o sistema de Comércio Justo. A Kuapa Kokoo compra o cacau produzido por seus agricultores e o revende para o órgão estatal encarregado da exportação. O preço mínimo recebido é de US$ 1 600 por tonelada de cacau, além de um prêmio de US$ 150 para cada tonelada. Se a cotação mundial estiver acima disso, é pago o preço mais alto, acrescido do prêmio.

CACAU DO COMÉRCIO JUSTO X CACAU CONVENCIONAL

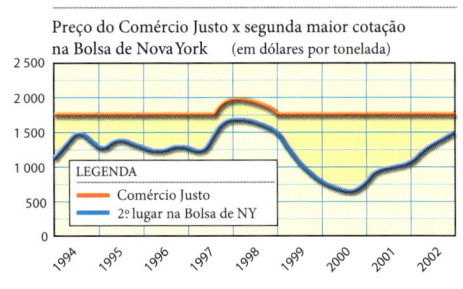

Preço do Comércio Justo x segunda maior cotação na Bolsa de Nova York (em dólares por tonelada)

LEGENDA
- Comércio Justo
- 2º lugar na Bolsa de NY

FATOS SOBRE A KUAPA KOKOO

A Kuapa Kokoo é a única empresa pertencente a agricultores em Gana:

- Possui 20 mil sócios provenientes de mais de mil cooperativas de agricultores.
- Quase um terço dos membros são mulheres.
- A maioria das propriedades é pequena (cerca de 1,6 hectare), e o cacau é responsável por mais de dois terços da renda dos agricultores.
- Em 2002, exportou mais de 37 mil toneladas de grãos de cacau, 10% da produção total de Gana.

O lema "Pa Pa Paa" significa "o melhor dos melhores".

Mulher espalha grãos de cacau para secar na região de Ashanti, em Gana.

BENEFÍCIOS PARA O DESENVOLVIMENTO

Além da empresa principal, a Kuapa Kokoo Limited, a cooperativa administra também outras organizações. O Kuapa Kokoo Farmer's Trust vem usando os prêmios para implementar uma série de benefícios. Estes incluem bônus de fim de ano para os agricultores e instalações para a comunidade, como salas de aula e salas de cinema móveis para o programa de educação dos agricultores. A Kuapa Kokoo também já patrocinou a implementação e construção de mais de 150 projetos relacionados à utilização da água, a negócios para a produção de sabão e a moinhos de milho. No Reino Unido, o cacau da Kuapa Kokoo é usado pela Divine Chocolate Ltd. para a produção de seus chocolates da linha Divine e das barras Dubble.

A Day Chocolate Company foi inaugurada em 1998. Seus produtos, feitos com cacau da Kuapa Kokoo, são vendidos em mais de 4 000 estabelecimentos.

1911–76 Gana é o líder mundial em produção de cacau.

Década de 1970 O preço mundial do cacau cai em quase 70%. Muitos fazendeiros de Gana deixam de cultivar a planta.

Década de 1980 Incêndios e períodos de seca se juntam ao problema da queda dos preços. A fatia de Gana do mercado mundial cai para 12%.

Década de 1990 O Banco Mundial e o FMI implementam um pacote de resgate para a economia de Gana. Chega ao fim o monopólio estatal da indústria do cacau, permitindo que empresas privadas realizem o comércio do produto.

2001 219 mil toneladas de cacau são produzidas e geram lucros de US$ 222 milhões, o equivalente a 30% da renda das exportações do país.

2004 3,2 milhões de pessoas estavam empregadas na indústria de cacau. Nesse ano, Gana foi o segundo maior produtor e o terceiro maior exportador mundial de cacau.

1940 | 1950 | 1960 | 1970 | 1980 | 1990 | 2000

Imagens: Divine and Dubble Fairtrade chocolate/

TEMAS IMPORTANTES

1. A compra de produtos do Comércio Justo está aumentando rapidamente, principalmente no Reino Unido; no entanto, tais produtos provavelmente sempre serão responsáveis por apenas uma fatia pequena do mercado mundial. Por quê?

2. De que forma agricultores como os que pertencem à Kuapa Kokoo se beneficiam com o Comércio Justo?

3. O Comércio Justo é uma solução a longo prazo para amenizar a pobreza dos agricultores nos países em desenvolvimento?

ÁSIA – POLÍTICO

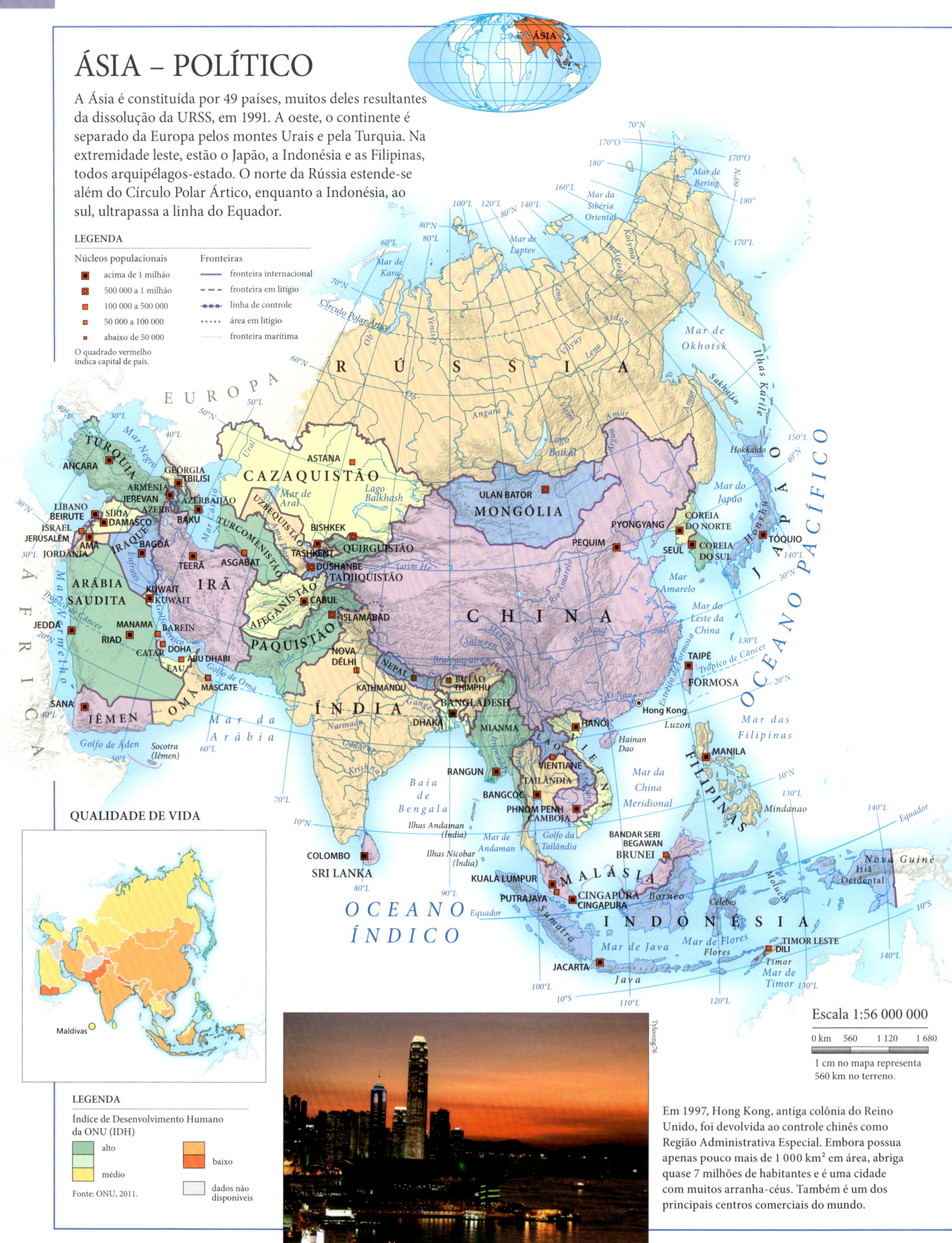

A Ásia é constituída por 49 países, muitos deles resultantes da dissolução da URSS, em 1991. A oeste, o continente é separado da Europa pelos montes Urais e pela Turquia. Na extremidade leste, estão o Japão, a Indonésia e as Filipinas, todos arquipélagos-estado. O norte da Rússia estende-se além do Círculo Polar Ártico, enquanto a Indonésia, ao sul, ultrapassa a linha do Equador.

LEGENDA

Núcleos populacionais
- acima de 1 milhão
- 500 000 a 1 milhão
- 100 000 a 500 000
- 50 000 a 100 000
- abaixo de 50 000

O quadrado vermelho indica capital de país.

Fronteiras
- fronteira internacional
- fronteira em litígio
- ××× linha de controle
- ···· área em litígio
- fronteira marítima

QUALIDADE DE VIDA

LEGENDA

Índice de Desenvolvimento Humano da ONU (IDH)
- alto
- médio
- baixo
- dados não disponíveis

Fonte: ONU, 2011.

Escala 1:56 000 000

0 km 560 1 120 1 680

1 cm no mapa representa 560 km no terreno.

Em 1997, Hong Kong, antiga colônia do Reino Unido, foi devolvida ao controle chinês como Região Administrativa Especial. Embora possua apenas pouco mais de 1 000 km² em área, abriga quase 7 milhões de habitantes e é uma cidade com muitos arranha-céus. Também é um dos principais centros comerciais do mundo.

//ÁSIA

ÁSIA – FÍSICO

A Ásia é o maior continente do planeta. Geologicamente, as montanhas e os planaltos do norte são muito mais antigos do que as paisagens do sul. O sul possui a mais alta e jovem cadeia de montanhas dobradas do mundo, a cordilheira do Himalaia. Essas montanhas continuam a soerguer-se, como resultado da convergência entre as placas tectônicas Indo-Australiana e Eurasiana.

CURIOSIDADES

1. **PONTO MAIS ALTO:** Monte Everest, cordilheira do Himalaia, 8 850 metros acima do nível do mar
2. **PONTO MAIS BAIXO:** costa do Mar Morto, 417 metros abaixo do nível do mar
3. **MAIOR LAGO:** Mar Cáspio, 371 000 km²
- **RIO MAIS LONGO:** Yang-tsé, 6 300 km

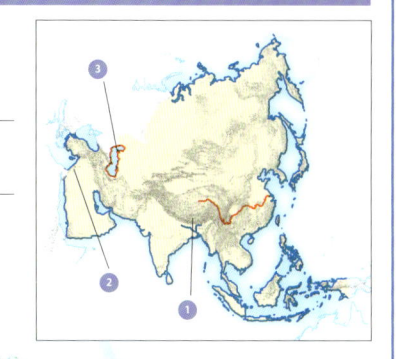

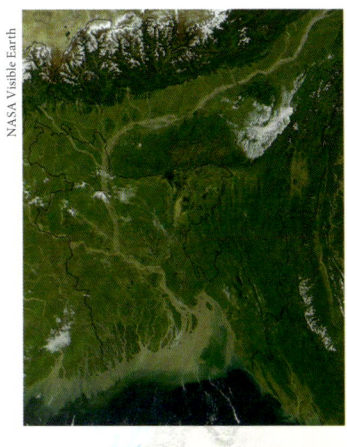

Grande parte de Bangladesh se localiza no delta dos rios Ganges e Brahmaputra. Situada pouco acima do nível do mar, a região é vulnerável a inundações resultantes de transbordamentos dos dois rios e também de ciclones nas regiões costeiras.

LEGENDA

Elevação

- 4 000 m
- 2 000 m
- 1 000 m
- 500 m
- 250 m
- 100 m
- 0
- 250 m
- 2 000 m
- 4 000 m

abaixo do nível do mar

- △ montanha
- ⌂ vulcão
- ▽ depressão

Limites das placas
- construtivo
- destrutivo
- conservativo
- indefinido

A CORDILHEIRA DO HIMALAIA

A cordilheira do Himalaia se localiza onde as placas Indo-Australiana e Eurasiana convergem. Ambas são placas continentais com a mesma densidade, o que significa que nenhuma das duas pode ser empurrada para baixo da outra. Em vez de ocorrer subducção, as placas se enrugaram em sentido ascendente ao colidir, formando a cordilheira do Himalaia.

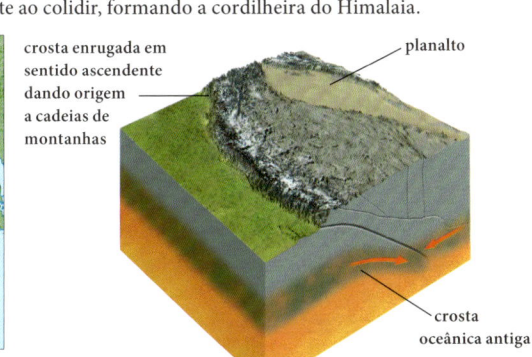

- 20 milhões de anos atrás
- 60 milhões de anos atrás
- 80 milhões de anos atrás

crosta enrugada em sentido ascendente dando origem a cadeias de montanhas

planalto

crosta oceânica antiga

Escala 1:56 000 000

0 km 560 1 120 1 680

1 cm no mapa representa 560 km no terreno.

ÁSIA – CLIMA

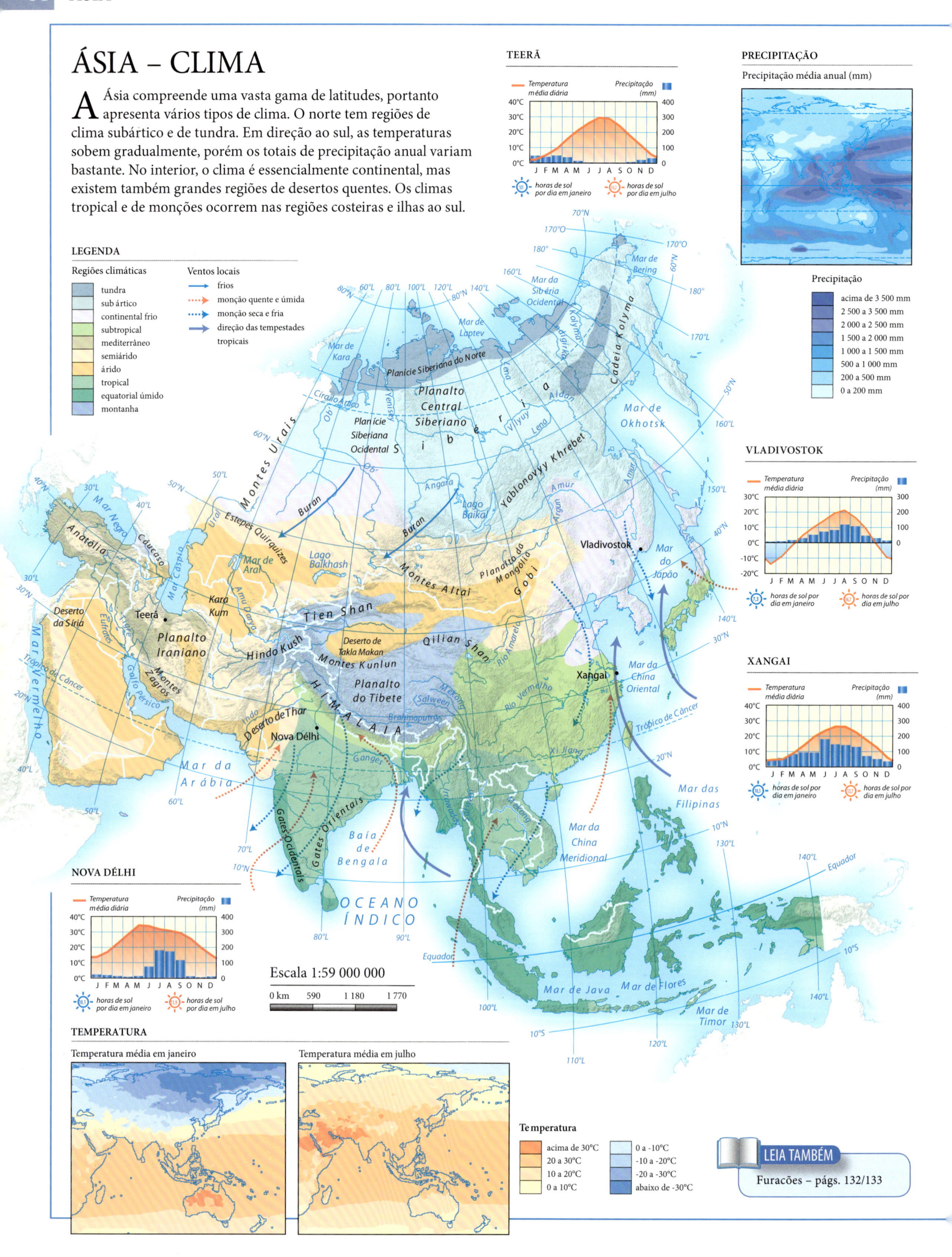

A Ásia compreende uma vasta gama de latitudes, portanto apresenta vários tipos de clima. O norte tem regiões de clima subártico e de tundra. Em direção ao sul, as temperaturas sobem gradualmente, porém os totais de precipitação anual variam bastante. No interior, o clima é essencialmente continental, mas existem também grandes regiões de desertos quentes. Os climas tropical e de monções ocorrem nas regiões costeiras e ilhas ao sul.

LEGENDA

Regiões climáticas
- tundra
- sub ártico
- continental frio
- subtropical
- mediterrâneo
- semiárido
- árido
- tropical
- equatorial úmido
- montanha

Ventos locais
- frios
- monção quente e úmida
- monção seca e fria
- direção das tempestades tropicais

TEERÃ
Temperatura média diária / Precipitação (mm)
horas de sol por dia em janeiro / horas de sol por dia em julho

PRECIPITAÇÃO
Precipitação média anual (mm)

Precipitação
- acima de 3 500 mm
- 2 500 a 3 500 mm
- 2 000 a 2 500 mm
- 1 500 a 2 000 mm
- 1 000 a 1 500 mm
- 500 a 1 000 mm
- 200 a 500 mm
- 0 a 200 mm

VLADIVOSTOK
Temperatura média diária / Precipitação (mm)
horas de sol por dia em janeiro / horas de sol por dia em julho

XANGAI
Temperatura média diária / Precipitação (mm)
horas de sol por dia em janeiro / horas de sol por dia em julho

NOVA DÉLHI
Temperatura média diária / Precipitação (mm)
horas de sol por dia em janeiro / horas de sol por dia em julho

Escala 1:59 000 000
0 km 590 1 180 1 770

TEMPERATURA

Temperatura média em janeiro

Temperatura média em julho

Temperatura
- acima de 30°C
- 20 a 30°C
- 10 a 20°C
- 0 a 10°C
- 0 a -10°C
- -10 a -20°C
- -20 a -30°C
- abaixo de -30°C

LEIA TAMBÉM
Furacões – págs. 132/133

ÁSIA – POPULAÇÃO

A China e a Índia abrigam quase 40% do total da população mundial, com mais de um bilhão de habitantes cada. Muitas partes da Ásia, como o Japão, têm alta densidade populacional, enquanto o norte subártico e o interior do continente, com desertos e montanhas, têm pouquíssimos habitantes.

LEGENDA

Densidade populacional (habitantes por km²)
- Acima de 200
- 100 a 200
- 50 a 100
- 10 a 50
- 1 a 10
- 0 a 1

Principais núcleos populacionais
- Acima de 1 milhão
- 500 000 a 1 milhão
- 100 000 a 500 000

O quadrado vermelho indica capitais de país.

POPULAÇÃO URBANA x POPULAÇÃO RURAL
37% — 63%

Escala 1:56 000 000
0 km — 560 — 1 120 — 1 680

CRESCIMENTO POPULACIONAL

TENDÊNCIAS DE CRESCIMENTO POPULACIONAL

LEGENDA
- China
- Japão
- Bangladesh
- Afeganistão

Milhões de habitantes (escala logarítmica)

real — projetado
1950 – 2000 – 2025 – 2050

LEGENDA
Crescimento populacional (porcentagem média de crescimento anual)
- acima de 2,5
- 2 a 2,4
- 1,5 a 1,9
- 1 a 1,4
- 0 a 0,9
- 0 a -0,9 (população em declínio)

Uma das maiores cidades do mundo, Pequim, a capital da China, é a cidade mais importante do país há mais de 800 anos. Hoje em dia, ela está à frente do desenvolvimento da China como potência econômica mundial.

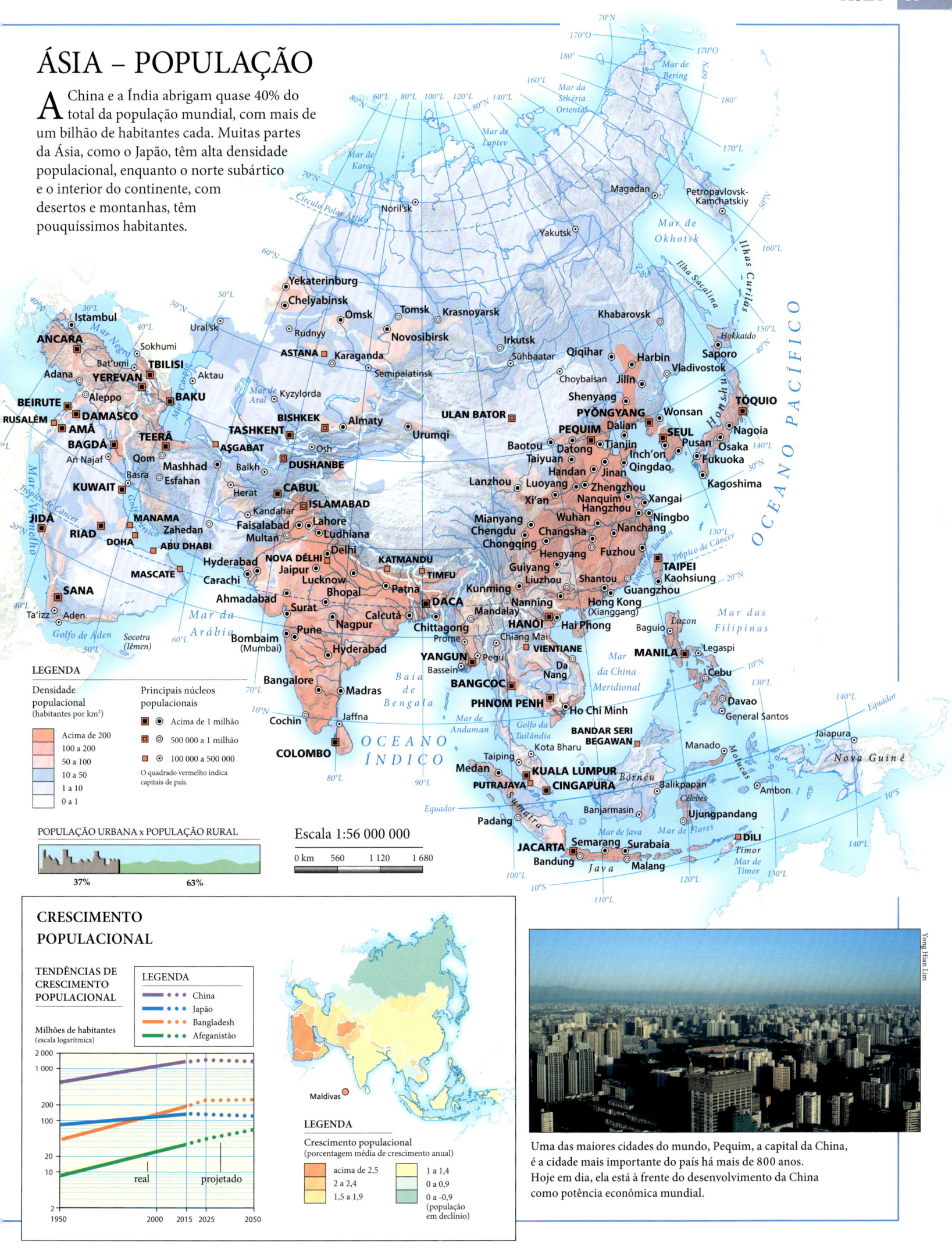

ÁSIA – USO DO SOLO

As extensas áreas de deserto, montanhas e gelo encontradas na Ásia são de pouca utilidade para a agricultura. Algumas das terras mais produtivas se encontram no leste da China e na Índia, especialmente ao longo dos vales de rios. Entretanto, a Rússia ártica e os desertos da Península Arábica contêm enormes reservas de combustíveis fósseis, que constituem importantes fontes de renda para seus respectivos países.

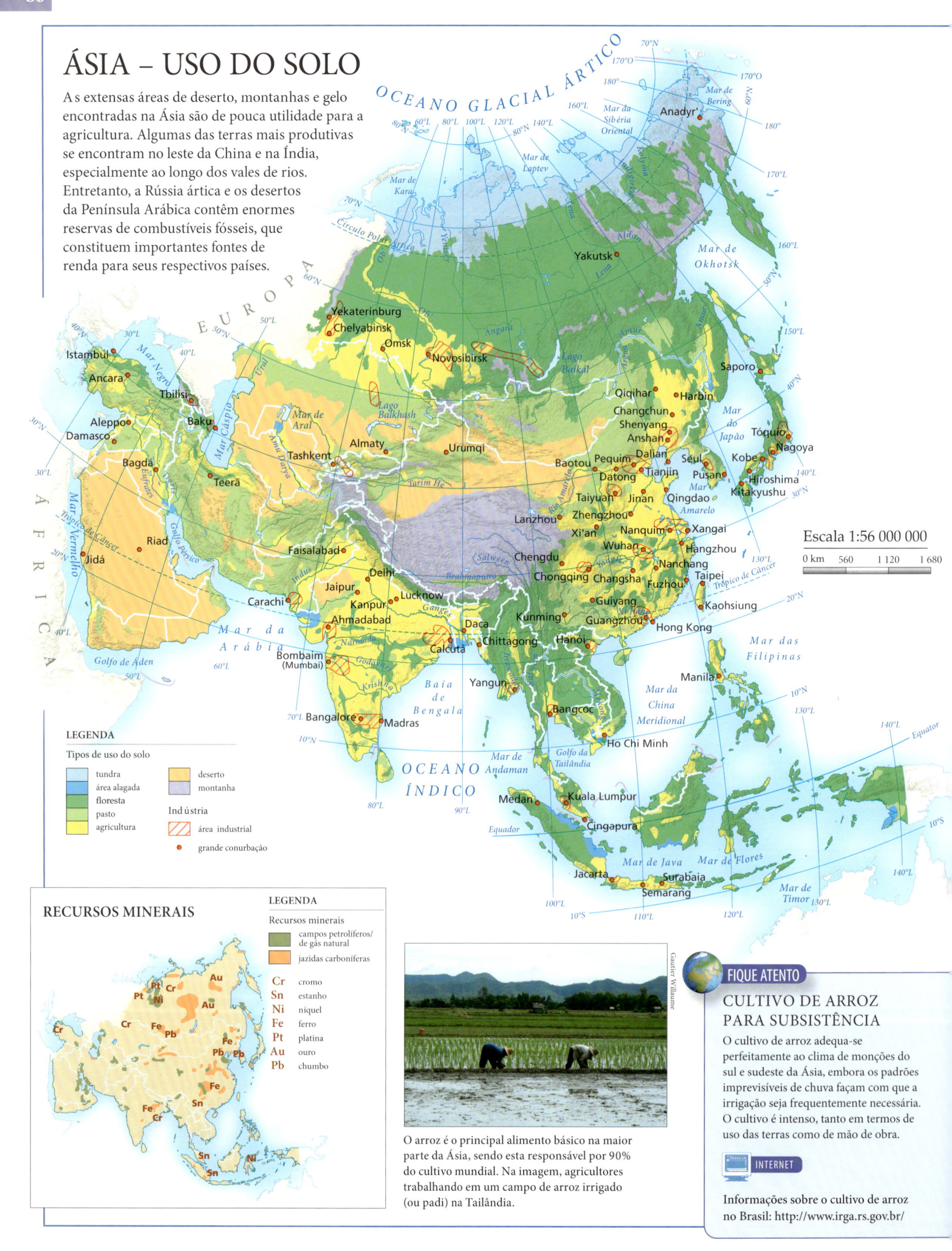

Escala 1:56 000 000
0 km   560   1 120   1 680

LEGENDA

Tipos de uso do solo
- tundra
- área alagada
- floresta
- pasto
- agricultura
- deserto
- montanha

Indústria
- área industrial
- grande conurbação

RECURSOS MINERAIS

LEGENDA

Recursos minerais
- campos petrolíferos/de gás natural
- jazidas carboníferas

- Cr cromo
- Sn estanho
- Ni níquel
- Fe ferro
- Pt platina
- Au ouro
- Pb chumbo

O arroz é o principal alimento básico na maior parte da Ásia, sendo esta responsável por 90% do cultivo mundial. Na imagem, agricultores trabalhando em um campo de arroz irrigado (ou padi) na Tailândia.

FIQUE ATENTO

CULTIVO DE ARROZ PARA SUBSISTÊNCIA

O cultivo de arroz adequa-se perfeitamente ao clima de monções do sul e sudeste da Ásia, embora os padrões imprevisíveis de chuva façam com que a irrigação seja frequentemente necessária. O cultivo é intenso, tanto em termos de uso das terras como de mão de obra.

INTERNET

Informações sobre o cultivo de arroz no Brasil: http://www.irga.rs.gov.br/

ÁSIA – MEIO AMBIENTE

O desmatamento e a poluição atmosférica são questões preocupantes para os arquipélagos-estado do sudeste da Ásia. A extração excessiva de água com o propósito de irrigar as culturas de algodão resultaram na redução em 40% do volume do mar de Aral. Em outros lugares, a industrialização acelerada dos últimos anos gerou poluição em rios e regiões costeiras.

LEGENDA

Questões ambientais
- deserto
- floresta
- desertificação
- desmatamento
- poluição marinha
- poluição marinha intensa
- rio poluído
- ar urbano de má qualidade
- grande vazamento de petróleo
- local de testes nucleares
- acidente nuclear

Escala 1:70 000 000
0 km — 700 — 1 400 — 2 100

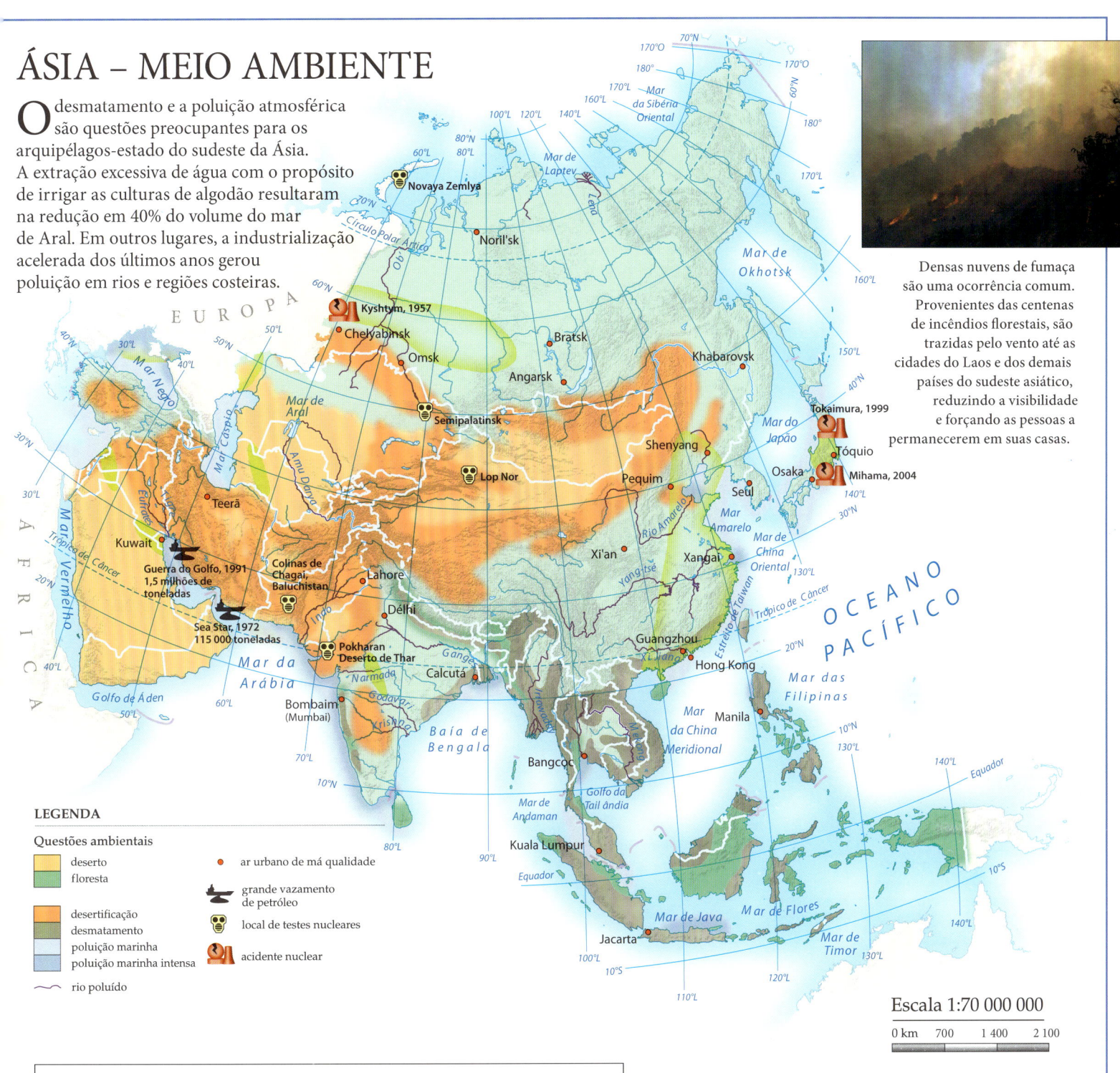

Densas nuvens de fumaça são uma ocorrência comum. Provenientes das centenas de incêndios florestais, são trazidas pelo vento até as cidades do Laos e dos demais países do sudeste asiático, reduzindo a visibilidade e forçando as pessoas a permanecerem em suas casas.

CONSUMO DE CARVÃO E EMISSÕES DE DIÓXIDO DE CARBONO

- A China é o segundo maior consumidor de energia do mundo e o segundo maior emissor de gases estufa, principalmente dióxido de carbono (CO_2).

- 80% das emissões de CO_2 na China provêm do carvão, utilizado como combustível primário ou para produzir eletricidade.

- Embora a China tenha assinado o Protocolo de Kyoto, que entrou em vigor em fevereiro de 2005, ela ainda não precisa diminuir suas emissões, pois foi classificada como um país em desenvolvimento.

- A China produz 35% do carvão mundial.

- Espera-se que as 26 turbinas de energia hidrelétrica do projeto Usina de Três Gargantas ajude a China a reduzir sua dependência em relação ao carvão e, consequentemente, suas emissões de CO_2. A usina produzirá 18,2 milhões de kW de eletricidade todos os anos – 9% da demanda atual. A China, porém, está enfrentando uma grave crise de energia; sua produção é aproximadamente 10% inferior à demanda, basicamente devido ao rápido crescimento econômico dos últimos anos.

FIQUE ATENTO

DESMATAMENTO E POLUIÇÃO ATMOSFÉRICA

As florestas tropicais do sudeste da Ásia têm sido enormemente desmatadas por empresas madeireiras e outros agentes em busca de terras para a agricultura. A vegetação é frequentemente queimada, o que causa intensa poluição atmosférica, especialmente nas ilhas da Indonésia.

INTERNET

Informações sobre queimadas no Brasil:
http://www.cptec.inpe.br/queimadas/

RÚSSIA E CAZAQUISTÃO

A Rússia é o maior país do mundo, abrangendo 12 fusos horários. As dimensões do país, bem como seu clima severo – e os problemas daí resultantes no que se refere ao desenvolvimento de infra-estrutura – limitaram o povoamento e o desenvolvimento econômico a leste dos montes Urais. O Cazaquistão, ao sul, é o segundo maior dos antigos Estados soviéticos.

A Rússia possui uma das maiores frotas pesqueiras do mundo, sendo a pesca marinha praticada sobretudo no oceano Pacífico e no mar de Bering. Embora a produção tenha diminuído, o país ainda se encontra entre os cinco maiores produtores mundiais de peixe.

Em 2003, o mar de Aral, na fronteira entre o Cazaquistão e Uzbequistão, encontrava-se intensamente poluído e reduzido a apenas metade do tamanho que tinha em 1989.

O desastre ambiental segue em ritmo acelerado. Em 2010, a área do mar correspondia a 1/3 se comparado ao seu tamanho em 1989.

Escala 1:25 000 000
(Projeção: Cônica Conforme de Lambert)

0 km   250   500   750

1 cm no mapa representa 250 km no terreno.

ÁSIA

O Cazaquistão é o maior país da Ásia Central. O terreno é praticamente plano e a maior parte do território está coberta por deserto, semideserto e estepe.

FIQUE ATENTO

EXTRAÇÃO DE ÁGUA

As drenagens excessivas realizadas para irrigar as plantações de algodão em volta do mar de Aral fizeram com que a superfície deste fosse reduzida quase a um terço. A água que restou é salgada demais e encontra-se altamente poluída por fertilizantes e outros produtos químicos, resultando num ambiente em que poucos peixes ou outras formas de vida conseguem resistir.

LEIA TAMBÉM

Acesso à água – págs. 22/23

LEGENDA

ELEVAÇÃO
- 4 000 m
- 2 000 m
- 1 000 m
- 500 m
- 250 m
- 100 m
- 0
- 250 m
- 2 000 m
- 4 000 m
- abaixo do nível do mar

- △ montanha
- ▲ vulcão
- deserto arenoso
- pântano ou área alagada

FRONTEIRAS
- fronteira internacional
- fronteira marítima

NÚCLEOS POPULACIONAIS
- ■ ⦿ acima de 1 milhão
- ▣ ⊙ 500 000 a 1 milhão
- ■ ○ 100 000 a 500 000
- ▪ ○ 50 000 a 100 000
- ▫ ○ abaixo de 50 000

O quadrado vermelho indica capital de país.

Locais e referências geográficas

Ostrov Komsomolets, Severnaya Zemlya, Ostrov Bol'shevik, Ilha da Revolução de Outubro, Península de Taimir, Ozero Taymyr, Planície Norte-Siberiana, Planalto Central Siberiano, Ilhas da Nova Sibéria, Ostrov Kotel'nyy, Ostrov Novaya Sibir', Ostrov Bol'shoy Lyakhovskiy, Mar de Laptev, Mar da Sibéria Oriental, Ilha Wrangel, Mar de Chukchi, Cadeia Chukot, Golfo de Anadyr, Círculo Polar Ártico, Estreito de Bering, ALASCA (EUA), Mar de Bering, Cadeia Koryak, Cadeia Kolyma, Golfo de Shelekhov, Ostrov Karaginskiy, Vulcão Klyuchevskaya Sopka 4 750 m, Kamchatka, Ostrov Paramushir, Pervyy Kuril'skiy Proliv, Ilhas Kurile, Ostrov Urup, Ostrov Iturup, Ostrov Kunashir, Estreito La Perouse, Ilha Sacalina, Mar de Okhotsk, Khrebet Dzhugdzhur, Yablonovyy Khrebet, Montes Cherskogo, Montes Verkhoyanskiy, Sibéria, Lago Baikal, Lago Zeya, Lago Khanka, Mar do Japão, MONGÓLIA, CHINA, COREIA DO NORTE, Montanhas Altai, Sayans Orientais, Sayans Ocidentais

Cidades

Pevek, Ambarchik, Cherskiy, Tabor, Ust'-Olenëk, Tiksi, Kazach'ye, Olenek, Nyurba, Suntar, Mirnyy, Olakminsk, Yakutsk, Susuman, Atka, Magadan, Okhotsk, Gizhiga, Ossora, Ust'-Kamchatsk, Atlasovo, Mil'kovo, Petropavlovsk-Kamchatskiy, Anadyr', Khatyrka, Tommot, Neryungri, Bodaybo, Tynda, Skovorodino, Svobodnyy, Blagoveshchensk, Birobidzhan, Khabarovsk, Khor, Bikin, Komsomol'sk-na-Amure, Yuzhno-Sakhalinsk, Kuril'sk, Ussuriysk, Nakhodka, **Vladivostok**, Krasnokamensk, Zabaykal'sk, Olovyannaya, Chita, Ulan-Ude, Kyakhta, **Irkutsk**, Angarsk, Usol'ye-Sibirskoye, Tulun, Kansk, Bratsk, Ust'-Ilimsk, Ust'-Kut, Lesosibirsk, Krasnoyarsk, Abakan, Kyzyl

TURQUIA, CÁUCASO E ORIENTE MÉDIO

Istambul, a maior cidade da Turquia, situa-se no estreito de Bósforo. O oeste da cidade fica na Europa, enquanto o leste, assim como a maior parte do país, pertence à Ásia. A nordeste da Turquia, entre o mar Negro e o mar Cáspio, encontram-se três antigos estados da União Soviética: Geórgia, Armênia e Azerbaijão. Os países do Oriente Médio e o Iraque ficam ao sul.

O mar Morto, situado entre a Jordânia e Israel, fica a 417 metros abaixo do nível do mar e é o ponto mais baixo do globo. Seus altos níveis de evaporação lhe conferem uma quantidade de sal superior a 30%, o que praticamente impede a existência de qualquer forma de vida. A velocidade com que sua superfície vem diminuindo (já sofreu redução de 30% desde 1950) é um grande motivo de preocupação.

ISRAEL, CISJORDÂNIA E FAIXA DE GAZA

Escala 1:3 300 000
0 km 33 66 99

A cidade de Jerusalém, vista do Monte das Oliveiras. Dividida em duas partes em 1948 após a guerra árabe-israelense, tanto Israel quanto a Palestina a reivindicam como sua capital. Tem uma população de cerca de 750 mil habitantes, sendo 64% israelenses, 32% árabes e 3% cristãos.

ÁSIA

LEGENDA

ELEVAÇÃO
- 4 000 m
- 2 000 m
- 1 000 m
- 500 m
- 250 m
- 100 m
- 0
- 250 m (abaixo do nível do mar)
- 2 000 m
- 4 000 m

△ montanha

- deserto arenoso
- pântano ou área alagada

FRONTEIRAS
- fronteira internacional
- ─ ─ ─ fronteira em litígio
- ..... área em litígio
- ×××× linha de controle
- fronteira marítima

NÚCLEOS POPULACIONAIS
- ■ ● acima de 1 milhão
- ▣ ◉ 500 000 a 1 milhão
- ■ ◦ 100 000 a 500 000
- ■ ○ 50 000 a 100 000
- ▪ ○ abaixo de 50 000

O quadrado vermelho indica capital de país.

A exploração de petróleo é importante para a economia do Azerbaijão. A região do mar Cáspio, nas proximidades de Baku, concentra os maiores campos petrolíferos do país.

FIQUE ATENTO

GUERRA DA ÁGUA

Conflitos a respeito de limites territoriais ocorrem entre a Palestina e o Estado de Israel desde a formação deste em 1948. Tais conflitos envolvem também o direito sobre a água proveniente dos aquíferos localizados sob a Cisjordânia. Tais aquíferos são monopolizados por Israel, embora um quarto dos lares palestinos situados na Cisjordânia não tenham acesso à água encanada.

LEIA TAMBÉM

Conflitos no Oriente Médio – págs. 92/93

Escala 1:7 000 000
(Projeção: Cônica Conforme de Lambert)

0 km 70 140 210

1 cm no mapa representa 70 km no terreno.

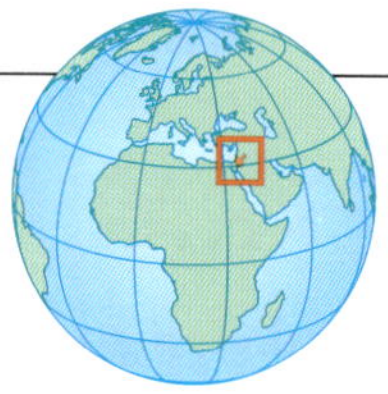

CONFLITOS NO ORIENTE MÉDIO

As raízes do conflito entre Israel e Palestina remontam a muitos anos. Entretanto, foi a tentativa frustrada de estabelecer dois estados separados em 1948 que deu início à atual disputa por direitos territoriais na região. Os conflitos giram em torno das tentativas de Israel de controlar grande parte dos territórios em disputa que formariam o Estado Palestino – a Cisjordânia e a Faixa de Gaza.

1920-30

Após a 1ª Guerra Mundial, o antigo Império Otomano foi dividido, e a Palestina ficou sob o controle britânico. O crescente antissemitismo na Europa gerou migrações em massa. Mais de 75 mil judeus se mudaram para a Palestina, forçando muitos árabes a abandonarem a região.

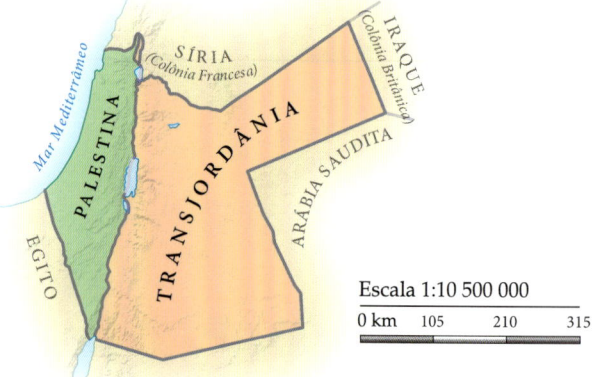

Escala 1:10 500 000

1947

O Reino Unido abriu mão de seu comando sobre a Palestina, transferindo a responsabilidade para a ONU. Foi concebido um novo projeto para dividir a área em dois Estados separados, um judeu e um árabe. Os árabes rejeitaram a ideia.

LEGENDA
Plano de Partilha de 1947 da ONU
- Estado árabe
- Estado judeu
- Jerusalém: cidade internacional

Escala 1:7 000 000

1948-1949

Forma-se o novo estado de Israel. Países árabes vizinhos tentaram invadir a região, mas foram expulsos. Muitos árabes palestinos fugiram para países próximos quando Israel reivindicou mais território. Uma nova linha de armistício foi demarcada. A ONU negociou um cessar-fogo, porém não um acordo de paz.

LEGENDA
Linha de armistício 1948–1949
- Estado judeu
- Sob controle da Jordânia
- Sob controle do Egito
- Jerusalém: cidade internacional
- Linha de armistício

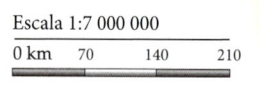

Escala 1:7 000 000

1967

Ocorreu a Guerra dos Seis Dias. Israel atacou tropas árabes nas fronteiras e conquistou o controle de mais terras: as colinas de Golã, tomadas da Síria; Sinai e Gaza, tomadas do Egito; e a Cisjordânia e a "Cidade Velha" de Jerusalém, tomadas da Jordânia. Desde então, as discussões de paz giram em torno do regresso às fronteiras pré-1967. Ainda não há paz duradoura na região.

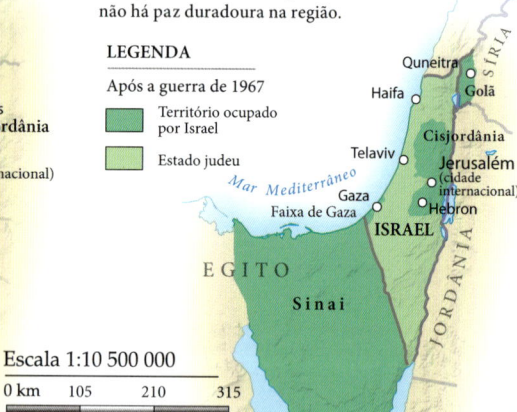

LEGENDA
Após a guerra de 1967
- Território ocupado por Israel
- Estado judeu

Escala 1:10 500 000

ESFORÇOS DE PAZ

Apesar do Acordo de Oslo (e de seu sucessor, Oslo II, em 1995), a violência continua, com atentados à bomba e ataques suicidas por parte de grupos militantes palestinos, bem como assassinatos e bloqueios por parte do exército israelense. Em 2001, Ariel Sharon tornou-se o novo primeiro-ministro de Israel, eleito sob a promessa de ser mais severo nas negociações com os palestinos.
A violência se intensificou. Na metade de 2002, Israel já havia se reapropriado da maior parte da Cisjordânia. O processo de paz mais uma vez estagnou até que, em 2003, a ONU, os EUA, a UE e a Rússia introduziram o mapa da paz para o Oriente Médio.
Em 2005, Israel iniciou o processo de retirada dos colonos judeus da Faixa de Gaza e parte da Cisjordânia. A Faixa de Gaza voltou ao controle dos palestinos, e estes realizaram sua primeira eleição legislativa.
Em 2006, Sharon foi afastado por problemas de saúde.
Em 2007, ocorreu um choque armado entre os palestinos. O Hamas assumiu o poder na Faixa de Gaza e rompeu com o Fatah. A crise dividiu os próprios palestinos.
Em 2012, Hamas e Fatah fecharam acordo para a formação de um governo interino de unidade liderado por Mahmud Abbas.
Em 2012, a aprovação da ONU, elevando a Palestina a "Estado observador não membro", sem direito a voto na assembleia geral, mas em condições de participar das discussões da instituição, forneceu um novo ânimo aos palestinos que desejavam a criação de seu Estado.
Em 2014, novos conflitos entre palestinos e israelenses demonstraram que a paz na região ainda está distante.

DATAS IMPORTANTES DESDE 1967	
1979	Israel e Egito assinam um acordo de paz que devolve Sinai ao Egito.
Década de 80	Israel continua a construir assentamentos judeus na Cisjordânia e em Gaza. Em 1987, os palestinos da região promovem a Intifada (insurreição popular) contra Israel.
1988	A OLP (Organização para a Libertação da Palestina) reconhece formalmente o direito de existência da nação de Israel, mas esta continua a ver a OLP como uma organização terrorista.
1993	Os acordos de Oslo garantem autonomia limitada para os palestinos nos territórios de Gaza e da Cisjordânia, ambos em disputa.
1998-99	No Acordo do Rio Wye, Israel promete desocupar mais uma parte da Cisjordânia.
2000	Israel retira-se do Líbano, após 22 anos de permanência.
2005	Israel inicia o processo de retirada dos colonos judeus da Faixa de Gaza e parte da Cisjordânia.
2008	Israel ataca a Faixa de Gaza e impõe um bloqueio a toda a região.
2012	A ONU aprova a resolução que eleva a Palestina a "Estado observador não membro", sem direito a voto na assembleia geral, mas em condições de participar das discussões da instituição.
2014	Israel realiza diversos bombardeios na Faixa de Gaza, inclusive com ataques por terra, causando centenas de mortes.

Soldado israelense em posto de observação na Faixa de Gaza, região que Israel deverá evacuar como parte do plano de paz negociado para formação de um estado palestino independente.

Pavel Bernshtam

ÁSIA

GUERRA DA ÁGUA

Boa parte do Oriente Médio é árido e sofre de prolongados períodos de seca. Muitos estudiosos acreditam que, caso uma grande guerra venha a estourar no Oriente Médio, a causa mais provável será o acesso à água.

A BACIA DO RIO JORDÃO

O lago Hula, no norte de Israel, é um reservatório construído para melhorar a qualidade das águas do mar da Galileia.

Embora Israel tenha a obrigação legal de fornecer água aos palestinos, estes recebem apenas um terço do que é fornecido aos israelenses. Enquanto israelenses desfrutam das principais reservas de água e de irrigação para a agricultura, palestinos frequentemente precisam recorrer a carros-pipa para dispor de água para as necessidades básicas; tais carros são frequentemente barrados nos diversos pontos de inspeção militar israelenses. Com a crescente pressão em torno dos recursos de água, cada vez mais limitados, a "guerra da água" pode se tornar uma causa grave de conflito entre Israel e Palestina.

A CHUVA NA REGIÃO

- A taxa de chuva anual em Israel varia entre 1 000 mm no extremo norte e 31 mm na extremidade sul, concentrando-se principalmente entre os meses de novembro e fevereiro.

- Cerca de 60% das águas das chuvas em Israel evaporam, 5% deságuam no mar e os 35% restantes se infiltram no solo, onde se acumulam em aquíferos naturais.

CONTROLANDO O ABASTECIMENTO DE ÁGUA

Tanto Israel quanto a Palestina são altamente dependentes da água proveniente dos aquíferos subterrâneos da Cisjordânia. Desde a guerra de 1967, Israel controla essa área.

No Fórum Mundial da Água de 2003, em Kyoto, o antigo presidente soviético Mikhail Gorbachev declarou que nos últimos anos a água foi a causa de 21 conflitos armados, e Israel esteve envolvido em 18 deles.

- A água sempre foi um problema sério nas negociações de paz entre Israel e a Palestina.

- A água tem sido a principal dificuldade nas negociações de paz entre Israel e a Síria.

- As tensões por causa da água são citadas como motivação secundária para a Guerra dos Seis Dias.

- O Tratado de Paz entre Israel e Jordânia incluiu a partilha das fontes de água.

A agricultura no deserto de Negev (acima) só é possível com irrigação.

TEMAS IMPORTANTES

1. Quais são as principais questões que impedem um acordo de paz duradouro na região?

2. Por que a água é cada vez mais motivo de tensão entre israelenses e palestinos?

3. Que medidas devem ser tomadas para garantir o acesso igualitário à água?

A REGIÃO EM 2005

LEGENDA

Fronteiras
- fronteira internacional
- fronteira em litígio
- linha de controle

Núcleos populacionais
- acima de 1 milhão
- 500 000 a 1 milhão
- 100 000 a 500 000
- 50 000 a 100 000
- abaixo de 50 000

O quadrado vermelho indica capital de país.

ÁSIA

A PENÍNSULA ARÁBICA

A maior parte da Península Arábica é formada de desertos, localizados no interior da Arábia Saudita e do Iêmen. A maioria da população vive nas regiões mais frias e úmidas das montanhas das áreas costeiras. As maiores reservas de petróleo e gás do mundo são encontradas nessa região, gerando imensa fortuna para uma pequena minoria.

Os desertos cobrem grande parte da Península Arábica. O oeste é formado principalmente por um planalto alto e rochoso. Ao centro e a leste, predominam as grandes dunas móveis de areia.

LEGENDA

ELEVAÇÃO

- 4 000 m
- 2 000 m
- 1 000 m
- 500 m
- 250 m
- 100 m
- 0
- 250 m
- 2 000 m
- 4 000 m
- abaixo do nível do mar

△ montanha

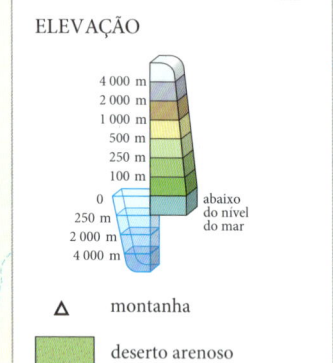

deserto arenoso

FRONTEIRAS

— fronteira internacional
— fronteira marítima

NÚCLEOS POPULACIONAIS

- ■ ◉ acima de 1 milhão
- ▢ ◎ 500 000 a 1 milhão
- ▪ • 100 000 a 500 000
- ▪ ∘ 50 000 a 100 000
- ▫ ○ abaixo de 50 000

O quadrado vermelho indica capital de país.

Sana, localizada na parte meridional da Península Arábica, é a capital e o principal núcleo populacional do Iêmen. A cidade é patrimônio cultural da humanidade.

Escala 1:8 700 000
(Projeção: Cônica Conforme de Lambert)

0 km 87 174 261

1 cm no mapa representa 87 km no terreno.

ÁSIA

Os dromedários são usados há milhares de anos no Kuwait e em toda a Península Arábica como meio tradicional de transporte em regiões desérticas.

Xavier Guichard

O Burj Al Arab, em Dubai, nos Emirados Árabes Unidos, é um dos hotéis mais luxuosos do mundo. Construído numa ilha artificial, é um edifício de alta tecnologia. Tem 321 metros de altura e o formato de uma vela de barco.

FIQUE ATENTO

PETRÓLEO

Arábia Saudita, Kuwait, Catar e Emirados Árabes Unidos (EAU) são quatro dos onze países-membros da Organização dos Países Exportadores de Petróleo (OPEP), que produz 40% do petróleo mundial e detém 75% de suas reservas conhecidas. A Arábia Saudita é o maior produtor mundial.

INTERNET

OPEP – Organização dos Países Exportadores de Petróleo (*site* em inglês) – www.opec.org

ÁSIA CENTRAL

O Quirguistão e o Tadjiquistão são predominantemente montanhosos, enquanto o Uzbequistão e Turcomenistão são um mistura de desertos e estepes. Os quatro países foram formados após a dissolução da União Soviética, em 1991. O Irã é um dos principais produtores de petróleo e a maior república islâmica do mundo. O Afeganistão está em conflito desde a década de 70.

Maior mar interior ou lago do mundo, o mar Cáspio tem 371 mil km² de área e uma grande diversidade de peixes, inclusive o esturjão, de cujas ovas se produz o caviar.

LEGENDA

ELEVAÇÃO

- 4 000 m
- 2 000 m
- 1 000 m
- 500 m
- 250 m
- 100 m
- 0
- 250 m abaixo do nível do mar
- 2 000 m
- 4 000 m

- △ montanha
- ✕ desfiladeiro
- deserto arenoso
- pântano ou área alagada

FRONTEIRAS
- fronteira internacional
- fronteira marítima

NÚCLEOS POPULACIONAIS
- ■ ⬤ acima de 1 milhão
- ▣ ◎ 500 000 a 1 milhão
- ■ ⦿ 100 000 a 500 000
- ▪ ○ 50 000 a 100 000
- ▫ ○ abaixo de 50 000

O quadrado vermelho indica capital de país.

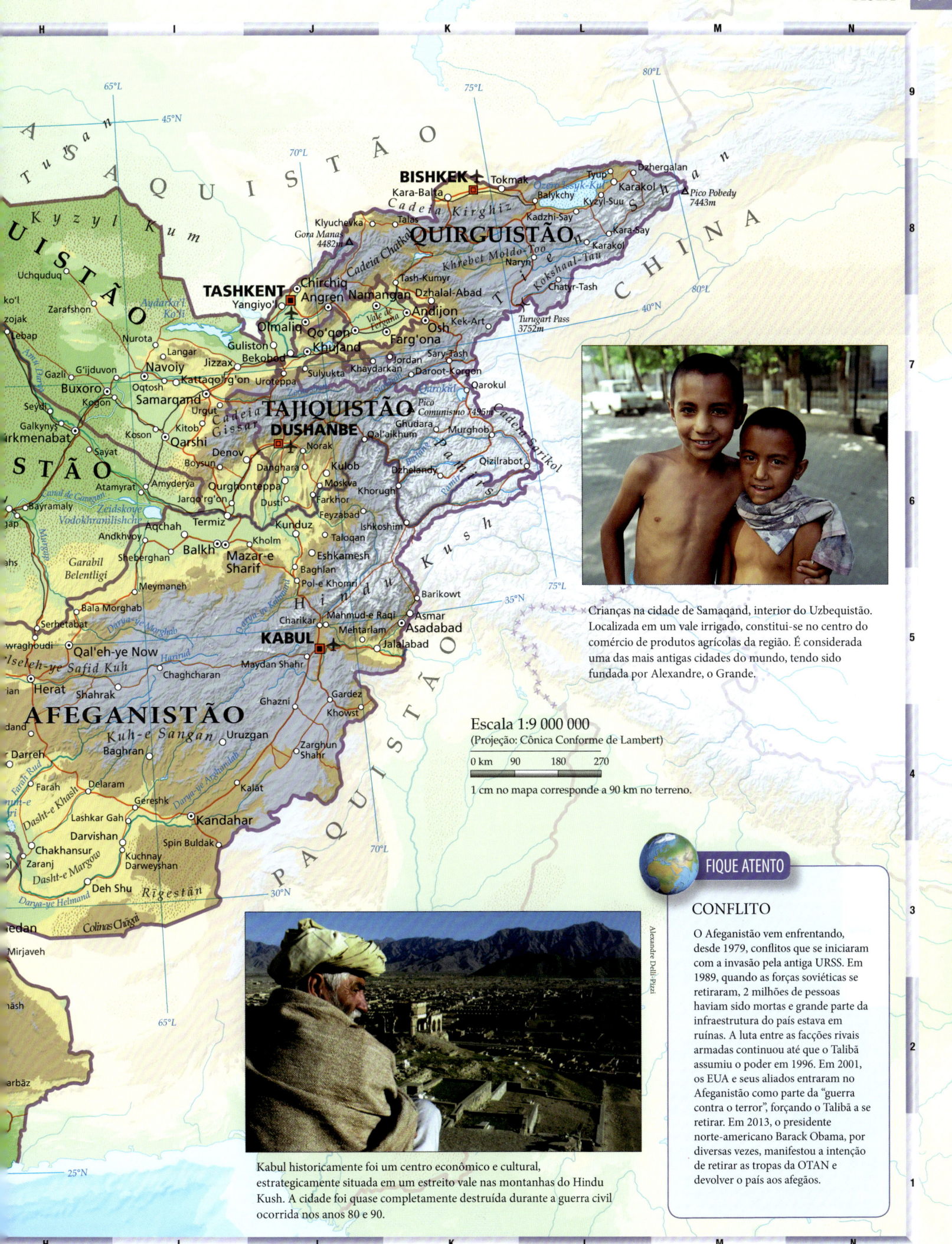

ÁSIA

Crianças na cidade de Samaqand, interior do Uzbequistão. Localizada em um vale irrigado, constitui-se no centro do comércio de produtos agrícolas da região. É considerada uma das mais antigas cidades do mundo, tendo sido fundada por Alexandre, o Grande.

Escala 1:9 000 000
(Projeção: Cônica Conforme de Lambert)

0 km   90   180   270

1 cm no mapa corresponde a 90 km no terreno.

Kabul historicamente foi um centro econômico e cultural, estrategicamente situada em um estreito vale nas montanhas do Hindu Kush. A cidade foi quase completamente destruída durante a guerra civil ocorrida nos anos 80 e 90.

FIQUE ATENTO

CONFLITO

O Afeganistão vem enfrentando, desde 1979, conflitos que se iniciaram com a invasão pela antiga URSS. Em 1989, quando as forças soviéticas se retiraram, 2 milhões de pessoas haviam sido mortas e grande parte da infraestrutura do país estava em ruínas. A luta entre as facções rivais armadas continuou até que o Talibã assumiu o poder em 1996. Em 2001, os EUA e seus aliados entraram no Afeganistão como parte da "guerra contra o terror", forçando o Talibã a se retirar. Em 2013, o presidente norte-americano Barack Obama, por diversas vezes, manifestou a intenção de retirar as tropas da OTAN e devolver o país aos afegãos.

SUL DA ÁSIA

A Índia é o maior país do sul da Ásia, abrigando 1 bilhão dos 6 bilhões e meio de habitantes do planeta e uma economia de crescimento acelerado. Ao norte da região, está a cordilheira do Himalaia, onde se encontram as mais altas e jovens montanhas do mundo, contrastando com as terras baixas do delta dos rios Ganges e Brahmaputra, em Bangladesh.

Monastério budista no território sob disputa da Caxemira, na fronteira entre o Paquistão e a Índia. A região tem sido alvo constante de conflitos e lutas esporádicas entre os dois países desde a sua independência em 1947, quando o marajá da Caxemira não conseguiu decidir a qual país se incorporar. Em consequência disso, tanto a Índia quanto o Paquistão reivindicam o território.

Templo de Kailashanatha, em Kanchipuram, Índia. Segundo o hinduísmo, religião de aproximadamente 900 milhões de indianos, a vaca é considerada um animal sagrado.

FIQUE ATENTO

GLOBALIZAÇÃO

A distribuição mundial de empregos e processos de manufatura é um dos mais evidentes sinais da globalização. Avanços nas tecnologias de comunicação, em especial, geraram novas modalidades de empregos a serem "terceirizados". Um bom exemplo disso é a expansão de *call centers* na Índia que atendem a consumidores de empresas do Reino Unido.

LEIA TAMBÉM
Globalização – págs. 100/101

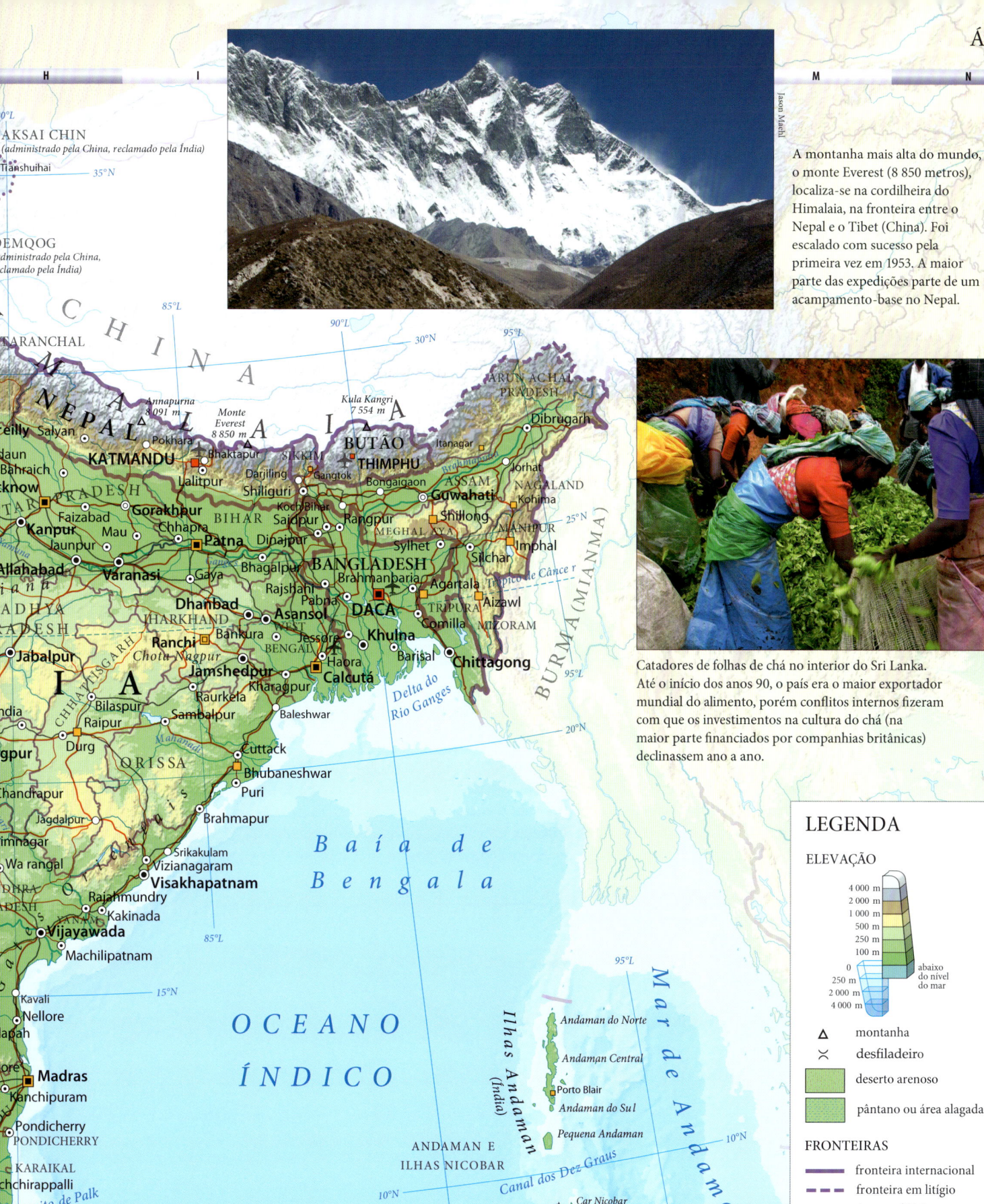

ÁSIA

A montanha mais alta do mundo, o monte Everest (8 850 metros), localiza-se na cordilheira do Himalaia, na fronteira entre o Nepal e o Tibet (China). Foi escalado com sucesso pela primeira vez em 1953. A maior parte das expedições parte de um acampamento-base no Nepal.

Catadores de folhas de chá no interior do Sri Lanka. Até o início dos anos 90, o país era o maior exportador mundial do alimento, porém conflitos internos fizeram com que os investimentos na cultura do chá (na maior parte financiados por companhias britânicas) declinassem ano a ano.

AKSAI CHIN (administrado pela China, reclamado pela Índia)
Tianshuihai

DEMQOG (administrado pela China, clamado pela Índia)

Escala 1:13 650 000
(Projeção: Cônica Conforme de Lambert)
0 km — 136,5 — 273 — 409,5
1 cm no mapa representa 136,5 km no terreno.

LEGENDA

ELEVAÇÃO
4 000 m
2 000 m
1 000 m
500 m
250 m
100 m
0
abaixo do nível do mar
250 m
2 000 m
4 000 m

△ montanha
✕ desfiladeiro
▦ deserto arenoso
▩ pântano ou área alagada

FRONTEIRAS
— fronteira internacional
--- fronteira em litígio
••• área em litígio
✕✕✕ linha de controle
— fronteira marítima
— fronteira nacional (interna)

NÚCLEOS POPULACIONAIS
■ ■ ● acima de 1 milhão
■ ■ ● 500 000 a 1 milhão
■ ■ ● 100 000 a 500 000
■ ■ ● 50 000 a 100 000
■ ■ ○ abaixo de 50 000

O quadrado vermelho indica capital de país.
O quadrado laranja indica capital de província ou capital estadual.

Locais indicados no mapa

China / Nepal / Butão / Índia / Bangladesh / Burma (Mianma) / Sri Lanka

Aranchal, Annapurna 8 091 m, Monte Everest 8 850 m, Kula Kangri 7 554 m, Arunachal Pradesh, Dibrugarh, Salyan, Pokhara, KATMANDU, Lalitpur, Bhaktapur, Darjiling, Gangtok, SIKKIM, THIMPHU, Itanagar, Jorhat, ASSAM, Shiliguri, Bongaigaon, Guwahati, Shillong, NAGALAND, Kohima, MEGHALAYA, MANIPUR, Imphal, Reilly, Bahraich, Lucknow, UTTAR PRADESH, Faizabad, Gorakhpur, Mau, Chhapra, Saidpur, Rangpur, Dinajpur, BIHAR, Jaunpur, Kanpur, Patna, Rajshahi, Pabna, Sylhet, MIZORAM, Aizawl, Allahabad, Varanasi, Gaya, Bhagalpur, BANGLADESH, Brahmanbaria, Agartala, Silchar, TRIPURA, Comilla, Dhanbad, JHARKHAND, Asansol, DACA, Khulna, Jessore, Jabalpur, Ranchi, Bankura, Haora, Barisal, Chittagong, CHHATTISGARH, Jamshedpur, Kharagpur, Calcutá, Raurkela, Bilaspur, Raipur, Sambalpur, Baleshwar, Delta do Rio Ganges, Durg, Cuttack, ORISSA, Bhubaneshwar, Chandrapur, Puri, Jagdalpur, Brahmapur, Srikakulam, Vizianagaram, Wa rangal, Visakhapatnam, ANDHRA PRADESH, Rajahmundry, Kakinada, Vijayawada, Machilipatnam, Kavali, Nellore, Madras, Kanchipuram, Pondicherry, PONDICHERRY, KARAIKAL, Tiruchirappalli, Estreito de Palk, Jaffna, Mannar, Trincomalee, Mutur, Anuradhapura, Puttalam, Batticaloa, Matale, Colombo, Kandy, SRI LANKA, Sri Jayawardanapura, Ratnapura, Galle, Matara

Baía de Bengala / **Oceano Índico** / **Mar de Andaman**

Ilhas Andaman (Índia): Andaman do Norte, Andaman Central, Porto Blair, Andaman do Sul, Pequena Andaman
ANDAMAN E ILHAS NICOBAR
Canal dos Dez Graus
Ilhas Nicobar (Índia): Car Nicobar, Camorta, Ilha Katchall, Pequeno Nicobar, Bananga, Grande Nicobar

GLOBALIZAÇÃO

Ainda não existe uma definição unânime para o termo globalização, embora ele geralmente seja usado para descrever o modo como o comércio e a cultura mundiais vêm se integrando cada vez mais. Também se discute se é um processo benéfico ou, ao contrário, algo que aumenta ainda mais o abismo entre os países mais ricos e os países mais pobres.

A China tem sido um dos protagonistas no processo de globalização da economia. Grandes investimentos estrangeiros impulsionaram o rápido crescimento industrial do país, utilizando a grande disponibilidade de mão de obra local.

O QUE É GLOBALIZAÇÃO?

Embora o termo globalização venha sendo utilizado desde a década de 60, alguns defendem a teoria de que tal processo já ocorre há muitos séculos, desde que as pessoas começaram a viajar e os países começaram a comercializar entre si. Uma definição útil foi proposta pelo geógrafo Peter Haggett. Segundo ele, globalização é o *processo por meio do qual atividades, decisões e eventos ocorridos em uma determinada parte do mundo podem ter consequências significativas em comunidades de partes distantes do globo*.

Novas tecnologias de comunicação e transportes têm possibilitado a globalização, pois ajudaram a superar os principais obstáculos que impediam a sua realização: a distância geográfica e as diferenças culturais. A criação de instituições internacionais, como a Organização Mundial do Comércio (OMC), e a remoção de barreiras às transações comerciais também facilitaram a expansão desse processo.

A globalização tem vários aspectos diferentes. O crescimento do comércio internacional, a transferência eletrônica de dinheiro ao redor do mundo, a expansão das empresas transnacionais e o aumento dos investimentos privados estrangeiros são as suas principais características. Outros aspectos incluem a expansão de marcas globais, o aumento do intercâmbio cultural entre os países e a troca de conhecimentos.

O DEBATE SOBRE A GLOBALIZAÇÃO

A maioria das discussões sobre a globalização gira em torno do comércio internacional e das atividades das empresas transnacionais. Defensores do processo entendem que alguns países em vias de desenvolvimento foram beneficiados pela abertura ao mercado mundial, usufruindo, assim, de importações mais baratas. Desde que essa abertura aconteceu na China, a renda *per capita* do país subiu de U$ 1 460, em 1980, para U$ 5 439, em 2011. Também se argumenta que, por oferecerem mão de obra mais barata do que os países mais ricos, os países em desenvolvimento podem atrair o investimento de empresas estrangeiras, gerando milhões de empregos por todo o mundo.

Aqueles que se opõem ao livre comércio contra-argumentam que, embora este talvez seja uma força poderosa que impulsionaria os níveis de desenvolvimento, existem desigualdades demais nos sistemas de comércio atuais. Longe de serem "livres", muitos países ainda praticam políticas de mercado baseadas em impostos, tarifas e subsídios para proteger as próprias indústrias. Alguns países desenvolvidos subsidiam agricultores, dentre eles os EUA (algodão) e os países da UE (leite e

O avanço da tecnologia em áreas importantes como o transporte aliado à disseminação de recursos a uma maior parcela da população mundial são pontos-chave no processo de globalização.

COMÉRCIO GLOBAL: FLUXO DE COMÉRCIO DA CHINA

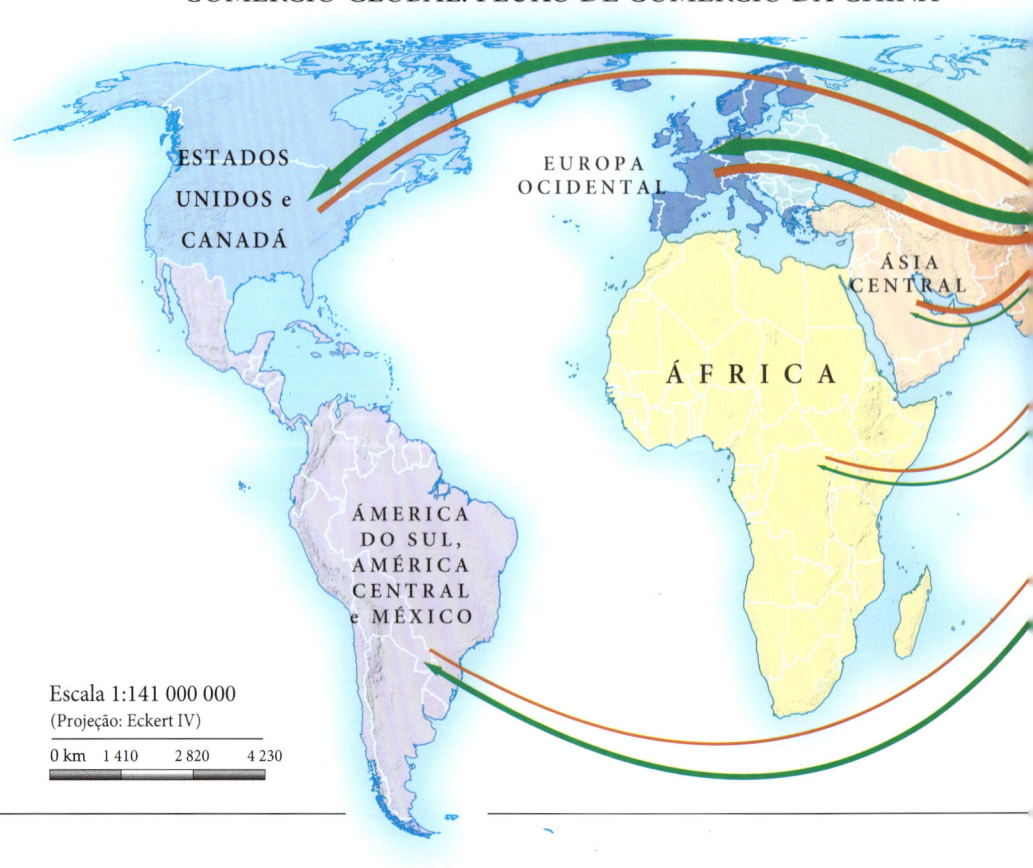

Escala 1:141 000 000
(Projeção: Eckert IV)

0 km 1 410 2 820 4 230

açúcar). Como resultado, esses produtores podem vender sua mercadoria a preços mais baixos em relação aos agricultores não subsidiados dos países em desenvolvimento, o que praticamente impossibilita que estes participem do mercado de maneira competitiva. Desde o final da década de 80, existe um *lobby* por parte dos países menos desenvolvidos pela abolição dos subsídios e tarifas, para que suas indústrias enfrentem concorrência mais equilibrada.

Em Hanoi, no Vietnã, é possível observar o contraste entre as novas tecnologias e os hábitos e tradições locais. Essa realidade pode ser observada na maioria dos países, em todos os continentes.

LEGENDA
Fluxo de comércio da China (bilhões de dólares)

Exportações da China	Importações da China
0,25 a 10	
10 a 50	
50 a 100	
100 a 275	

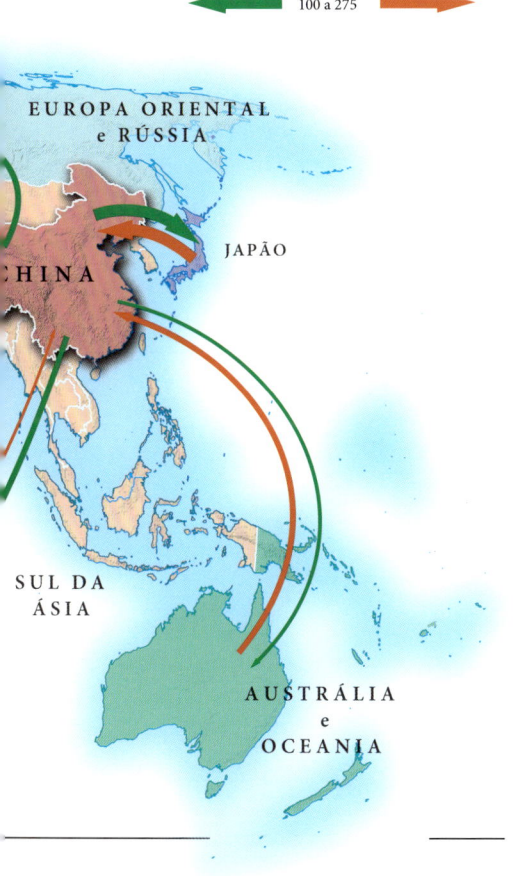

EUROPA ORIENTAL e RÚSSIA
JAPÃO
CHINA
SUL DA ÁSIA
AUSTRÁLIA e OCEANIA

GLOBALIZAÇÃO NA ÍNDIA

Um dos grupos que vêm se beneficiando da globalização são as classes médias instruídas das cidades da "nova" Índia. Do total de 1,2 bilhão de habitantes, mais de 350 milhões pertencem às classes médias; muitos deles possuem educação de nível superior e falam inglês fluente. As indústrias de tecnologia e comunicações expandiram-se rapidamente, aproveitando a disponibilidade dessa mão de obra altamente qualificada.

A EXPANSÃO DA TERCEIRIZAÇÃO

O crescimento da terceirização na Índia foi impulsionado principalmente pela demanda proveniente de empresas de países mais desenvolvidos. Há anos, tais empresas terceirizavam determinadas áreas de seus serviços, basicamente porque a mão de obra é mais barata nos países menos desenvolvidos. Entretanto, a maior parte desses trabalhadores era incapacitada.

Melhorias recentes nas tecnologias de comunicação (como a internet) possibilitaram às empresas realizar a terceirização de determinados cargos do setor de serviços. A força motora desse processo são os salários mais baixos na Índia, o que significa que os encargos trabalhistas podem ser reduzidos em até 40%. Embora os salários sejam baixos em comparação àqueles pagos nos países mais desenvolvidos, ainda assim esses cargos são bem remunerados em relação a outros disponíveis na Índia. Portanto, costumam atrair profissionais com nível superior. Pelo menos 70% das principais empresas americanas e europeias terceirizaram os cargos de produção ou serviços, e muitas delas escolheram a Índia.

Uma grande parcela desses empregos provém da indústria de *softwares* (Bill Gates, da Microsoft, acredita que a Índia será a próxima "superpotência de *softwares*"). Boa parte dos empregos surge também de outra área em expansão: o atendimento ao consumidor. Prevê-se que, na Índia, em 2008, a oferta de empregos terceirizados em tecnologia de informação e atendimento ao consumidor sofrerá um aumento de 500%, empregando 4 milhões de pessoas. Muitos desses cargos serão oferecidos em Cyberabad, subúrbio da cidade de Hyderabad, onde empresas como Microsoft, Dell, GE, HSBC e IBM tem subsidiárias.

Escritórios de empresas de produção de *software* e tecnologia estão localizados em diversas cidades da Índia, como este em Bombaim.

A taxa de crescimento econômico de 7% ao ano e a oferta de empregos bem remunerados resultam numa maior renda disponível para os moradores de cidades como Hyderabad. Por outro lado, a maioria da população pobre da Índia não se encontra em situação tão próspera.

CRESCIMENTO DA INDÚSTRIA DE *SOFTWARES* NA ÍNDIA 1995-2010
Valor das vendas (em milhões de dólares)

LEGENDA
- total de vendas de *softwares*
- total de exportações de *softwares*
- total de vendas domésticas de *softwares*

TEMAS IMPORTANTES

1. Quais são os benefícios da globalização?
2. De maneira geral, a globalização é um processo benéfico? Por quê?
3. Como é possível fazer com que a globalização beneficie todos os países de maneira igual?

102 ÁSIA

CHINA E MONGÓLIA

Com 1,3 bilhão de habitantes, a China é o mais populoso e o terceiro maior país do mundo em território. Desde que abriu suas portas ao investimento estrangeiro em 1978, o país se industrializou rapidamente e começou a desenvolver uma economia de mercado. Atualmente, as regiões costeiras do leste são as mais desenvolvidas economicamente, enquanto o interior rural continua pobre. A Mongólia, ao norte da China, é um país predominantemente árido e escassamente povoado.

O deserto de Gobi cobre a metade sul da Mongólia. Extremamente quente durante o verão e com temperaturas abaixo de zero no inverno, oferece um ambiente físico bastante hostil.

O rio Yang-tsé é o maior rio da China, percorrendo mais de 5 mil km desde sua nascente, nos montes Kunlum, no Tibete, até o mar da China Oriental. Sua bacia hidrográfica irriga as regiões mais férteis do país, além de gerar energia elétrica através de diversas represas e reservatórios ao longo do seu curso.

FIQUE ATENTO

GESTÃO INTEGRADA DO RIO

A energia hidrelétrica de Três Gargantas substituiu parte das usinas a carvão do país. Também ajudou a controlar as inundações do rio Yang-tsé, que inunda regularmente grandes áreas da China, causando enormes prejuízos a povoados e lavouras e colocando milhões de vidas humanas em risco. Os impactos ambientais da usina também são enormes, gerando o deslocamento de milhões de pessoas que viviam à montante da usina, devido à formação do reservatório de água, além de possíveis mudanças climáticas locais.

INTERNET

Rios brasileiros:
http://www.riosvivos.org.br/

ÁSIA

LEGENDA

ELEVAÇÃO

4 000 m
2 000 m
1 000 m
500 m
250 m
100 m
0
250 m
2 000 m
4 000 m
abaixo do nível do mar

△ montanha
✕ desfiladeiro

deserto arenoso
pântano ou área alagada

FRONTEIRAS

— fronteira internacional
--- fronteira em litígio
⋯ área em litígio
— fronteira marítima
— fronteira administrativa

NÚCLEOS POPULACIONAIS

■ ● acima de 1 milhão
■ ◉ 500 000 a 1 milhão
■ ○ 100 000 a 500 000
■ ○ 50 000 a 100 000
■ ○ abaixo de 50 000

O quadrado vermelho indica capital de país.
O quadrado laranja indica capital de província ou capital estadual.

Xangai, maior cidade e principal porto da China, é uma das cidades que mais rapidamente se transformam no mundo. Muitos de seus novos empreendimentos foram construídos na região de Pudong, considerada o centro financeiro da cidade.

Escala 1:17 000 000
(Projeção: Cônica Conforme de Lambert)

0 km 170 340 510

1 cm no mapa representa 170 km no terreno.

COREIA E JAPÃO

O Japão é um país formado por mais de 3 mil ilhas. A maior parte de sua população vive nas planícies costeiras das quatro maiores ilhas: Honshu, Kyushu, Hokkaido e Shikoku. Tectonicamente ativo, quase 75% do Japão é montanhoso, formado por vulcões que ascendem do assoalho oceânico. As indústrias de manufatura e alta tecnologia da Coreia do Sul se expandiram rapidamente durante o final da década de 90, enquanto a Coreia do Norte comunista permanece subdesenvolvida e isolada.

Ponte sobre o rio Yalu, na fronteira da Coreia do Norte com a China. Atualmente, a República Democrática da Coreia, de regime comunista, é um dos países mais fechados do mundo.

Na Coreia do Sul, grandes incentivos por parte do governo levaram ao rápido crescimento de indústrias, como a de automóveis e eletrônicos, e levaram o país a um grande avanço no desenvolvimento econômico.

LEGENDA

ELEVAÇÃO
- 4 000 m
- 2 000 m
- 1 000 m
- 500 m
- 250 m
- 100 m
- 0
- abaixo do nível do mar
- 250 m
- 2 000 m
- 4 000 m

- △ montanha
- ▲ vulcão

FRONTEIRAS
- fronteira internacional
- ××× linha de controle
- fronteira marítima

NÚCLEOS POPULACIONAIS
- ■ ● acima de 1 milhão
- ■ ◎ 500 000 a 1 milhão
- ■ ○ 100 000 a 500 000
- ■ ○ 50 000 a 100 000
- ■ ○ abaixo de 50 000

O quadrado vermelho indica capital de país.

(A Coreia do Sul e do Norte foram divididas por um cessar-fogo em 1953)

Takeshima (reclamadas pelo Japão e Coreia do Sul)

ÁSIA

O Japão é hoje a segunda potência econômica mundial e um dos principais protagonistas do desenvolvimento tecnológico. Contudo, o povo japonês conserva as tradições e costumes da sua rica cultura milenar.

Tóquio é um dos principais centros financeiros do mundo, localizado no nordeste de uma área em contínua expansão conhecida como a megalópole de Tokaido. Em 2000, sua população superava os 33,7 milhões.

FIQUE ATENTO

ENERGIA NUCLEAR

Com poucos recursos energéticos próprios, o Japão é o terceiro maior produtor de energia nuclear do mundo, com 54 reatores em operação e mais dois em construção. O acidente ocorrido em 2011 na usina de Fukushima, em decorrência de terremoto, seguido de tsunami, reacendeu o debate sobre a segurança da energia nuclear no país.

LEIA TAMBÉM

Energia geotérmica – pág. 116/117

INTERNET

Energia nuclear no Brasil:
http://www.eletronuclear.gov.br

Escala 1:6 500 000
(Projeção: Cônica Conforme de Lambert)

0 km   65   130   195

1 cm no mapa representa 65 km no terreno.

SUDESTE ASIÁTICO

O Sudeste Asiático é formado por cinco países continentais, mais a península e as ilhas da Malásia, da Indonésia e das Filipinas. É uma região tropical – grandes áreas ao sul foram um dia cobertas por florestas tropicais. O norte é constituído por cadeias de montanhas. Uma das mais jovens nações do mundo, o Timor Leste, obteve sua independência da Indonésia em 2002.

A capital da Malásia, Kuala Lumpur, com suas famosas Torres Petronas, situa-se na extremidade norte de um corredor de alta tecnologia em processo de expansão acelerada chamado Cyberjaya.

LEGENDA

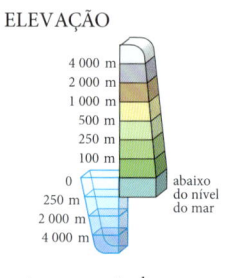

ELEVAÇÃO
- 4 000 m
- 2 000 m
- 1 000 m
- 500 m
- 250 m
- 100 m
- 0
- 250 m — abaixo do nível do mar
- 2 000 m
- 4 000 m

- △ montanha
- ◬ vulcão
- pântano ou área alagada

FRONTEIRA
- fronteira internacional
- fronteira marítima

NÚCLEOS POPULACIONAIS
- ■ ⦿ acima de 1 milhão
- ■ ◉ 500 000 a 1 milhão
- ■ ○ 100 000 a 500 000
- ■ ○ 50 000 a 100 000
- ■ ○ abaixo de 50 000

O quadrado vermelho indica capital de país.

Phuket, na Tailândia, foi uma das muitas regiões turísticas atingidas pelo *tsunami* asiático em dezembro de 2004. Esta foto foi tirada antes do desastre e mostra algumas das atrações que a Tailândia oferece aos mais de 11 milhões de turistas que a visitam anualmente.

ÁSIA

107

Myanma é uma das mais pobres nações do mundo e sofre com a estagnação econômica e o isolamento imposto pelo atual regime político. O país é um dos mais extensos do sudeste asiático e onde o budismo é mais difundido.

FIQUE ATENTO

NOVOS PAÍSES INDUSTRIALIZADOS

No último quarto do século XX, diversos países do Sudeste Asiático passaram por um processo de industrialização acelerado. A base dessas economias passou do setor primário (agricultura e silvicultura) para os setores secundário (manufaturas) e terciário. O melhor exemplo desses novos tigres asiáticos é a Malásia.

Terraços para o plantio de arroz, como este na Indonésia, costumam ser construídos de forma que o máximo de terra seja cultivada. Isso permite que mesmo terrenos em considerável declive sejam aproveitados para a agricultura.

Escala 1:18 750 000
(Projeção: Mercator)

0 km — 187,5 — 375 — 562,5

1 cm no mapa representa 187,5 km no terreno.

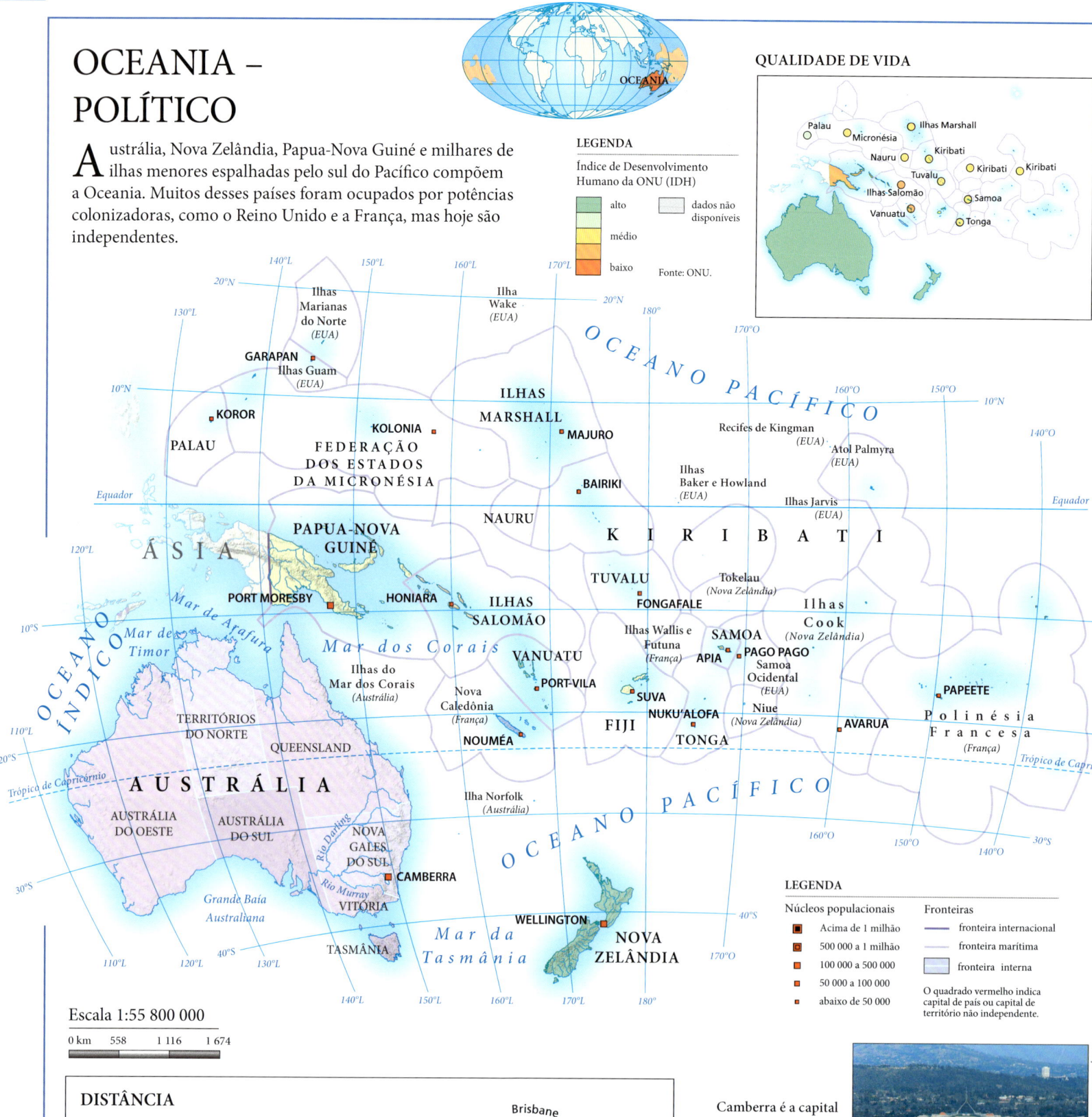

OCEANIA

OCEANIA – POLÍTICO

Austrália, Nova Zelândia, Papua-Nova Guiné e milhares de ilhas menores espalhadas pelo sul do Pacífico compõem a Oceania. Muitos desses países foram ocupados por potências colonizadoras, como o Reino Unido e a França, mas hoje são independentes.

LEGENDA
Índice de Desenvolvimento Humano da ONU (IDH)
- alto
- médio
- baixo
- dados não disponíveis

Fonte: ONU.

QUALIDADE DE VIDA

Palau · Ilhas Marshall · Micronésia · Nauru · Kiribati · Tuvalu · Kiribati · Kiribati · Ilhas Salomão · Samoa · Vanuatu · Tonga

Mapa político

Ilhas Marianas do Norte (EUA) — GARAPAN
Ilhas Guam (EUA)
KOROR — PALAU
KOLONIA — FEDERAÇÃO DOS ESTADOS DA MICRONÉSIA
Ilha Wake (EUA)
ILHAS MARSHALL — MAJURO
Recifes de Kingman (EUA)
Atol Palmyra (EUA)
BAIRIKI — NAURU
Ilhas Baker e Howland (EUA)
Ilhas Jarvis (EUA)
KIRIBATI
ÁSIA
PAPUA-NOVA GUINÉ — PORT MORESBY
Mar de Arafura
Mar de Timor
HONIARA — ILHAS SALOMÃO
TUVALU — FONGAFALE
Tokelau (Nova Zelândia)
Ilhas Cook (Nova Zelândia)
Ilhas Wallis e Futuna (França)
SAMOA — APIA · PAGO PAGO — Samoa Ocidental (EUA)
VANUATU — PORT-VILA
Mar dos Corais
Ilhas do Mar dos Corais (Austrália)
Nova Caledônia (França) — NOUMÉA
SUVA — FIJI
NUKU'ALOFA — TONGA
Niue (Nova Zelândia)
AVARUA
PAPEETE — Polinésia Francesa (França)
OCEANO ÍNDICO
TERRITÓRIOS DO NORTE
QUEENSLAND
AUSTRÁLIA
AUSTRÁLIA DO OESTE
AUSTRÁLIA DO SUL
NOVA GALES DO SUL
Rio Darling
Rio Murray
CAMBERRA
VITÓRIA
Grande Baía Australiana
Ilha Norfolk (Austrália)
TASMÂNIA
Mar da Tasmânia
WELLINGTON — NOVA ZELÂNDIA
OCEANO PACÍFICO

Trópico de Capricórnio · Equador

Escala 1:55 800 000
0 km — 558 — 1 116 — 1 674

LEGENDA

Núcleos populacionais
- Acima de 1 milhão
- 500 000 a 1 milhão
- 100 000 a 500 000
- 50 000 a 100 000
- abaixo de 50 000

Fronteiras
- fronteira internacional
- fronteira marítima
- fronteira interna

O quadrado vermelho indica capital de país ou capital de território não independente.

DISTÂNCIA

A distância é uma questão importante para a geografia da Austrália. Em termos de tempo, elas estão encolhendo em função do avanço no desenvolvimento de meios de transporte e comunicação. Isso vem facilitando a interação entre as regiões interiores do país e deste com outros países. Ainda assim, a distância continua a ser um problema sério. Os laços históricos com o Reino Unido e a Europa estão se tornando cada vez menos importantes para as alianças comerciais e políticas da Austrália do que o fato de localizar-se na extremidade da Ásia.

LEGENDA
Tempo de viagem até Sydney em horas (escala logarítmica)
- De carro
- De trem
- De avião

(Darwin, Brisbane, Hong Kong, Los Angeles, Perth, Sydney, Adelaide, Melbourne, Camberra, Hobart)

Camberra é a capital da Austrália, o maior e mais importante país da Oceania. A população da cidade soma 325 mil habitantes. O projeto urbanístico foi fruto de um concurso internacional, vencido por um arquiteto norte-americano no início do século passado.

OCEANIA – FÍSICO

Enquanto a Austrália é tectonicamente estável, a Nova Zelândia e muitas ilhas da Oceania são de origem vulcânica e estão situadas sobre limites de placas ou próximas a eles. Muitas das ilhas dos arquipélagos da Polinésia, Micronésia e Melanésia, no Pacífico, são atóis de corais.

CURIOSIDADES

1. **PONTO MAIS ALTO:** Monte Wilhelm, 4 509 metros acima do nível do mar
2. **PONTO MAIS BAIXO:** Lago Eyre, 16 metros abaixo do nível do mar
3. **MAIOR LAGO:** Lago Eyre, 9 690 km²
- **RIO MAIS LONGO:** Rio Murray, 2 520 km

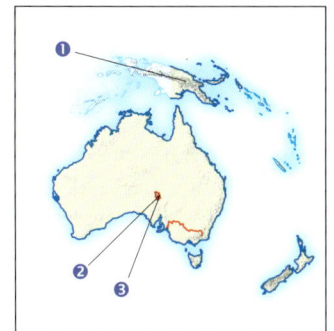

Escala 1:55 800 000

ATÓIS

Atóis são recifes de corais em forma de anel ou cadeias de ilhas corais baixas que circundam uma lagoa rasa. Desenvolvem-se ao longo de milhares de anos, começando como um recife de franja em volta de uma ilha vulcânica. Depois que o vulcão se torna inativo, vai sofrendo os efeitos da erosão e afundando no mar. Enquanto isso, os corais continuam a acumular-se em sentido ascendente, formando um recife. Finalmente, o vulcão desaparece sob o mar, enquanto o recife de corais permanece acima dele. Atóis são comuns no Pacífico tropical, onde grupos inteiros de ilhas, tais como as Ilhas Marshall, são formadas por cadeias de atóis.

Atol na Polinésia Francesa.

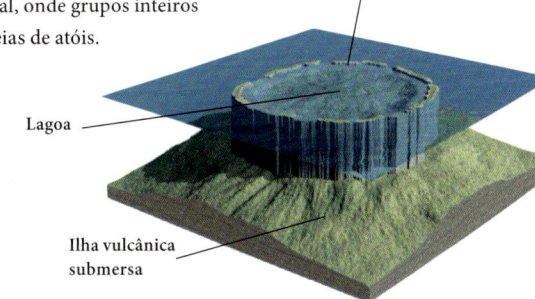

Os corais continuam a crescer
Lagoa
Ilha vulcânica submersa

LEGENDA

Elevação

4 000 m
2 000 m
1 000 m
500 m
250 m
100 m
0
250 m
2 000 m
4 000 m

abaixo do nível do mar

△ montanha
▽ depressão

Limites de placas
— construtivo
—△— destrutivo
--- conservativo

LEIA TAMBÉM

Energia geotérmica – págs. 116/117

OCEANIA – CLIMA

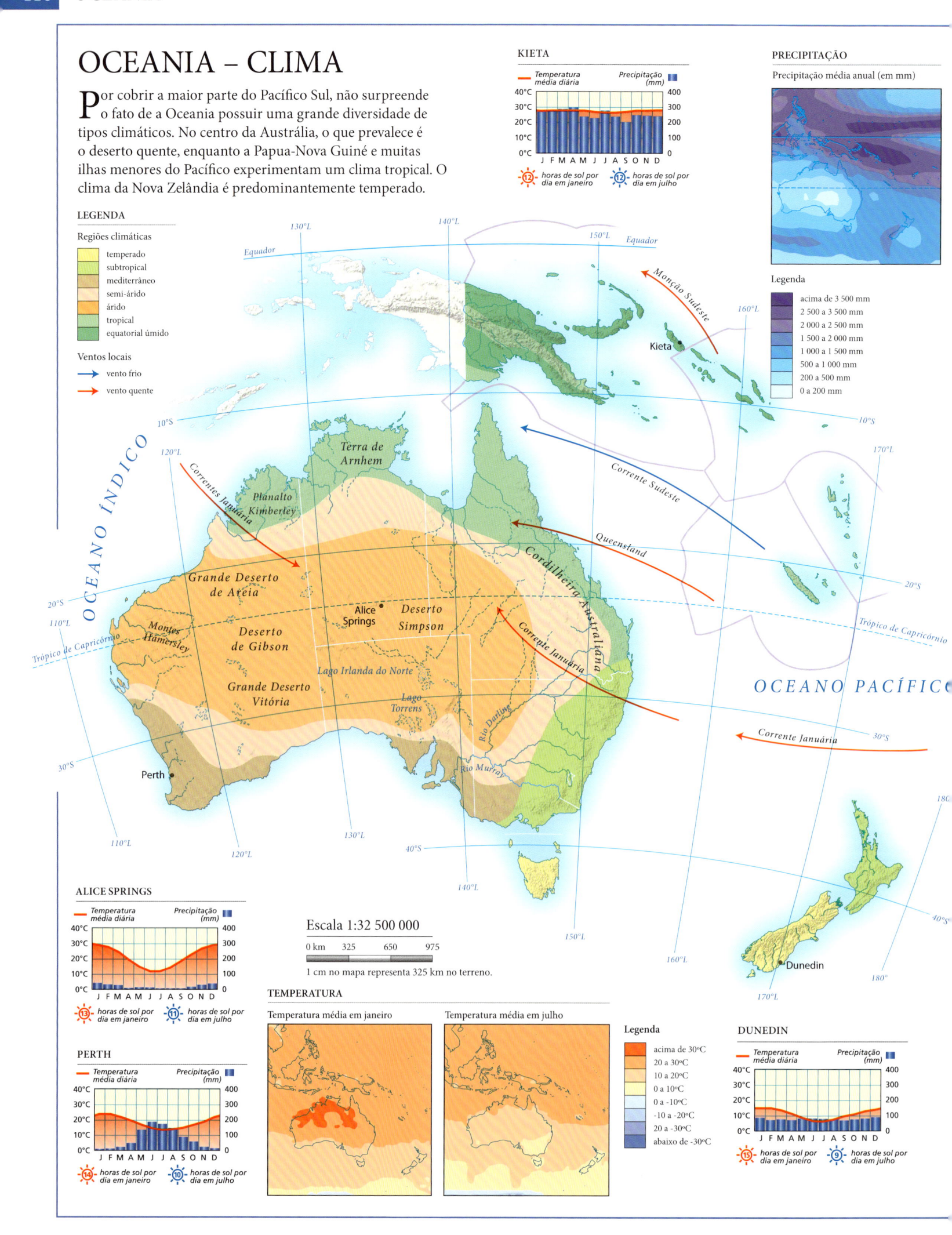

Por cobrir a maior parte do Pacífico Sul, não surpreende o fato de a Oceania possuir uma grande diversidade de tipos climáticos. No centro da Austrália, o que prevalece é o deserto quente, enquanto a Papua-Nova Guiné e muitas ilhas menores do Pacífico experimentam um clima tropical. O clima da Nova Zelândia é predominantemente temperado.

LEGENDA

Regiões climáticas
- temperado
- subtropical
- mediterrâneo
- semi-árido
- árido
- tropical
- equatorial úmido

Ventos locais
- vento frio
- vento quente

KIETA
Temperatura média diária / Precipitação (mm)
horas de sol por dia em janeiro: 12
horas de sol por dia em julho: 12

PRECIPITAÇÃO
Precipitação média anual (em mm)

Legenda
- acima de 3 500 mm
- 2 500 a 3 500 mm
- 2 000 a 2 500 mm
- 1 500 a 2 000 mm
- 1 000 a 1 500 mm
- 500 a 1 000 mm
- 200 a 500 mm
- 0 a 200 mm

ALICE SPRINGS
Temperatura média diária / Precipitação (mm)
horas de sol por dia em janeiro: 13
horas de sol por dia em julho: 11

PERTH
Temperatura média diária / Precipitação (mm)
horas de sol por dia em janeiro: 14
horas de sol por dia em julho: 10

DUNEDIN
Temperatura média diária / Precipitação (mm)
horas de sol por dia em janeiro: 15
horas de sol por dia em julho: 9

Escala 1:32 500 000
0 km — 325 — 650 — 975
1 cm no mapa representa 325 km no terreno.

TEMPERATURA
Temperatura média em janeiro / Temperatura média em julho

Legenda
- acima de 30°C
- 20 a 30°C
- 10 a 20°C
- 0 a 10°C
- 0 a -10°C
- -10 a -20°C
- 20 a -30°C
- abaixo de -30°C

Locais e elementos no mapa: Monção Sudeste, Kieta, Terra de Arnhem, Planalto Kimberley, Correntes Januária, Grande Deserto de Areia, Montes Hamersley, Deserto de Gibson, Alice Springs, Deserto Simpson, Lago Irlanda do Norte, Grande Deserto Vitória, Lago Torrens, Rio Darling, Rio Murray, Perth, Cordilheira Australiana, Corrente Sudeste, Queensland, Corrente Januária, Dunedin, OCEANO ÍNDICO, OCEANO PACÍFICO, Trópico de Capricórnio, Equador.

OCEANIA

OCEANIA – POPULAÇÃO

A densidade populacional é baixa na região. A maior parte dos habitantes está concentrada nas cidades da Austrália e da Nova Zelândia. Em Papua-Nova Guiné, mais de 80% da população vive em zonas rurais. Nas ilhas menores, a variação é grande; há algumas escassamente povoadas ou desabitadas e outras, nos maiores arquipélagos, densamente povoadas.

Sydney é a maior cidade da Austrália e seu primeiro grande núcleo populacional. Como a maioria das cidades australianas, está localizada na costa e é famosa por pontos turísticos, como a Harbour Bridge e a Sydney Opera House.

LEGENDA

Densidade populacional (habitantes por km²)
- 50 a 100
- 10 a 50
- 1 a 10
- 0 a 1

Principais núcleos populacionais
- Acima de 1 milhão
- 500 000 a 1 milhão
- 100 000 a 500 000

O quadrado vermelho indica capital de país.
O quadrado laranja indica capital de província.

Escala 1:32 500 000
0 km 325 650 975

POPULAÇÃO URBANA x POPULAÇÃO RURAL
74% 26%

CRESCIMENTO POPULACIONAL

TENDÊNCIAS DE CRESCIMENTO POPULACIONAL

Milhões de habitantes (escala logarítmica)

LEGENDA
- Austrália
- Nova Zelândia
- Papua-Nova Guiné
- Ilhas Salomão

real | projetado
1950 — 2000 — 2015 — 2025 — 2050

LEGENDA

Crescimento populacional (porcentagem média de crescimento anual)
- acima de 2,5
- 2 a 2,4
- 1,5 a 1,9
- 1 a 1,4
- 0 a 0,9
- 0 a -0,9 (população em declínio)
- dados não disponíveis

FIQUE ATENTO

MIGRAÇÃO

Embora tanto a Austrália quanto a Nova Zelândia tenham povos nativos (os aborígines e os maoris, respectivamente), a maior parte da população atual descende de imigrantes provenientes do Reino Unido e da Europa. Estes começaram a chegar a partir do século XVII, porém, mais recentemente, a maior parte dos imigrantes vem da Ásia.

LEIA TAMBÉM

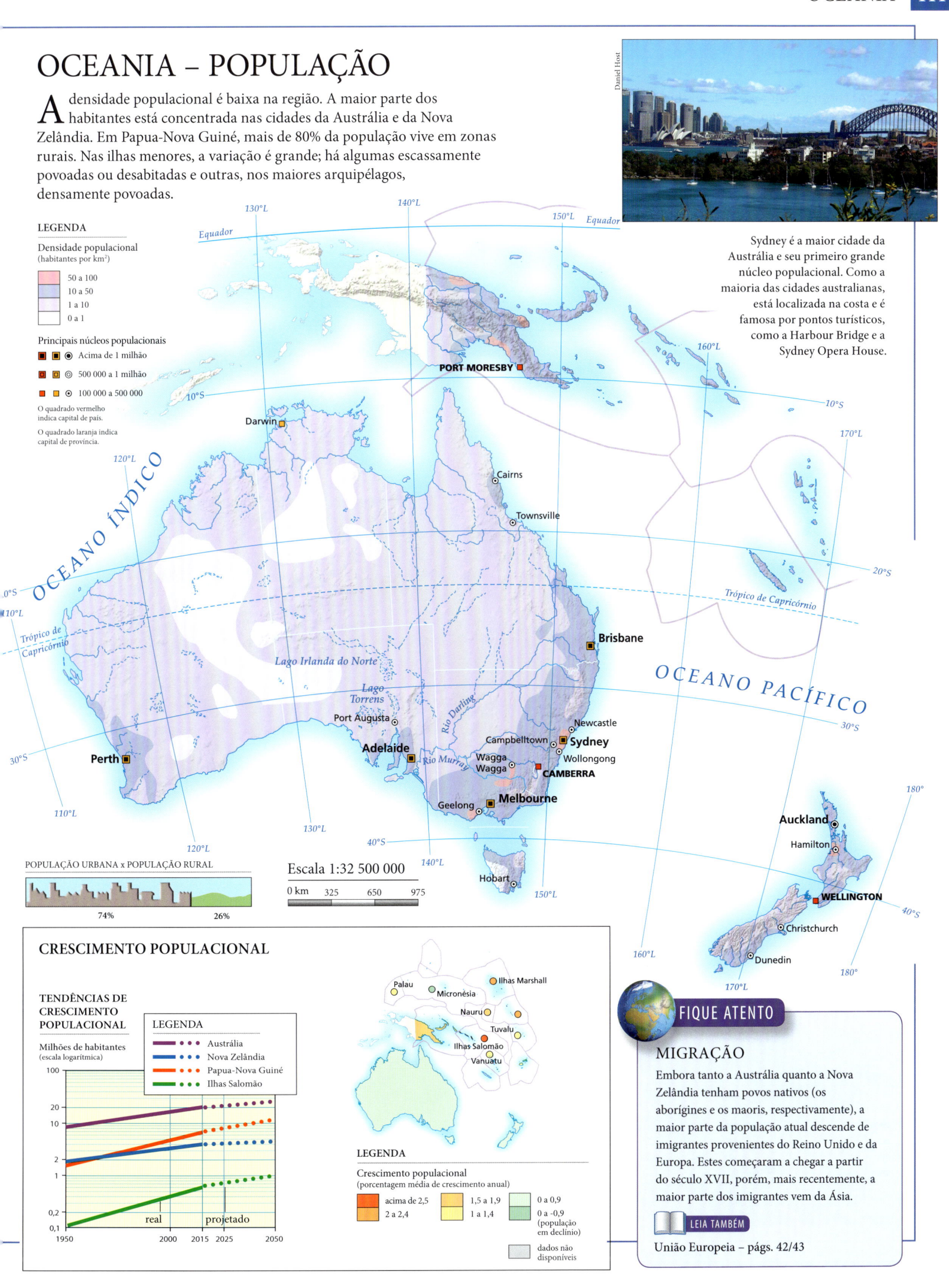

União Europeia – págs. 42/43

OCEANIA

OCEANIA – USO DO SOLO

Muitos dos habitantes das ilhas da Oceania dependem da pesca para seu sustento. A Austrália e a Nova Zelândia são os maiores criadores de ovelhas do mundo, fornecendo tanto carne quanto lã. Produtos agrícolas, como o café e o coco, são cultivados no clima tropical de Papua-Nova Guiné.

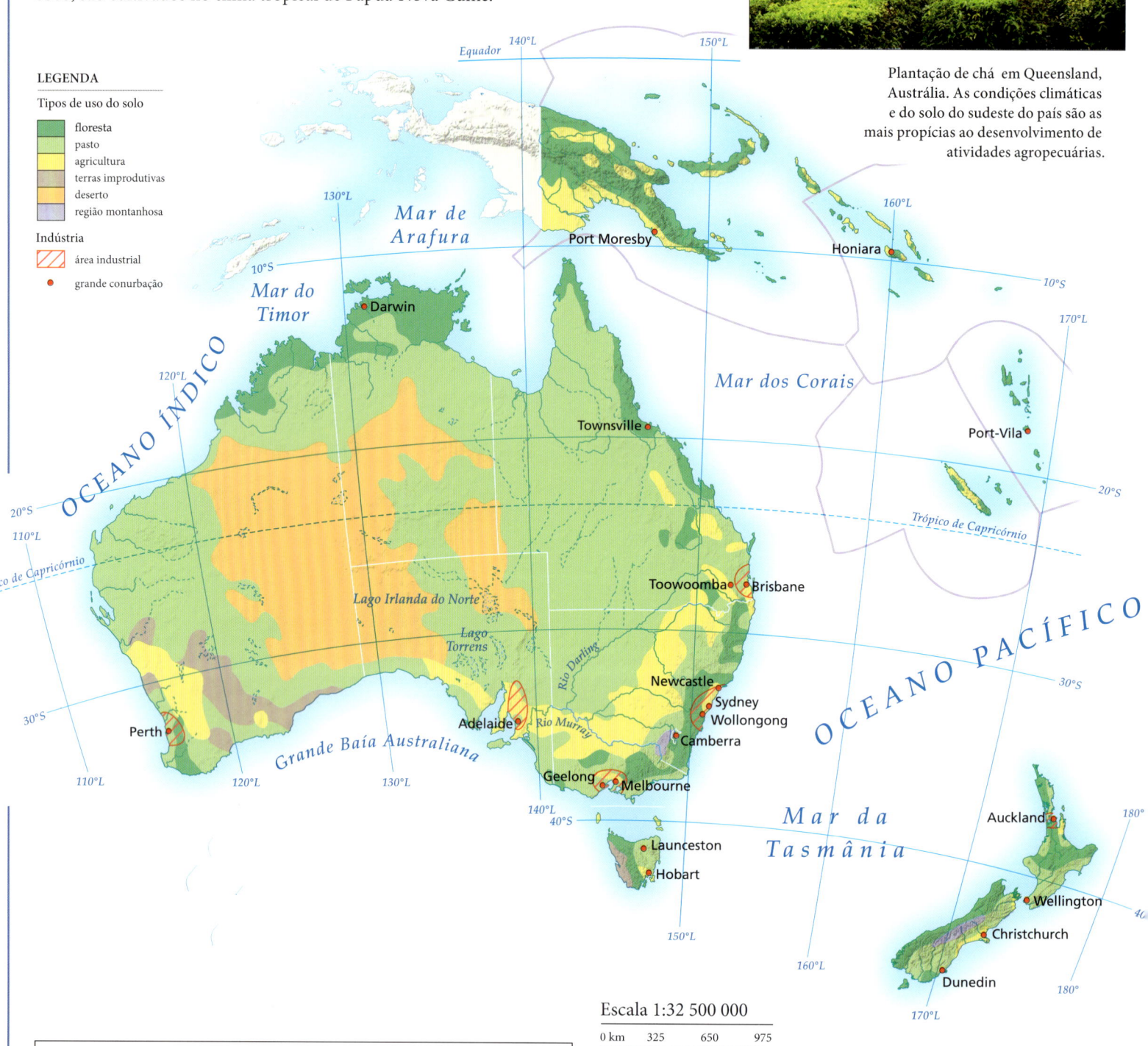

Plantação de chá em Queensland, Austrália. As condições climáticas e do solo do sudeste do país são as mais propícias ao desenvolvimento de atividades agropecuárias.

LEGENDA

Tipos de uso do solo
- floresta
- pasto
- agricultura
- terras improdutivas
- deserto
- região montanhosa

Indústria
- área industrial
- grande conurbação

Escala 1:32 500 000
0 km — 325 — 650 — 975

RECURSOS MINERAIS

LEGENDA

Recursos minerais
- campos petrolíferos / de gás natural
- jazidas carboníferas

- **Bu** bauxita
- **Cu** cobre
- **Fe** ferro
- **Ni** níquel
- **Zn** zinco
- **Au** ouro

FIQUE ATENTO

MINERAÇÃO

A Austrália possui valiosos depósitos de diversos recursos minerais que incluem minério de ferro, carvão, bauxita e ouro. A extração geralmente ocorre em grandes minas a céu aberto. A matéria-prima bruta é exportada para todo o mundo, embora seu maior parceiro comercial seja outro país da orla do Pacífico, o Japão.

OCEANIA

OCEANIA – MEIO AMBIENTE

Muitas das questões ambientais que os países da Oceania enfrentam estão relacionadas ao clima. Mais de dois terços da Austrália enfrentam condições áridas; além disso, o clima seco e as temperaturas altas frequentemente geram incêndios florestais. O aumento da temperatura dos oceanos ameaça os recifes de corais, enquanto o aumento do nível do mar causado pelo aquecimento global poderá ameaçar a vida nas ilhas.

A Grande Barreira de Corais, na Austrália, é a maior formação de recife de corais da Terra, alongando-se por mais de 2 300 km ao longo da costa nordeste do país. É o maior de todos os patrimônios da humanidade.

LEGENDA

Questões ambientais
- deserto quente
- floresta
- desertificação
- desmatamento
- poluição marinha
- poluição marinha intensa
- rio poluído
- ar urbano de má qualidade
- local de testes nucleares

LOCAIS DE TESTES NO PACÍFICO

- Atol de Eniwetok, Ilhas Marshall
- Atol de Bikini, Ilhas Marshall
- Atol Johnston
- Atol de Mururoa, Polinésia Francesa
- Atol de Fangataufa, Polinésia Francesa
- Ilha Natal, Kiribati

RESERVAS MARINHAS DA AUSTRÁLIA

As reservas marinhas da Austrália protegem e preservam a diversidade biológica, bem como os recursos naturais e culturais a ela relacionados. A área marítima da Austrália é maior do que o país em si, por isso o interesse na conservação e gestão do meio ambiente marinho e costeiro é ainda maior.

LEGENDA
- parque marinho
- reserva marinha
- limite de zona econômica exclusiva

Escala 1:38 250 000

0 km — 382,5 — 765 — 1 147,5

FIQUE ATENTO

AUMENTO DO NÍVEL DO MAR

As ilhas de corais menores e mais baixas da Oceania estão entre as áreas mais ameaçadas da Terra, caso o nível global dos mares continue a se elevar. Muitas delas estão apenas alguns metros acima do nível atual do mar, e um pequeno aumento faria com que desaparecessem completamente.

LEIA TAMBÉM

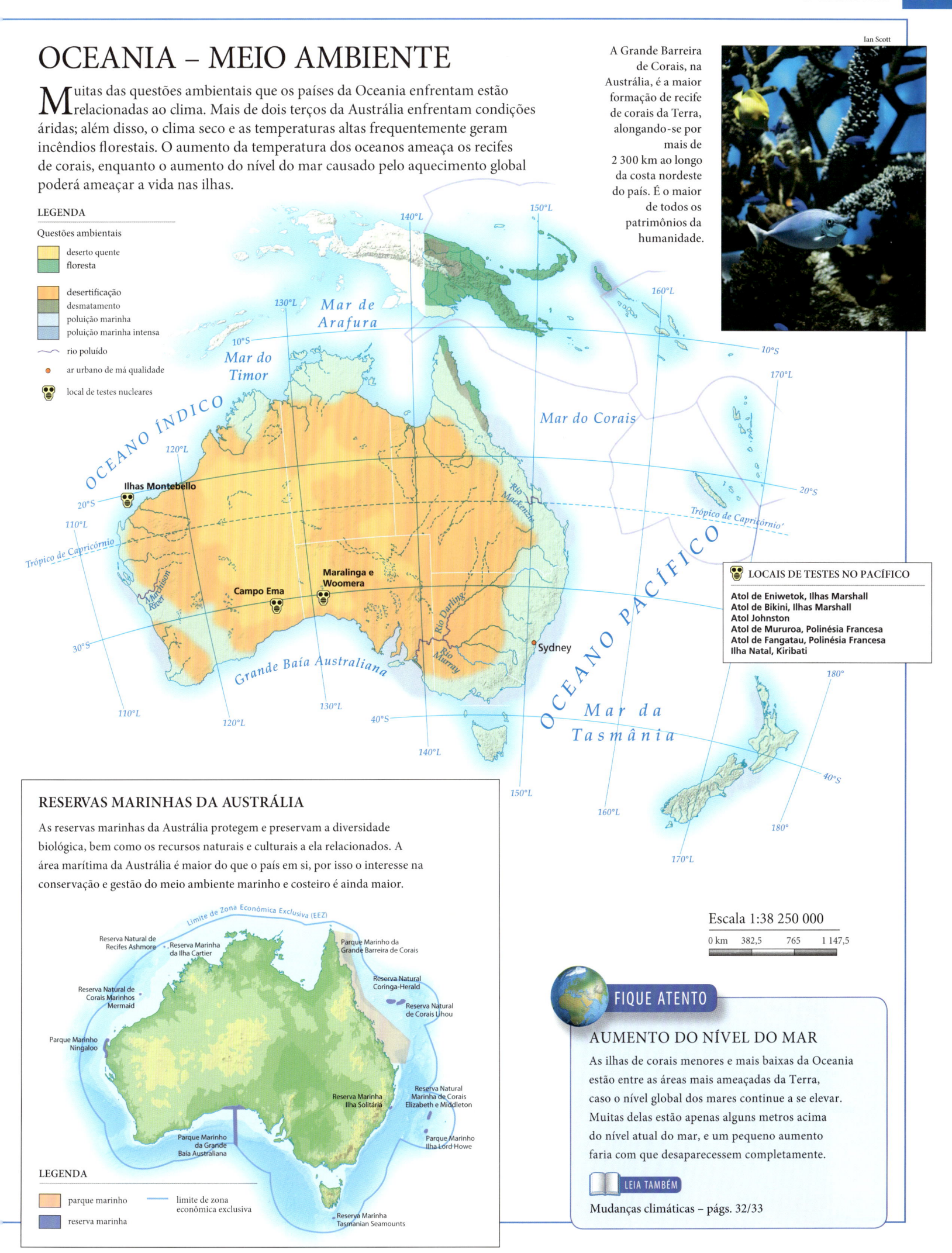

Mudanças climáticas – págs. 32/33

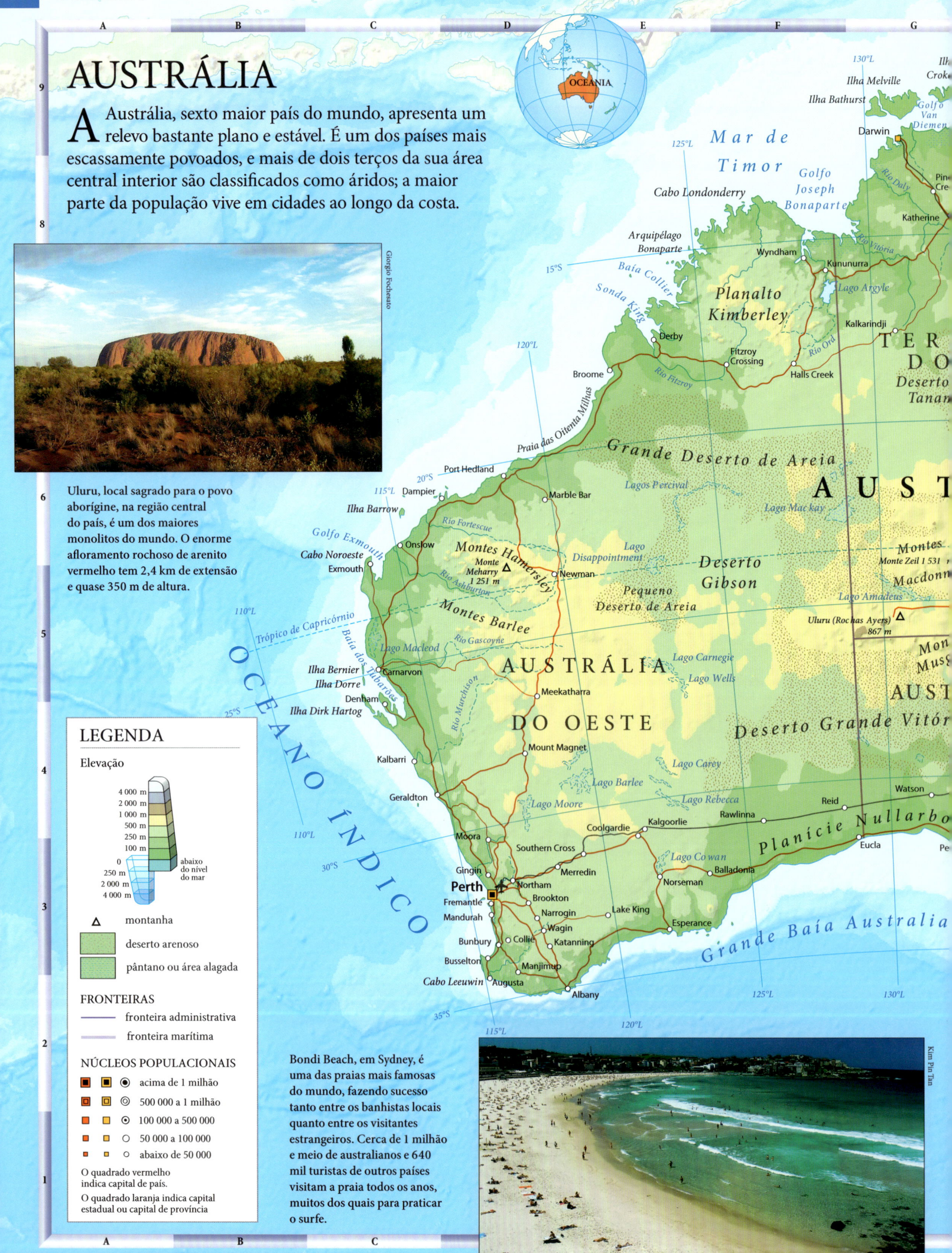

OCEANIA

AUSTRÁLIA

A Austrália, sexto maior país do mundo, apresenta um relevo bastante plano e estável. É um dos países mais escassamente povoados, e mais de dois terços da sua área central interior são classificados como áridos; a maior parte da população vive em cidades ao longo da costa.

Uluru, local sagrado para o povo aborígine, na região central do país, é um dos maiores monolitos do mundo. O enorme afloramento rochoso de arenito vermelho tem 2,4 km de extensão e quase 350 m de altura.

LEGENDA

Elevação
- 4 000 m
- 2 000 m
- 1 000 m
- 500 m
- 250 m
- 100 m
- 0
- 250 m — abaixo do nível do mar
- 2 000 m
- 4 000 m

△ montanha

deserto arenoso

pântano ou área alagada

FRONTEIRAS
- fronteira administrativa
- fronteira marítima

NÚCLEOS POPULACIONAIS
- ■ ■ ● acima de 1 milhão
- ▣ ▣ ◉ 500 000 a 1 milhão
- ▫ ▫ ◯ 100 000 a 500 000
- ▫ ▫ ○ 50 000 a 100 000
- ▫ ▫ ○ abaixo de 50 000

O quadrado vermelho indica capital do país.
O quadrado laranja indica capital estadual ou capital de província.

Bondi Beach, em Sydney, é uma das praias mais famosas do mundo, fazendo sucesso tanto entre os banhistas locais quanto entre os visitantes estrangeiros. Cerca de 1 milhão e meio de australianos e 640 mil turistas de outros países visitam a praia todos os anos, muitos dos quais para praticar o surfe.

OCEANIA

O canguru é o animal-símbolo da Austrália, embora também possa ser encontrado em ambiente nativo na Tasmânia e Nova Guiné. Dependendo da espécie, pode pesar entre 23 e 70 kg e medir entre 80 cm e 1,60 m.

Escala: 1:13 800 000
(Projeção: Cônica Conforme de Lambert)

0 km — 138 — 276 — 414

1 cm no mapa representa 138 km no terreno.

FIQUE ATENTO

ARIDEZ

A Austrália é um dos países mais secos do mundo. Dois terços de seu território são classificados como áridos, e os desertos cobrem metade de sua área. Ao todo, são dez, sendo o maior deles o Grande Deserto de Vitória, que, com mais de 176 mil km², ocupa 5% do país. A escassez de água por todo o continente impõe um limite rigoroso à quantidade de habitantes que o país pode sustentar.

INTERNET

Desertificação no Brasil:
http://www.mma.gov.br/port/redesert/desertmu.html

OCEANIA

NOVA ZELÂNDIA

A Nova Zelândia é constituída por duas ilhas principais. A maioria das pessoas vive na menor das duas, a Ilha do Norte. A Ilha do Sul está situada sobre o ponto de encontro de duas grandes placas tectônicas, fazendo com que a atividade tectônica na região seja intensa. Embora a população de quase 4 milhões seja predominantemente urbana, a pecuária desempenha um papel importante na economia.

Lago Champagne, em Waiotapu, Rolorua, na Ilha do Norte. O lago tem águas verdes ricas em arsênico, borbulhantes por causa do dióxido de carbono. Os minerais são depositados no fundo das águas quentes do lago.

Existem mais de 50 milhões de cabeças de ovelhas e 6 milhões de cabeças de gado leiteiro na Nova Zelândia – o clima temperado fornece bons pastos para ambos. Esses dois tipos de criação são responsáveis por quase um terço da renda de exportação do país.

Escala 1:5 700 000
(Projeção: Cônica Conforme de Lambert)

0 km   57   114   171

1 cm no mapa representa 57 km no terreno.

LEGENDA

ELEVAÇÃO
- 4 000 m
- 2 000 m
- 1 000 m
- 500 m
- 250 m
- 100 m
- 0
- 250 m — abaixo do nível do mar
- 2 000 m
- 4 000 m

NÚCLEOS POPULACIONAIS
- ■ ● acima de 1 milhão
- ◻ ◉ 500 000 a 1 milhão
- ▪ ⊙ 100 000 a 500 000
- ▫ ○ 50 000 a 100 000
- ▪ ○ abaixo de 50 000

O quadrado vermelho indica capital de país.

△ montanha   ⌂ vulcão   ⋈ desfiladeiro

ENERGIA GEOTÉRMICA

A Nova Zelândia é rica em recursos energéticos. Tem reservas de carvão, petróleo e gás natural, mas quase um terço da eletricidade que produz vem de fontes renováveis. Do suprimento total de energia, 11% são de origem hidrelétrica e 7% vêm de fontes geotérmicas.

SUPRIMENTO TOTAL DE ENERGIA PRIMÁRIA NA NOVA ZELÂNDIA

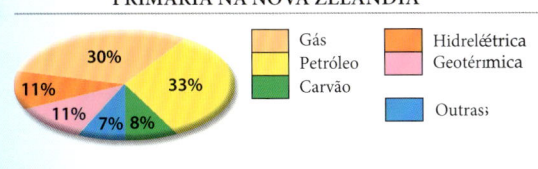

- 33% Petróleo
- 30% Gás
- 11% Carvão
- 8% Hidrelétrica
- 7% Geotérmica
- 11% Outras

COMO FUNCIONA A ENERGIA GEOTÉRMICA

A disponibilidade de energia geotérmica é consequência direta da geografia física da Nova Zelândia. O país está situado no limite entre as placas tectônicas do Pacífico e Indo-Australiana, que atravessam o país de sudoeste a nordeste. A própria Nova Zelândia foi formada pela colisão dessas duas placas, que continuam a movimentar-se uma em direção à outra até hoje. Existe um alto nível de movimentação tectônica, com muitos vulcões ativos, principalmente próximo ao arco no centro da Ilha do Norte.

É a atividade tectônica que gera o calor subterrâneo, usado para produzir a energia geotérmica. Para fazer isso numa escala comercial, os engenheiros precisam ter acesso ao calor. Áreas apropriadas, onde ele está próximo à superfície, podem ser identificadas pela presença de gêiseres e fontes sulfurosas.

UMA USINA DE ENERGIA GEOTÉRMICA

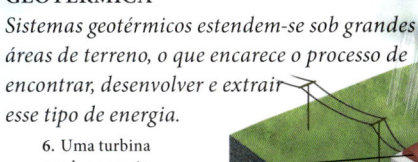

Sistemas geotérmicos estendem-se sob grandes áreas de terreno, o que encarece o processo de encontrar, desenvolver e extrair esse tipo de energia.

1. A água da chuva se junta à água do solo.
2. A água do solo move-se ainda mais para baixo.
3. A temperatura da água aumenta devido ao contato com rochas quentes.
4. A água quente é extraída de um poço subterrâneo.
5. A água quente passa pelo poço de produção.
6. Uma turbina produz energia.
7. O excesso de calor é liberado.
8. O excesso de água é devolvido ao subsolo pelos poços de injeção.

- Gêiser
- Água superaquecida emergindo à superfície.
- Calor do interior da Terra.

PRODUÇÃO DE ENERGIA GEOTÉRMICA

A Nova Zelândia possui diversas usinas geotérmicas. Dessa energia, 90% é produzida na região de Waikato. Infelizmente, apenas cerca de 10% de toda a energia extraída é aproveitável. Parte do calor "desperdiçado" é utilizada para aquecer casas ou acomodações turísticas da região, e o restante é reinjetado no solo ou se perde na atmosfera.

LEGENDA
- limite de placas
- vulcão
- usina de energia geotérmica

PRODUÇÃO DE ENERGIA GEOTÉRMICA

Localização da usina	Produção em 2000 (em MW)	Ano de construção
Wairakei	162,2	1950
Ohaaki	114,4	1988
Mclahlan-Wairakei	55,0	1996
Mokai	55,0	2000
Rotokawa	25,5	1998
Kawerau	15,9	1966
Ngawha	9,0	1997
Total	437,0	

A energia da usina de Kawerau é usada tanto local (na produção de papel e celulose) quanto nacionalmente. Além de gerar eletricidade, o calor da atividade geotérmica é usado em lares nas áreas próximas a Rotorua e também para secar produtos agrícolas. Fontes de água quente são frequentemente usadas para banho e atividades esportivas.

Estes dutos, no vale Wairakei, próximo a Rotorua, transportam vapor superaquecido até a usina geotérmica de Wairakei.

EFEITOS

Embora a energia geotérmica produza quantidades muito pequenas de gases estufa, ela pode ter um efeito considerável no ambiente local. Gêiseres e fontes ligadas à atividade geotérmica podem desaparecer devido ao esgotamento tanto da água quanto do calor de que necessitam. Pode também ocorrer a subsidência do terreno. Uma área próxima à usina de Ohaaki, por exemplo, está afundando e pode ser tragada pelo rio Waikato. Também pode haver problemas causados pelos elementos tóxicos envolvidos, como arsênico, boro e mercúrio.

TEMAS IMPORTANTES

1. Como a geografia física da Nova Zelândia fornece as condições necessárias para a produção de energia geotérmica?
2. Que esforços têm sido feitos para tornar a energia geotérmica o mais eficiente possível?
3. Por que a energia geotérmica não é uma fonte de energia renovável totalmente "limpa"?

AMÉRICAS DO NORTE E CENTRAL – POLÍTICO

As Américas do Norte e Central se estendem desde o Círculo Ártico, no norte do Canadá, até a fronteira com a América do Sul, próxima ao Equador. O Canadá e os EUA são o segundo e o quarto maiores países do mundo, respectivamente. Também fazem parte da América do Norte a Groênlandia e o México. O Caribe pertence à América Central.

QUALIDADE DE VIDA

LEGENDA

Índice de Desenvolvimento Humano da ONU (IDH)
- muito alto
- médio
- baixo
- dados não disponíveis

Fonte: ONU, 2012.

LEGENDA

Núcleos populacionais
- acima de 1 milhão
- 500 000 a 1 milhão
- 100 000 a 500 000
- 50 000 a 100 000
- abaixo de 50 000

O quadrado vermelho indica capital de país.

Fronteiras
- fronteira internacional
- fronteira marítima
- fronteira nacional (interna)

IDIOMAS NOS EUA

LEGENDA

Falantes nativos de outra língua que não o inglês (em %)
- acima de 23,5
- 17,9 a 23,4
- 4,6 a 17,8
- 2,7 a 4,5

Fonte: Departamento do Censo dos EUA, 2000.

O número de falantes nativos de outras línguas que não o inglês cresceu significativamente nas últimas décadas. O maior grupo, responsável por 12,5% da população, é composto por falantes de espanhol.

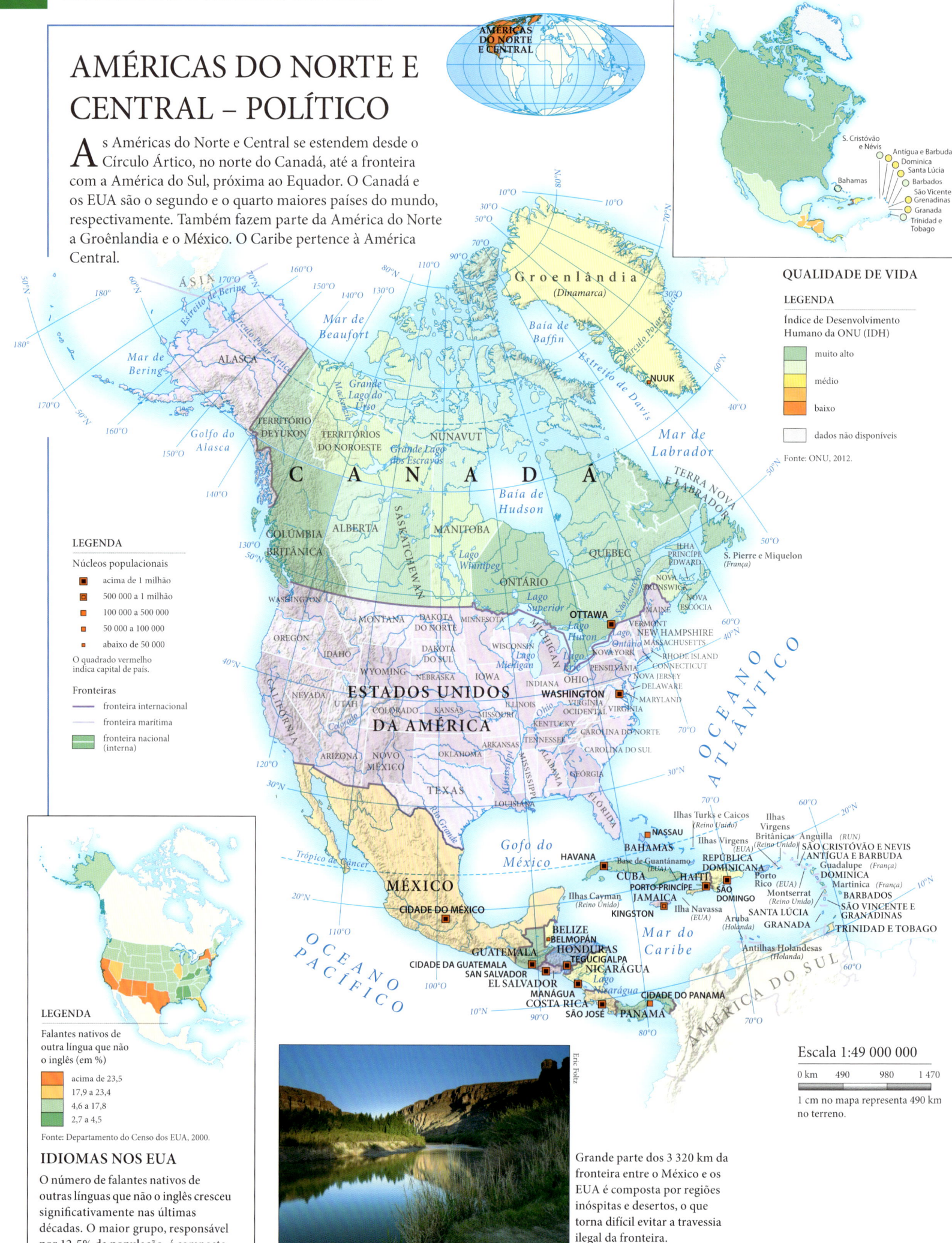

Grande parte dos 3 320 km da fronteira entre o México e os EUA é composta por regiões inóspitas e desertos, o que torna difícil evitar a travessia ilegal da fronteira.

Escala 1:49 000 000

0 km — 490 — 980 — 1 470

1 cm no mapa representa 490 km no terreno.

AMÉRICAS DO NORTE E CENTRAL – FÍSICO

Terceiro maior continente do mundo, a América do Norte pode ser dividida em diversas regiões físicas distintas. As grandes altitudes das montanhas Rochosas, a oeste, dão lugar às Grandes Planícies nas áreas centrais do Canadá e EUA, drenadas pelo rio Mississippi até o golfo do México.

As montanhas dominam a paisagem ao longo da costa oeste da América do Norte. Situado em área tectonicamente ativa, o monte Santa Helena entrou em erupção em 1980, matando 57 pessoas e causando uma série de danos.

CURIOSIDADES

1. **PONTO MAIS ALTO:** Monte McKinley, 6 194 metros acima do nível do mar
2. **PONTO MAIS BAIXO:** Vale da Morte, 86 metros abaixo do nível do mar
3. **MAIOR LAGO:** Lago Superior, 82 100 km²
- **RIO MAIS LONGO:** Rio Mississippi/ Rio Missouri, 5 971 km

LEGENDA

Elevação
- 4 000 m
- 2 000 m
- 1 000 m
- 500 m
- 250 m
- 100 m
- 0
- 250 m / 2 000 m / 4 000 m abaixo do nível do mar

- △ montanha
- ⌂ vulcão
- ▽ depressão

Limites das placas
- construtivo
- destrutivo
- conservativo
- indefinido

VULCÕES NA AMÉRICA DO NORTE

A maior parte dos vulcões ativos é encontrada ao longo dos limites das placas, onde o magma sobe através de fissuras na crosta terrestre até a superfície. No noroeste dos EUA, existem diversos vulcões ativos no limite das placas Juan de Fuca e Norte-Americana. São todos vulcões compostos: têm formato de cone, com paredes íngremes formadas por camadas alternadas de cinza e lava ácida. Devido à viscosidade do magma, que bloqueia as passagens, as erupções tendem a ser explosivas, como aconteceu com o monte Santa Helena, em 1980.

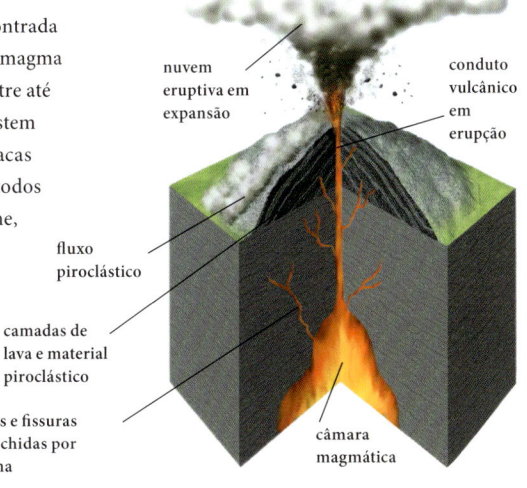

Partes do vulcão: nuvem eruptiva em expansão; conduto vulcânico em erupção; fluxo piroclástico; camadas de lava e material piroclástico; fendas e fissuras preenchidas por magma; câmara magmática.

Escala 1:52 000 000
0 km 520 1 040 1 560
1 cm no mapa representa 520 km no terreno.

LEIA TAMBÉM
Furacões – págs. 132/133

AMÉRICAS DO NORTE E CENTRAL

AMÉRICAS DO NORTE E CENTRAL – CLIMA

A América do Norte possui uma vasta gama de tipos climáticos. Ao norte, os climas predominantemente polar e subártico do Canadá contrastam com as condições quentes e úmidas encontradas na América Central. As características do clima subtropical dominam a costa leste dos EUA, passando a continental frio no interior.

LEGENDA

Regiões climáticas
- polar
- tundra
- subártico
- continental frio
- temperado
- subtropical
- mediterrâneo
- semiárido
- árido
- tropical
- equatorial úmido
- de montanha

- zona de tornados
- direção do furacão

Ventos locais
- ventos frios
- ventos quentes

CHURCHILL
Temperatura média diária / Precipitação (mm)
horas de sol por dia em janeiro / horas de sol por dia em julho

PRECIPITAÇÃO
Precipitação média anual (em mm)

Legenda
- acima de 3 500 mm
- 2 500 a 3 500 mm
- 2 000 a 2 500 mm
- 1 500 a 2 000 mm
- 1 000 a 1 500 mm
- 500 a 1 000 mm
- 200 a 500 mm
- abaixo de 200 mm

NOVA ORLEANS
Temperatura média diária / Precipitação (mm)
horas de sol por dia em janeiro / horas de sol por dia em julho

CIDADE DO MÉXICO
Temperatura média diária / Precipitação (mm)
horas de sol por dia em janeiro / horas de sol por dia em julho

NOVA YORK
Temperatura média diária / Precipitação (mm)
horas de sol por dia em janeiro / horas de sol por dia em julho

TEMPERATURA
Temperatura média em janeiro
Temperatura média em julho

Legenda
- acima de 30°C
- 20 a 30°C
- 10 a 20°C
- 0 a 10°C
- 0 a -10°C
- -10 a -20°C
- -20 a -30°C
- abaixo de -30°C

Escala 1:49 000 000
0 km 490 980 1 470
1 cm no mapa representa 490 km no terreno.

LEIA TAMBÉM
Furacões – págs. 132/133

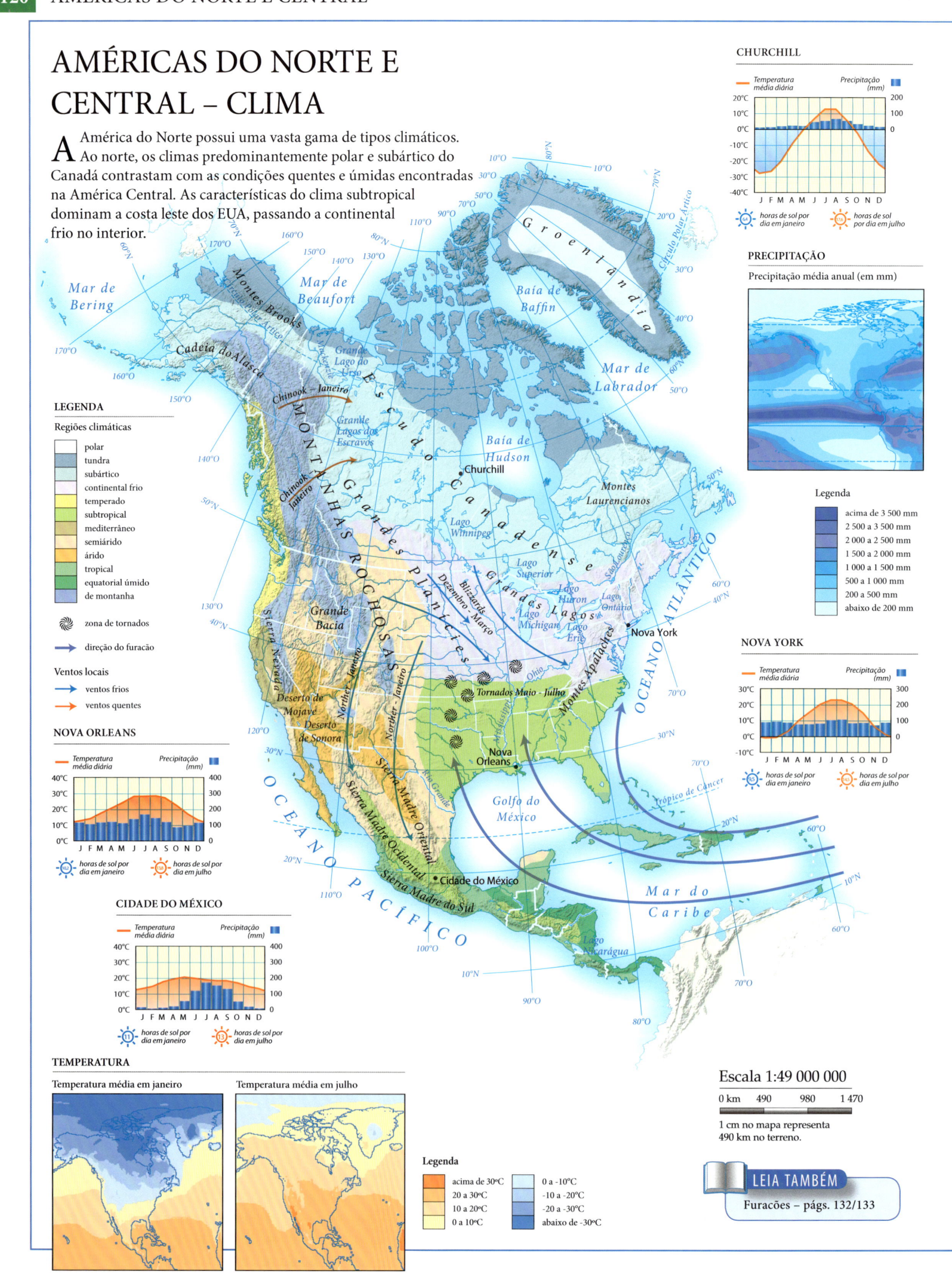

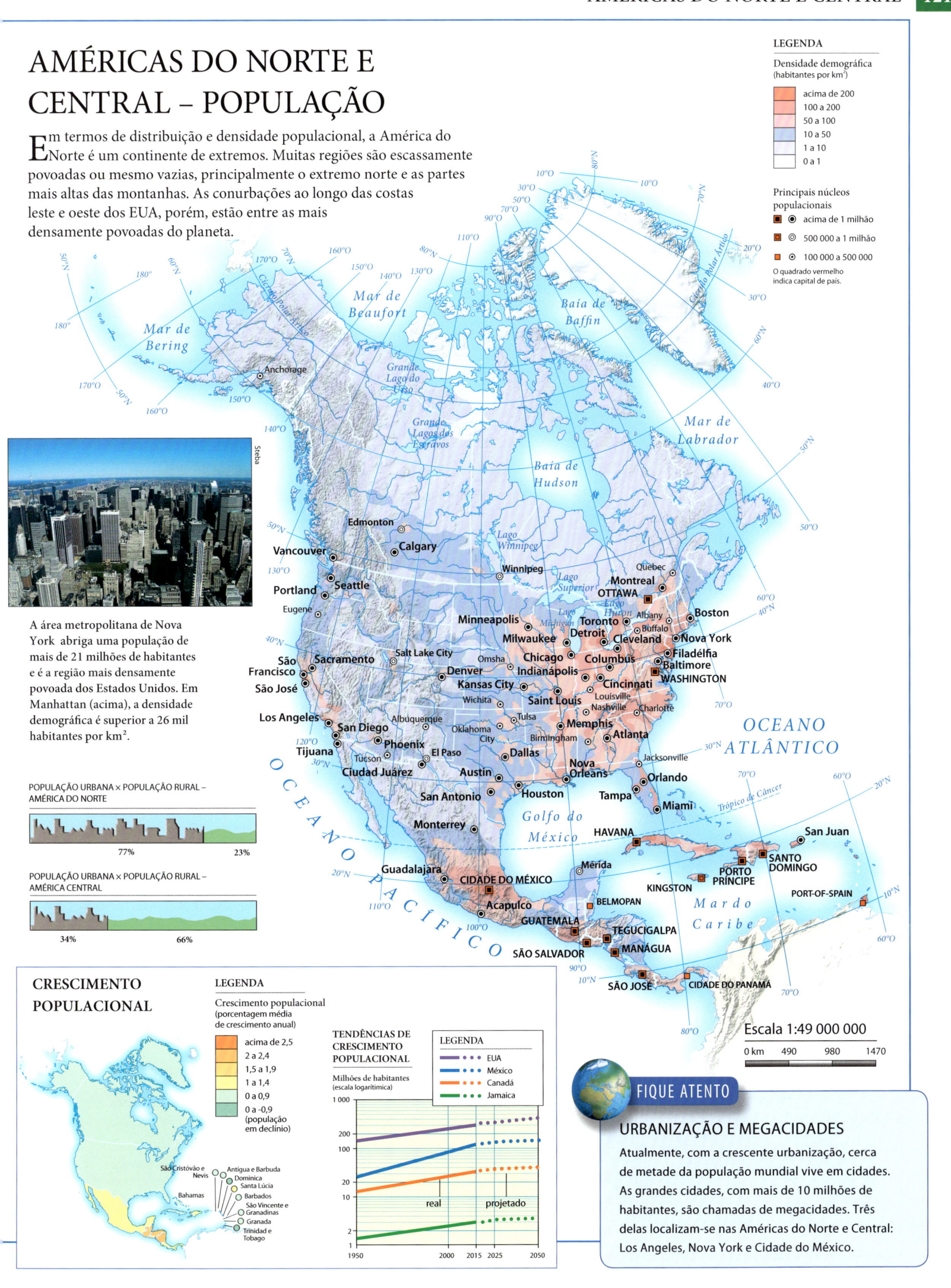

AMÉRICAS DO NORTE E CENTRAL – POPULAÇÃO

Em termos de distribuição e densidade populacional, a América do Norte é um continente de extremos. Muitas regiões são escassamente povoadas ou mesmo vazias, principalmente o extremo norte e as partes mais altas das montanhas. As conurbações ao longo das costas leste e oeste dos EUA, porém, estão entre as mais densamente povoadas do planeta.

LEGENDA

Densidade demográfica (habitantes por km²)
- acima de 200
- 100 a 200
- 50 a 100
- 10 a 50
- 1 a 10
- 0 a 1

Principais núcleos populacionais
- ■ ◉ acima de 1 milhão
- ■ ◉ 500 000 a 1 milhão
- ■ ◉ 100 000 a 500 000

O quadrado vermelho indica capital de país.

A área metropolitana de Nova York abriga uma população de mais de 21 milhões de habitantes e é a região mais densamente povoada dos Estados Unidos. Em Manhattan (acima), a densidade demográfica é superior a 26 mil habitantes por km².

POPULAÇÃO URBANA × POPULAÇÃO RURAL – AMÉRICA DO NORTE
77% 23%

POPULAÇÃO URBANA × POPULAÇÃO RURAL – AMÉRICA CENTRAL
34% 66%

CRESCIMENTO POPULACIONAL

LEGENDA
Crescimento populacional (porcentagem média de crescimento anual)
- acima de 2,5
- 2 a 2,4
- 1,5 a 1,9
- 1 a 1,4
- 0 a 0,9
- 0 a -0,9 (população em declínio)

TENDÊNCIAS DE CRESCIMENTO POPULACIONAL
Milhões de habitantes (escala logarítmica)

LEGENDA:
- EUA
- México
- Canadá
- Jamaica

Escala 1:49 000 000
0 km — 490 — 980 — 1470

FIQUE ATENTO

URBANIZAÇÃO E MEGACIDADES

Atualmente, com a crescente urbanização, cerca de metade da população mundial vive em cidades. As grandes cidades, com mais de 10 milhões de habitantes, são chamadas de megacidades. Três delas localizam-se nas Américas do Norte e Central: Los Angeles, Nova York e Cidade do México.

AMÉRICAS DO NORTE E CENTRAL – USO DO SOLO

Boa parte do Canadá, dos EUA e do Caribe é composta por excelentes terras para pasto e agricultura, propiciando o cultivo de diversos alimentos e a criação de várias espécies animais. No entanto, existem também grandes áreas formadas por desertos, montanhas e gelo que são altamente improdutivas. Tanto o Canadá quanto os EUA têm uma grande variedade de recursos naturais, o que impulsiona a atividade industrial e o desenvolvimento econômico.

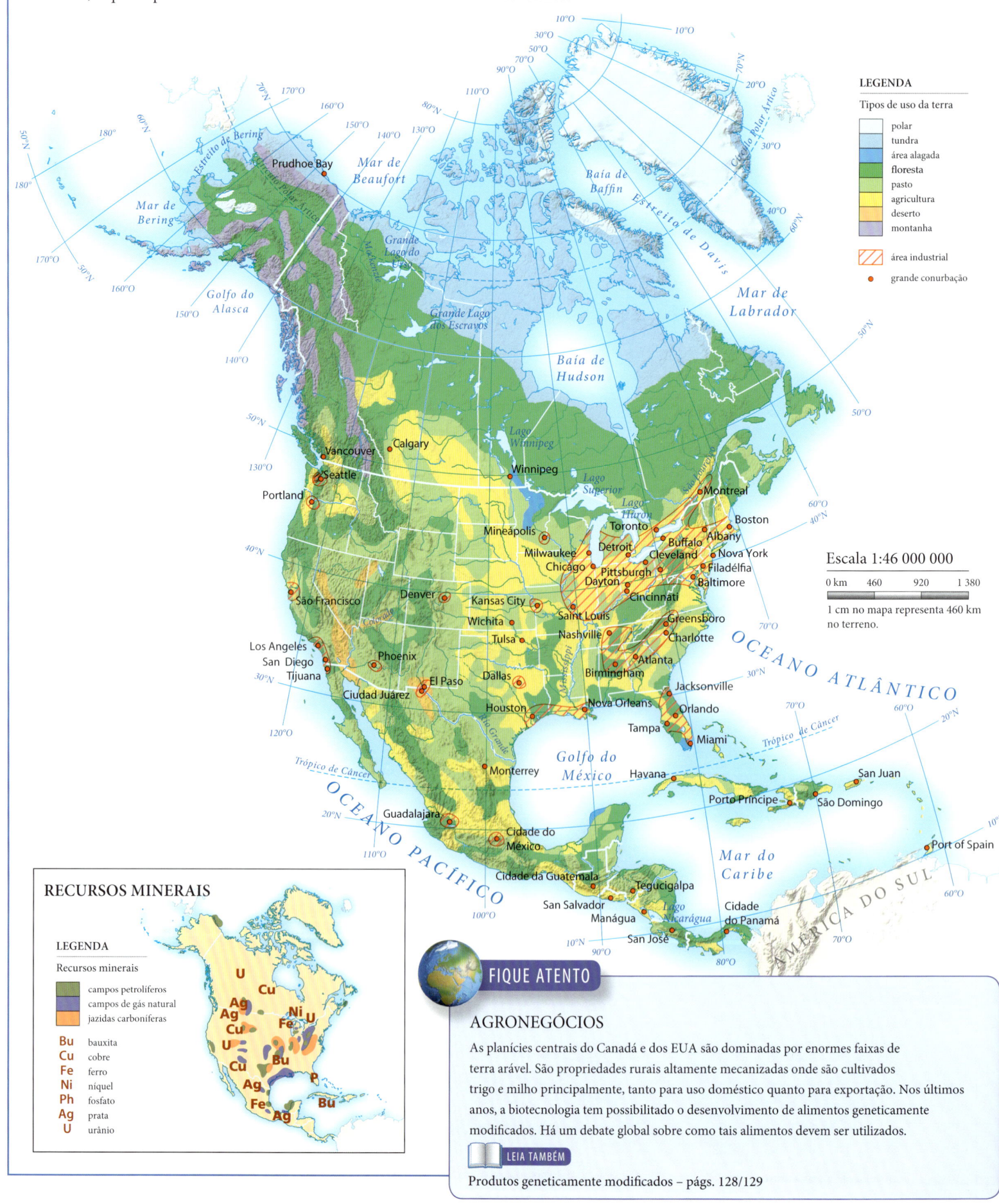

LEGENDA

Tipos de uso da terra
- polar
- tundra
- área alagada
- floresta
- pasto
- agricultura
- deserto
- montanha
- área industrial
- grande conurbação

Escala 1:46 000 000

0 km   460   920   1 380

1 cm no mapa representa 460 km no terreno.

RECURSOS MINERAIS

LEGENDA

Recursos minerais
- campos petrolíferos
- campos de gás natural
- jazidas carboníferas

- Bu bauxita
- Cu cobre
- Fe ferro
- Ni níquel
- Ph fosfato
- Ag prata
- U   urânio

FIQUE ATENTO

AGRONEGÓCIOS

As planícies centrais do Canadá e dos EUA são dominadas por enormes faixas de terra arável. São propriedades rurais altamente mecanizadas onde são cultivados trigo e milho principalmente, tanto para uso doméstico quanto para exportação. Nos últimos anos, a biotecnologia tem possibilitado o desenvolvimento de alimentos geneticamente modificados. Há um debate global sobre como tais alimentos devem ser utilizados.

LEIA TAMBÉM

Produtos geneticamente modificados – págs. 128/129

AMÉRICAS DO NORTE E CENTRAL – MEIO AMBIENTE

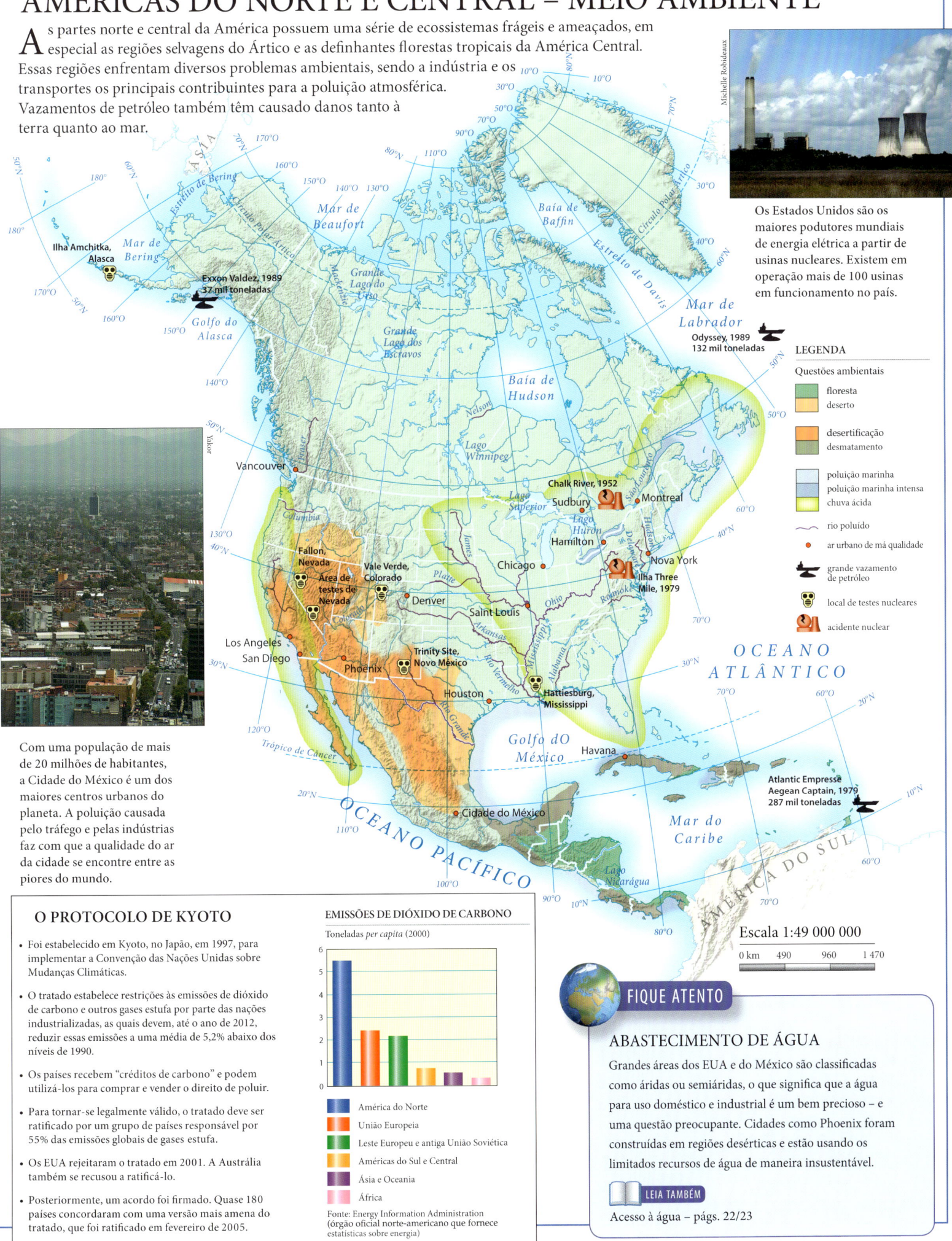

As partes norte e central da América possuem uma série de ecossistemas frágeis e ameaçados, em especial as regiões selvagens do Ártico e as definhantes florestas tropicais da América Central. Essas regiões enfrentam diversos problemas ambientais, sendo a indústria e os transportes os principais contribuintes para a poluição atmosférica. Vazamentos de petróleo também têm causado danos tanto à terra quanto ao mar.

Os Estados Unidos são os maiores produtores mundiais de energia elétrica a partir de usinas nucleares. Existem em operação mais de 100 usinas em funcionamento no país.

LEGENDA

Questões ambientais
- floresta
- deserto
- desertificação
- desmatamento
- poluição marinha
- poluição marinha intensa
- chuva ácida
- rio poluído
- ar urbano de má qualidade
- grande vazamento de petróleo
- local de testes nucleares
- acidente nuclear

Com uma população de mais de 20 milhões de habitantes, a Cidade do México é um dos maiores centros urbanos do planeta. A poluição causada pelo tráfego e pelas indústrias faz com que a qualidade do ar da cidade se encontre entre as piores do mundo.

Escala 1:49 000 000
0 km 490 960 1 470

O PROTOCOLO DE KYOTO

- Foi estabelecido em Kyoto, no Japão, em 1997, para implementar a Convenção das Nações Unidas sobre Mudanças Climáticas.

- O tratado estabelece restrições às emissões de dióxido de carbono e outros gases estufa por parte das nações industrializadas, as quais devem, até o ano de 2012, reduzir essas emissões a uma média de 5,2% abaixo dos níveis de 1990.

- Os países recebem "créditos de carbono" e podem utilizá-los para comprar e vender o direito de poluir.

- Para tornar-se legalmente válido, o tratado deve ser ratificado por um grupo de países responsável por 55% das emissões globais de gases estufa.

- Os EUA rejeitaram o tratado em 2001. A Austrália também se recusou a ratificá-lo.

- Posteriormente, um acordo foi firmado. Quase 180 países concordaram com uma versão mais amena do tratado, que foi ratificado em fevereiro de 2005.

EMISSÕES DE DIÓXIDO DE CARBONO
Toneladas per capita (2000)

- América do Norte
- União Europeia
- Leste Europeu e antiga União Soviética
- Américas do Sul e Central
- Ásia e Oceania
- África

Fonte: Energy Information Administration (órgão oficial norte-americano que fornece estatísticas sobre energia)

FIQUE ATENTO

ABASTECIMENTO DE ÁGUA

Grandes áreas dos EUA e do México são classificadas como áridas ou semiáridas, o que significa que a água para uso doméstico e industrial é um bem precioso – e uma questão preocupante. Cidades como Phoenix foram construídas em regiões desérticas e estão usando os limitados recursos de água de maneira insustentável.

LEIA TAMBÉM

Acesso à água – págs. 22/23

AMÉRICAS DO NORTE E CENTRAL

CANADÁ

Segundo maior país do mundo, grande parte do norte ártico do Canadá é desabitado, estando a maioria da população concentrada na fronteira sul com os EUA, principalmente na região dos Grandes Lagos.

Um dos destinos turísticos mais famosos e visitados do mundo, as Cataratas do Niágara situam-se na fronteira entre Canadá e EUA. A "Queda da Ferradura" (Horseshoe Falls), em Ontário, tem mais de 750 metros de largura e 56 metros de queda-d'água vertical.

LEGENDA

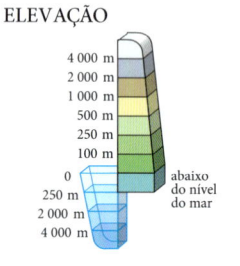

ELEVAÇÃO
- 4 000 m
- 2 000 m
- 1 000 m
- 500 m
- 250 m
- 100 m
- 0
- 250 m abaixo do nível do mar
- 2 000 m
- 4 000 m

△ montanha

pântano ou área alagada

FRONTEIRAS
- fronteira internacional
- fronteira marítima
- fronteira administrativa

NÚCLEOS POPULACIONAIS
- acima de 1 milhão
- 500 000 a 1 milhão
- 100 000 a 500 000
- 50 000 a 100 000
- abaixo de 50 000

O quadrado vermelho indica capital de país.
O quadrado laranja indica capital de província ou capital estadual.

Escala 1:20 000 000
(Projeção: Cônica Conforme de Lambert)

0 km — 200 — 400 — 600

1 cm no mapa representa 200 km no terreno.

AMÉRICAS DO NORTE E CENTRAL

Cerca de 80% da população do Quebec é descendente de franceses. Essa forte influência, presente desde os primórdios da colonização do Canadá, torna a província sensivelmente diferente do restante do país. O francês é o único idioma oficial da província e a arquitetura sofreu forte influência francesa.

Robert Bourgeois

Toronto, em Ontário, é a maior cidade do Canadá e a capital econômica do país. É também um local de grande diversidade étnica – de acordo com o censo de 2001, mais de 55 idiomas são falados na cidade.

Peter Spiro

FIQUE ATENTO

ENERGIA

O Canadá é rico em reservas de petróleo, gás natural e carvão e também um grande exportador de combustíveis fósseis. Apesar disso, graças à ocorrência de chuvas regulares e à escolha de locais apropriados, 60% da eletricidade para consumo próprio provêm da energia hidrelétrica, de natureza mais limpa e renovável.

📖 LEIA TAMBÉM

Energia geotérmica – pág. 117

AMÉRICAS DO NORTE E CENTRAL

OS ESTADOS UNIDOS DA AMÉRICA

Dos 50 estados dos EUA, dois estão separados do território continental: o Alasca, a noroeste do Canadá, e as ilhas do Havaí, no oceano Pacífico. Atualmente, os EUA são a única verdadeira superpotência mundial, com uma forte economia industrial e uma população que, em geral, desfruta de elevada qualidade de vida.

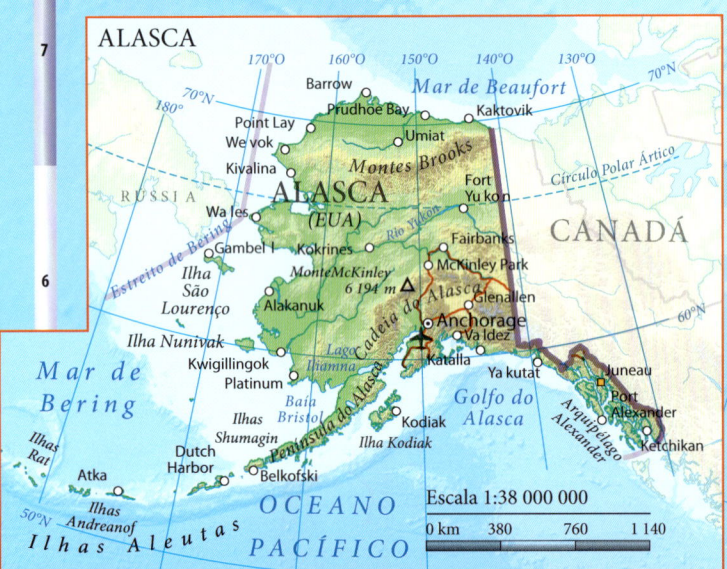

ALASCA
Escala 1:38 000 000

Lago Maroon, no Parque Nacional das montanhas Rochosas. As Rochosas estendem-se de norte a sul dos EUA, na costa oeste do país. São montanhas resultantes de um dobramento relativamente recente, formadas pela movimentação das placas tectônicas ao longo da costa do Pacífico.

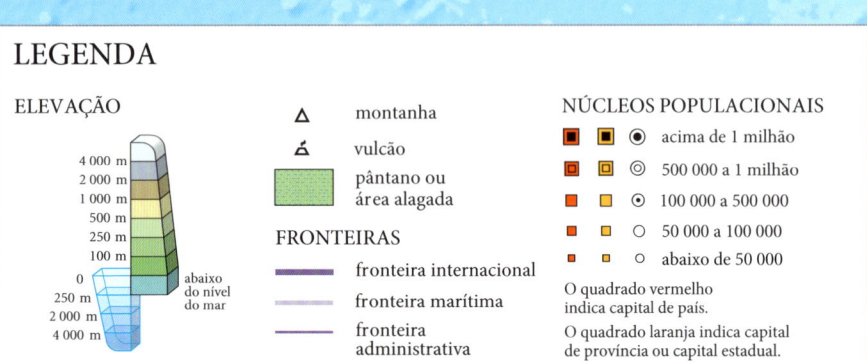

HAVAÍ
Escala 1:10 000 000

LEGENDA

ELEVAÇÃO
- 4 000 m
- 2 000 m
- 1 000 m
- 500 m
- 250 m
- 100 m
- 0
- abaixo do nível do mar
- 250 m
- 2 000 m
- 4 000 m

- △ montanha
- ▲ vulcão
- pântano ou área alagada

FRONTEIRAS
- fronteira internacional
- fronteira marítima
- fronteira administrativa

NÚCLEOS POPULACIONAIS
- ■ □ ◉ acima de 1 milhão
- ■ □ ◉ 500 000 a 1 milhão
- ■ □ ○ 100 000 a 500 000
- ■ □ ○ 50 000 a 100 000
- ■ □ ○ abaixo de 50 000

O quadrado vermelho indica capital de país.
O quadrado laranja indica capital de província ou capital estadual.

AMÉRICAS DO NORTE E CENTRAL

O petróleo é um produto fundamental para a economia dos EUA. O Alasca possui grandes reservas de petróleo, que é transportado por 1 285 km do norte do Alasca até o porto de Valdez através do oleoduto Trans-Alasca.

Escala 1:13 000 000
(Projeção: Cônica Conforme de Lambert)

0 km — 130 — 260 — 390

1 cm no mapa representa 130 km no terreno.

FIQUE ATENTO

ESGOTAMENTO DE RECURSOS

Os EUA têm 5% da população da Terra, mas consomem mais de um quarto da energia do planeta. Ao fazê-lo, produzem quase um quarto do total mundial de emissões de dióxido de carbono. O consumo médio diário de água de um americano é de 600 litros por dia, enquanto 30 litros são consumidos diariamente por habitante na África.

LEIA TAMBÉM E INTERNET

Mudanças climáticas – págs. 32/33
Convenção das Nações Unidas sobre Mudanças Climáticas: http://www.centroclima.org.br/inic_onu.htm

PRODUTOS GENETICAMENTE MODIFICADOS

Os primeiros produtos geneticamente modificados (GM) começaram a ser cultivados e vendidos no início da década de 90. O desenvolvimento de espécies "melhoradas" de plantas (e animais), porém, é um ideal tão antigo quanto a prática das atividades agropecuárias. Agricultores – e agora também cientistas e pesquisadores – vêm tentando produzir plantas "superiores" em termos de sabor, tamanho e, principalmente, rendimento. Normalmente, essas experiências se baseiam na polinização cruzada de espécies diferentes da mesma planta. Entretanto, tais esforços vêm acontecendo na base da "tentativa e erro" no que se refere à produção bem-sucedida de novas plantas.

DEFINIÇÕES ÚTEIS	
Modificação genética	Alteração da composição genética de células ou organismos por meio da introdução de genes "forasteiros". Alimentos geneticamente modificados também são conhecidos como transgênicos.
Alimento geneticamente modificado	Produto alimentício que contém organismo(s) geneticamente modificado(s) como ingrediente.
DNA	Ácido desoxirribonucleico, a base genética de células e organismos.
Gene	Sequência específica de código de DNA que carrega características hereditárias.
Biotecnologia	Aplicação de tecnologia para modificar produtos ou processos de sistemas vivos.

A CIÊNCIA DOS PRODUTOS GM

Na década de 50, os cientistas descobriram que o DNA carrega os detalhes genéticos de todos os seres vivos. Na década de 80, genes individuais com características específicas já podiam ser identificados, localizados e transferidos. Com base nisso, empresas de biotecnologia começaram a pesquisar e desenvolver produtos GM.

Os produtos GM são desenvolvidos para resistir à ameaça de animais, insetos e outras plantas. Os genes que controlam a resistência são introduzidos no novo produto transgênico, e tais genes podem ter diferentes origens – nem todos vêm de outras plantas. Um tomate transgênico resistente ao congelamento foi produzido com a introdução do gene "anticongelamento" de um peixe de água fria.

Alguns produtos transgênicos são desenvolvidos para resistir a herbicidas, de forma que as ervas daninhas possam ser eliminadas com veneno sem que isso destrua ou prejudique a colheita. O milho Bt e o algodão Bt são exemplos de produtos GM que produzem em seu pólen toxinas capazes de eliminar as pragas que tentam atacá-los, reduzindo a necessidade de pesticidas.

PAÍSES PRODUTORES DE TRANSGÊNICOS (POR ORDEM DE ÁREA CULTIVADA GM)
EUA
BRASIL
ARGENTINA
ÍNDIA
CANADÁ

Este tipo de milho foi geneticamente modificado para resistir a herbicidas, capazes de eliminar o caruru, sem que isso tivesse qualquer efeito no milho.

ONDE PRODUTOS GM SÃO CULTIVADOS

Em 2013, 30 países já desenvolviam produtos GM (inclusive produtos não alimentícios, como o algodão), seja comercialmente ou sob condições experimentais. Os produtos mais cultivados são soja, colza e milho, para consumo humano e animal. A quantidade de terra destinada a plantações de transgênicos já é vinte vezes maior do que quando estes começaram a ser cultivados em 1994.

O DEBATE SOBRE TRANSGÊNICOS

O cultivo e a utilização de produtos GM vêm provocando debates acalorados. Alguns dos benefícios e desvantagens apontados por ambos os lados incluem:

A favor – Os transgênicos irão:
- tornar as colheitas mais rentáveis;
- diminuir o custo dos alimentos;
- apresentar melhor qualidade do que produtos não transgênicos;
- reduzir o uso de herbicidas e pesticidas;
- representar uma arma importante no combate à fome mundial.

Contra – Os transgênicos irão:
- ser caros demais para os países menos desenvolvidos e mais pobres;
- contaminar as lavouras normais;
- proporcionar o surgimento de "superpragas" resistentes a pesticidas;
- afetar a saúde humana (por exemplo, causando reações alérgicas a genes importados);
- ter efeitos adversos na biodiversidade.

AMÉRICAS DO NORTE E CENTRAL

PRODUTOS GENETICAMENTE MODIFICADOS NOS EUA

Apesar do debate acirrado em andamento na União Europeia e em outros países, nos EUA a oposição aos produtos GM tem sido muito pequena. Isso pode ser parcialmente explicado pelo fato de que alimentos transgênicos têm sido vendidos há mais de dez anos, sem que tenham sido notados efeitos na saúde humana.

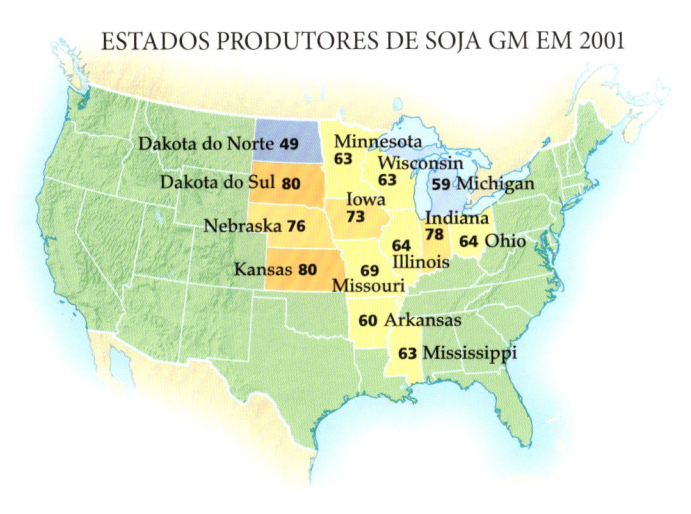

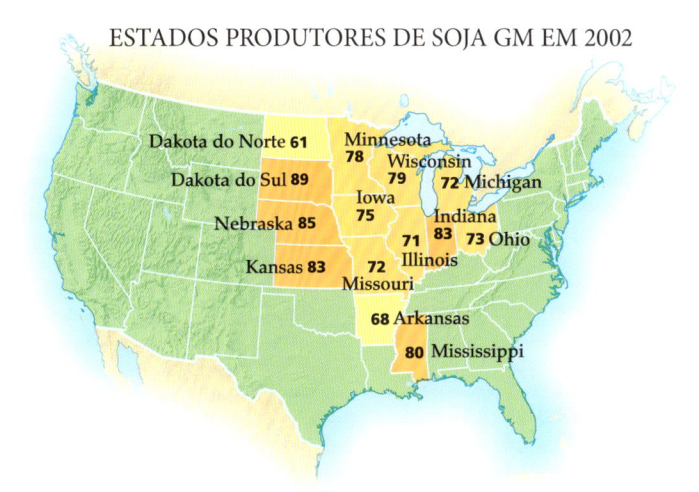

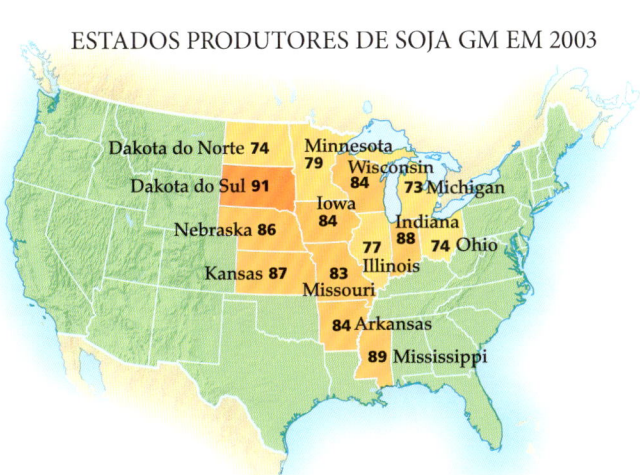

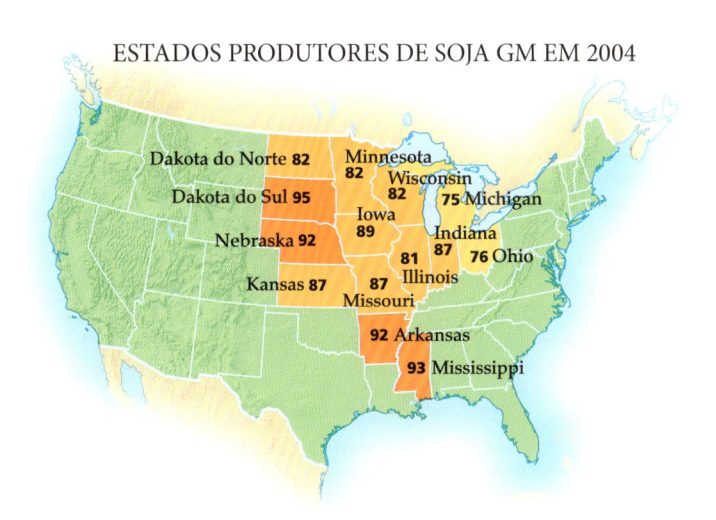

ESTADOS PRODUTORES DE SOJA GM EM 2001

- Dakota do Norte 49
- Minnesota 63
- Wisconsin 63
- Dakota do Sul 80
- Michigan 59
- Iowa 73
- Nebraska 76
- Indiana 78
- Ohio 64
- Illinois 64
- Kansas 80
- Missouri 69
- Arkansas 60
- Mississippi 63

ESTADOS PRODUTORES DE SOJA GM EM 2002

- Dakota do Norte 61
- Minnesota 78
- Wisconsin 79
- Dakota do Sul 89
- Michigan 72
- Iowa 75
- Nebraska 85
- Indiana 83
- Ohio 73
- Illinois 71
- Kansas 83
- Missouri 72
- Arkansas 68
- Mississippi 80

ESTADOS PRODUTORES DE SOJA GM EM 2003

- Dakota do Norte 74
- Minnesota 79
- Wisconsin 84
- Dakota do Sul 91
- Michigan 73
- Iowa 84
- Nebraska 86
- Indiana 88
- Ohio 74
- Illinois 77
- Kansas 87
- Missouri 83
- Arkansas 84
- Mississippi 89

ESTADOS PRODUTORES DE SOJA GM EM 2004

- Dakota do Norte 82
- Minnesota 82
- Wisconsin 82
- Dakota do Sul 95
- Michigan 75
- Iowa 89
- Nebraska 92
- Indiana 87
- Ohio 76
- Illinois 87
- Kansas 87
- Missouri 87
- Arkansas 92
- Mississippi 93

CULTIVO COMERCIAL DE PRODUTOS GM

Os produtos GM foram colocados à venda pela primeira vez em 1994, nos EUA. Os tomates Flavr-Saver foram desenvolvidos de forma a permanecer frescos por mais tempo e resistir ao apodrecimento sem alteração no sabor. Ao contrário dos outros tomates, podiam ser colhidos e transportados já completamente maduros. Apesar disso, suas vendas foram encerradas após dois anos, pois os consumidores não estavam preparados para pagar seu preço elevado. Atualmente, 68% dos produtos transgênicos do mundo são cultivados nos EUA. Cerca de 70% dos alimentos embalados à venda nos EUA contêm ingredientes GM. Responsável por 90% da produção mundial de transgênicos, a empresa americana Monsanto domina o mercado.

Apesar do sucesso no cultivo de soja, colza, milho e algodão transgênicos, as tentativas da Monsanto de promover e cultivar trigo GM em escala comercial tiveram de ser abandonadas em 2004. Quase metade das exportações de trigo dos EUA são para o Japão e a União Europeia, e ambos expressaram preocupação quanto à polinização cruzada do trigo transgênico e a contaminação do trigo normal nos EUA. Uma ameaça de boicote preocupou os agricultores americanos, que, por sua vez, pressionaram a Monsanto a abandonar o projeto.

O debate sobre a modificação genética segue em frente, nos EUA e em outros países. Mais pesquisas precisam ser realizadas para permitir a tomada de decisões conscientes a respeito do desenvolvimento e utilização dos produtos transgênicos.

LEGENDA

Principais Estados produtores de soja GM (2001 – 2004)
Porcentagem de soja GM dentre a produção total de soja

- 90 a 100
- 80 a 89
- 70 a 79
- 60 a 69
- 50 a 59
- abaixo de 50

Escala 1:60 000 000
(Projeção: Azimutal Equivalente de Lambert)

0 km   600   1 200   1 800

TEMAS IMPORTANTES

1 É possível descobrir como a modificação genética poderá afetar o meio ambiente sem causar danos generalizados?

2 Os benefícios dos produtos transgênicos irão superar as possíveis desvantagens trazidas por eles?

3 Os transgênicos são mesmo capazes de acabar com a fome no mundo?

4 Quais são os perigos de a tecnologia GM concentrar-se nas mãos de um pequeno grupo de poderosas empresas transnacionais?

AMÉRICAS DO NORTE E CENTRAL

MÉXICO E AMÉRICA CENTRAL

Os países predominantemente montanhosos da América Central unem as Américas do Norte e do Sul por uma faixa de terra relativamente longa e estreita na região dos trópicos. Ao leste, ficam as ilhas do Caribe. A região possui intensa atividade tectônica e está sob ameaça constante de terremotos e erupções vulcânicas.

O canal do Panamá, que liga os oceanos Atlântico e Pacífico e permite a navegação de embarcações de grande porte, foi administrado pelos EUA até 1999, quando o controle foi passado ao Panamá. Desde então, a administração do canal vem quebrando recordes de tráfego, financeiros e de segurança ano após ano.

Escala 1:15 000 000
(Projeção: Cônica Conforme de Lambert)

0 km   150   300   450

1 cm no mapa representa 150 km no terreno.

LEGENDA

ELEVAÇÃO
- 4 000 m
- 2 000 m
- 1 000 m
- 500 m
- 250 m
- 100 m
- 0
- 250 m
- 2 000 m
- 4 000 m
- abaixo do nível do mar

- △ montanha
- ▲ vulcão
- pântano ou área alagada

FRONTEIRAS
- fronteira internacional
- fronteira marítima

NÚCLEOS POPULACIONAIS
- ■ ● acima de 1 milhão
- ■ ● 500 000 a 1 milhão
- ■ ● 100 000 a 500 000
- ■ ○ 50 000 a 100 000
- ■ ○ abaixo de 50 000

O quadrado vermelho indica capital de país.

AMÉRICAS DO NORTE E CENTRAL

Popocatépetl é um vulcão ativo próximo a Cidade do México. Em 1994, gases e cinzas foram lançadas e levadas pelo vento a uma distância de 25 km. Em dezembro de 2000, dezenas de milhares de pessoas foram evacuadas da região pelo governo mexicano em razão de atividade vulcânica.

Com seu clima quente e ensolarado, praias de areia fina e mares límpidos, as ilhas do Caribe são um popular destino turístico. A ilha de Guadalupe é um departamento ultramarino francês, com população de 450 mil habitantes.

FIQUE ATENTO

CATÁSTROFES NATURAIS – FURACÕES

Todos os anos, até uma dúzia de furacões se forma no Atlântico Ocidental, e muitos deles atingem os países da América Central. Mesmo quando o número de vítimas é baixo, geralmente são necessários muitos anos para que tais países (bastante pobres em sua maioria) recuperem-se dos prejuízos causados a prédios, fábricas e lavouras.

LEIA TAMBÉM
Furacões – págs. 132/133

AMÉRICAS DO NORTE E CENTRAL

FURACÕES

Tempestades tropicais ou ciclones são grandes sistemas de baixa pressão atmosférica que trazem chuvas torrenciais e ventos muito fortes às regiões tropicais. No Atlântico Norte, eles passam a ser chamados de furacões quando a velocidade de seus ventos ultrapassa os 120 km/h. Até 20 tempestades tropicais transformam-se em furacões durante a temporada de furacões, que acontece entre junho e outubro.

A ESCALA SAFFIR-SIMPSON

Categoria	Velocidade dos ventos (km/h)	Pressão (mb)	Elevação do nível do mar (m)	Danos
1	120–153	> 980	1,0–1,7	Leves: árvores; trailers
2	154–177	979–965	1,8–2,6	Moderados: telhados; janelas; embarcações pequenas arrancadas de ancoradouros; inundações
3	178–209	964–945	2,7–3,8	Graves: danos na estrutura de edifícios; inundações em terrenos situados até 1,7 metro acima do nível do mar – a água avança até 1 km continente adentro
4	210–249	944–920	3,9–5,6	Extremos: praias; destruição de prédios; inundações em terrenos situados até 3,3 metros acima do nível do mar – a água avança até 5 km continente adentro
5	> 250	< 920	acima de 5,7	Catastróficos: destruição de terrenos situados até 5 m acima do nível do mar; necessidade de desocupação em massa

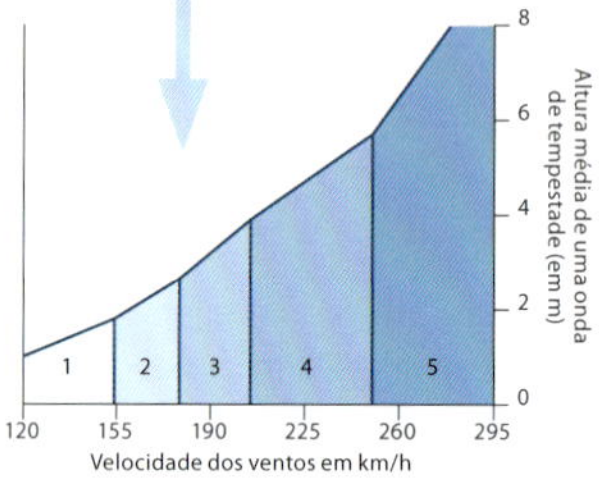

ONDA DE TEMPESTADE (EM METROS)

O IMPACTO DOS FURACÕES

Tempestades tropicais e furacões duram em média dez dias, mas os mais fortes podem durar até quatro semanas. Eles causam danos principalmente com ventos, ondas de tempestade (em áreas costeiras) e inundações. Os ventos podem destruir plantações, construções, bem como estruturas de eletricidade e comunicação. As ondas de tempestade em áreas costeiras podem ser devastadoras. As chuvas torrenciais podem durar várias horas ou vários dias, causando enormes inundações. Essas chuvas podem provocar deslizamentos de terra e lama. Embora os danos causados por furacões sejam inevitáveis, a recuperação de uma área ou país geralmente depende de sua riqueza. Os EUA utilizam satélites para monitorar furacões e emitir alertas. As propriedades são cercadas, e áreas ameaçadas são desocupadas com a aproximação de tempestades. O governo geralmente ajuda a remover destroços, reconstruir casas e restaurar atividades econômicas após o incidente. Em 2005, o furacão Katrina assolou o sul dos Estados Unidos, causando prejuízos enormes à economia do país e fazendo centenas de vítimas, principalmente na cidade de Nova Orleans. Os efeitos de um furacão podem ser devastadores para os países da América Central, em sua maioria menos desenvolvidos economicamente. Com prédios, infraestrutura e lavouras arruinados e pouco dinheiro disponível para a reconstrução, a população e a economia podem levar anos para se recuperar. Além disso, países menos desenvolvidos estão propensos a se tornar dependentes de auxílio internacional, tanto para o socorro a curto e médio prazo quanto para a reconstrução a longo prazo.

COMO OS FURACÕES SE FORMAM

Furacões do Atlântico Norte começam como depressões tropicais e tempestades em águas quentes (acima de 27 graus Celsius) nas proximidades da costa oeste africana.

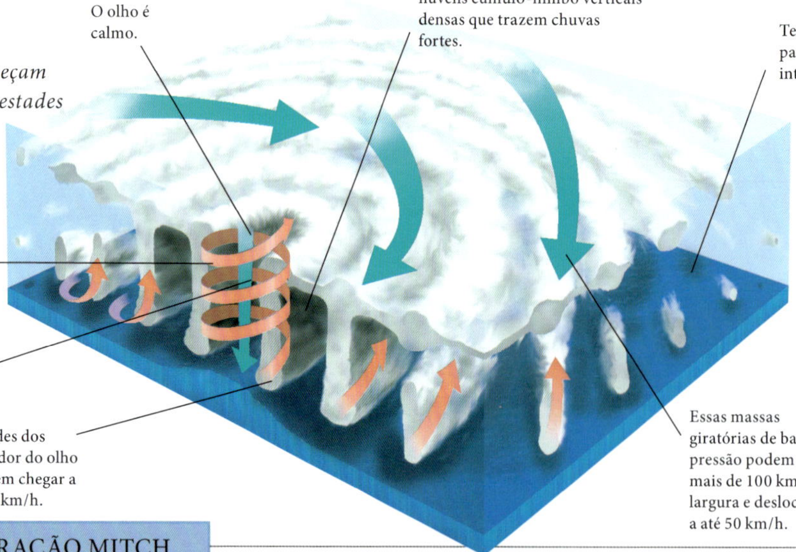

Conforme a água esquenta e transforma-se em vapor, o ar quente e úmido começa a elevar-se rapidamente em espiral, girando em direção ao centro.

Isso cria uma zona de pressão atmosférica bastante baixa no centro, chamada de "olho" do furacão.

As velocidades dos ventos ao redor do olho central podem chegar a mais de 250 km/h.

O olho é calmo.

O vapor que se eleva do mar esfria rapidamente, formando nuvens cúmulo-nimbo verticais densas que trazem chuvas fortes.

Essas massas giratórias de baixa pressão podem ter mais de 100 km de largura e deslocar-se a até 50 km/h.

Tempestades tropicais precisam de águas quentes para obter energia. Ao atingir terra firme, perdem intensidade rapidamente.

MONITORAMENTO

Para ajudar a identificar e monitorar furacões – principalmente porque pode haver mais de um ocorrendo ao mesmo tempo –, os meteorologistas utilizam revezadamente nomes masculinos e femininos criados com base em seis listas alfabéticas preestabelecidas que se alternam em um ciclo de seis anos. Quando um furacão é particularmente destruidor, seu nome é retirado da lista e substituído.

MONITORANDO O FURACÃO MITCH

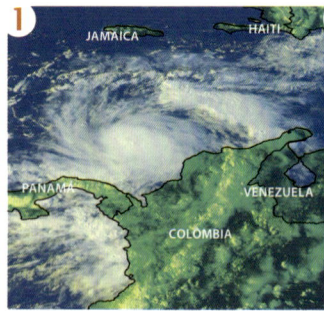

1 — 21/10/1998 O Mitch começa como uma depressão tropical ao sul do Caribe. No dia seguinte, com o aumento da velocidade dos ventos, transforma-se em uma tempestade tropical e depois em um furacão.

2 — 26/10/1998 O Mitch é classificado como furacão de categoria 5, com velocidades acima de 250 km/h, e move-se na direção oeste.

3 — 27/10/1998 Os meteorologistas monitoram o Mitch via satélite, mas não são capazes de prever a direção que ele tomará nem a região de terra firme que atingirá.

4 — 28/10/1998 A velocidade dos ventos, embora ainda alta, começa a diminuir quando o furacão se dirige para Honduras. Infelizmente, todo o sistema se move lentamente.

5 — 29/10/1998 Como resultado, caem 1 800 mm de chuva em apenas três dias sobre Honduras, Nicarágua e El Salvador.

AMÉRICAS DO NORTE E CENTRAL

O FURACÃO MITCH

Em outubro de 1998, a América Central foi atingida pelo furacão mais devastador em 200 anos. Mais de 3 milhões de pessoas foram diretamente afetadas pela passagem do furacão Mitch. Deslizamentos de lama causados pela chuva torrencial destruíram povoados, escolas, postos de saúde, linhas de eletricidade, estradas, pontes e lavouras. O número de mortos foi estimado em 20 mil, mas muitos corpos jamais foram encontrados.
Em 2005, outro furacão de categoria 5, o Katrina, atingiu a costa sudeste dos Estados Unidos, causando centenas de mortes e prejuízos de bilhões de dólares.

O Mitch foi:
- o segundo furacão de categoria 5 de maior duração (33 horas);
- o terceiro período contínuo de ventos fortes de maior duração (15 horas);
- o quarto furacão mais forte (ventos de 249 km/h);
- a quarta pressão atmosférica mais baixa já medida (905 mb).

Tegucigalpa, capital de Honduras, após a passagem do furacão Mitch. Deslizamentos de lama causados pela chuva torrencial mataram milhares de pessoas e destruíram residências e propriedades.

MÉXICO — Mortos/desaparecidos: 0; Milhares desocuparam a área
BELIZE — Mortos/desaparecidos: 0; 10 mil desocuparam a área
HONDURAS — Mortos/desaparecidos: 14 mil; 2 milhões de desabrigados
GUATEMALA — Mortos/desaparecidos: 200; 80 mil desocuparam a área
EL SALVADOR — Mortos/desaparecidos: 400; 50 mil desabrigados
NICARÁGUA — Mortos/desaparecidos: 3 mil; 750 mil desabrigados
COSTA RICA — Mortos/desaparecidos: 7; 3 mil desabrigados

LEGENDA
Força da tempestade (escala Saffir-Simpson)
- categoria 5
- categoria 4
- categoria 3
- categoria 2
- categoria 1
- tempestade tropical
- depressão tropical
- fronteira internacional
- Os números correspondem às imagens de satélite abaixo.

Escala 1:18 750 000
(Projeção: Cônica Conforme de Lambert)
0 km 187,5 375 562,5

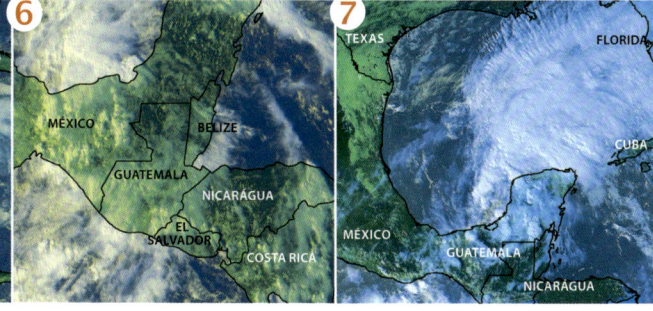

6 02/11/1998 O Mitch se dirige para o nordeste, atravessando o Golfo do México e recuperando a força.

7 03/11/1998 O Mitch atinge a costa da Flórida, nos EUA, antes de se dissipar.

Todas as imagens de satélite foram fornecidas pela NOAA (National Oceanic and Atmospheric Association – Administração Nacional Oceânica e Atmosférica dos EUA).

EFEITOS

Depois que o Mitch atingiu a América Central, o socorro emergencial a curto prazo – remédios, comida, água e abrigo – veio de organizações governamentais e não governamentais (ONGs) de várias partes do mundo. Entretanto, quase dez anos depois, os efeitos da catástrofe ainda se fazem sentir. Os prejuízos totais decorrentes da destruição causada pelo Mitch foram estimados em mais de 12 bilhões de dólares. Muitos dos países da América Central são pouco desenvolvidos e têm a economia baseada principalmente no setor primário. O dinheiro necessário para reparar os danos simplesmente não existe na região.

A maior parte dos fundos necessários para reconstruir casas e infraestrutura veio de entidades e organizações internacionais de auxílio, como o Banco Mundial, por meio do Central America Emergency Trust Fund (Fundo de Emergência para a América Central). Honduras provavelmente levará pelo menos 20 anos para reparar os estragos, que deixaram 20% de sua população de 5 milhões de pessoas desabrigados.

TEMAS IMPORTANTES

1. Não se pode conter os furacões. Mas o que pode ser feito para reduzir os danos e as mortes que causam?
2. A longo prazo, como o impacto dos furacões sobre os países menos desenvolvidos pode ser suavizado?
3. Pesquisas sugerem que a quantidade e a intensidade dos furacões pode aumentar devido à elevação das temperaturas do oceano. Como isso afetaria o Caribe?
4. Por que as pessoas moram em áreas de risco sujeitas à passagem de furacões? Elas deveriam ser desencorajadas a fazê-lo?

AMÉRICA DO SUL – POLÍTICO

A América do Sul é formada por 12 países e é o quarto maior continente do planeta. Está situada entre as latitudes de 12ºN (Equador) e 56ºS (ilha de Cabo Horn). Mais da metade de sua área total é ocupada pelo Brasil.

Existe um grande abismo entre os mais ricos e os mais pobres em muitos países da América do Sul. Há enormes variações de padrão de vida em cidades como o Rio de Janeiro (acima).

LEGENDA

Núcleos populacionais
- ■ acima de 1 milhão
- ◘ 500 000 a 1 milhão
- ◙ 100 000 a 500 000
- ▪ 50 000 a 100 000
- ▫ abaixo de 50.000

O quadrado vermelho indica capital de país.

Fronteiras
- ─── fronteira internacional
- ····· área em litígio
- ─── fronteira nacional (interna)

Escala 1:37 000 000
0 km — 370 — 740 — 1 110

QUALIDADE DE VIDA

LEGENDA
Índice de Desenvolvimento Humano da ONU (IDH)
- alto
- médio
- baixo

Fonte: ONU, 2012.

AMÉRICA DO SUL

135

AMÉRICA DO SUL – FÍSICO

A Bacia Amazônica e a cordilheira dos Andes dominam a paisagem física do continente. Regiões de planaltos mais elevados, como o Planalto Central, foram formadas pela erosão de montanhas mais antigas.

CURIOSIDADES

❶ **PONTO MAIS ALTO:** Monte Aconcágua, 6 959 metros acima do nível do mar.

❷ **PONTO MAIS BAIXO:** Península Valdés, 40 metros abaixo do nível do mar.

❸ **MAIOR LAGO:** Lago Titicaca, 8 340 km²

— **RIO MAIS LONGO:** Amazonas, 6 430 km

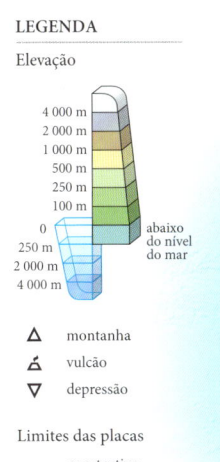

LEGENDA

Elevação

- 4 000 m
- 2 000 m
- 1 000 m
- 500 m
- 250 m
- 100 m
- 0
- 250 m — abaixo do nível do mar
- 2 000 m
- 4 000 m

- △ montanha
- ◬ vulcão
- ▽ depressão

Limites das placas
- ——— construtivo
- —△— destrutivo
- - - - conservativo
- .... indefinido

Escala 1:41 000 000

0 km   410   820   1 230

1 cm no mapa representa 410 km no terreno.

LIMITES DAS PLACAS

Os Andes estão localizados sobre uma margem destrutiva de placa tectônica, ao longo da costa sul-americana do Pacífico. A placa oceânica de Nazca vem afundando sob a placa continental Sul-Americana, que, por sua vez, foi empurrada para cima, dando origem à cadeia de montanhas dobradas jovens dos Andes. Muitas dessas montanhas são vulcões ativos. As colisões entre placas também resultam em terremotos frequentes.

- Fossa oceânica
- Aumenta a espessura da margem do continente, que é empurrada para cima
- Placa oceânica em processo de subducção
- Placa continental

Os Andes são a mais longa e segunda mais alta cadeia de montanhas do mundo. Vulcões e formações glaciais, como calotas de gelo e geleiras, são facilmente encontrados.

📖 **LEIA TAMBÉM**

Biodiversidade – págs. 142/143

AMÉRICA DO SUL

AMÉRICA DO SUL – CLIMA

Grande parte do norte do continente apresenta clima tropical quente e chuvoso. Ao longo da costa oeste, as condições são muito mais secas, com clima semiárido e desértico quente em alguns lugares. A tundra é encontrada no extremo sul, em lugares como a Patagônia, onde predomina a ocorrência de calotas de gelo e geleiras.

LEGENDA

Regiões climáticas
- temperado
- subtropical
- mediterrâneo
- semiárido
- árido
- tropical
- equatorial
- tropical úmido
- de montanha / tundra

Ventos locais
- frios

MANAUS
Temperatura média diária | Precipitação (mm)
horas de sol em janeiro: 12
horas de sol em julho: 12

LIMA
Temperatura média diária | Precipitação (mm)
horas de sol em janeiro: 13
horas de sol em julho: 11

LA PAZ
Temperatura média diária | Precipitação (mm)
horas de sol em janeiro: 13
horas de sol em julho: 11

BUENOS AIRES
Temperatura média diária | Precipitação (mm)
horas de sol em janeiro: 14
horas de sol em julho: 10

PRECIPITAÇÃO
Precipitação média anual (mm)

Legenda
- acima de 3 500 mm
- 2 500 a 3 500 mm
- 2 000 a 2 500 mm
- 1 500 a 2 000 mm
- 1 000 a 1 500 mm
- 500 a 1 000 mm
- 200 a 500 mm
- abaixo de 200 mm

TEMPERATURA

Temperatura média em janeiro
Temperatura média em julho

Legenda
- acima de 30°C
- 20 a 30°C
- 10 a 20°C
- 0 a 10°C
- 0 a -10°C
- -10 a -20°C
- -20 a -30°C
- abaixo de -30°C

Escala 1:33 500 000
0 km — 335 — 670 — 1 005

AMÉRICA DO SUL – POPULAÇÃO

A população da América do Sul está distribuída de forma bastante desigual. Existem altas densidades populacionais ao longo das costas e no norte, enquanto grande parte do interior é desocupada ou escassamente povoada. Após cinquenta anos de crescimento acelerado, as taxas de crescimento da população de muitos países estão agora sofrendo significativa diminuição.

A maioria da população da América do Sul atualmente é urbana. A capital do Chile, Santiago, abriga um terço dos 15 milhões de habitantes do país.

LEGENDA

Densidade populacional (habitantes por km²)
- acima de 200
- 100 a 200
- 50 a 100
- 10 a 50
- 1 a 10

Núcleos populacionais
- acima de 1 milhão
- 500 000 a 1 milhão
- 100 000 a 500 000

O quadrado vermelho indica capital de país.

POPULAÇÃO URBANA x POPULAÇÃO RURAL
80%   20%

CRESCIMENTO POPULACIONAL

LEGENDA

Crescimento populacional (porcentagem média de crescimento anual)
- acima de 2,5
- 2 a 2,4
- 1,5 a 1,9
- 1 a 1,4
- 0 a 0,9
- 0 a –0,9 (população em declínio)

TENDÊNCIAS DE CRESCIMENTO POPULACIONAL

Milhões de pessoas (escala logarítmica)

LEGENDA
- Argentina
- Paraguai
- Colômbia
- Uruguai

real   projetado

1950 2000 2015 2025 2050

Escala 1:33 500 000
0 km 335 670 1 005

FIQUE ATENTO

URBANIZAÇÃO

A urbanização rápida e em grande escala resultou na incapacidade das cidades em fornecer empregos e serviços suficientes para os migrantes. Como consequência, desenvolveram-se as favelas, que abrigam os habitantes mais pobres.

AMÉRICA DO SUL

AMÉRICA DO SUL – USO DO SOLO

A América do Sul é rica em recursos minerais e em diferentes gêneros alimentícios tropicais. Embora a economia de alguns países dependa de atividades primárias, outros, como Brasil, Argentina e Venezuela, também desenvolveram uma série de atividades manufatureiras e de alta tecnologia.

Os pampas, no leste da Argentina, são uma grande área plana de pastagens. A criação do gado é destinada à exportação de carne, principalmente para os EUA.

LEGENDA
Tipos de uso do solo
- floresta
- pasto
- agricultura
- deserto
- terras improdutivas
- montanha
- área industrial
- grande conurbação

RECURSOS MINERAIS

LEGENDA
Recursos minerais
- campos petrolíferos
- campos de gás natural
- jazidas carboníferas

- Bu — bauxita
- Cu — cobre
- Fe — ferro
- Pb — chumbo
- Ag — prata
- Sn — estanho

Escala 1:33 500 000
0 km — 335 — 670 — 1 005
1 cm no mapa representa 335 km no terreno.

FIQUE ATENTO

GLOBALIZAÇÃO

A produção de alimentos para exportação é uma importante fonte de renda para muitos países sul-americanos. Geralmente os produtores recebem muito pouco por seus produtos no mercado global, que é dominado por países mais ricos e grandes empresas transnacionais (corporações). Países como o Brasil estão começando a se posicionar contra isso em debates promovidos pela Organização Mundial do Comércio.

LEIA TAMBÉM
Comércio Justo – págs. 80/81

AMÉRICA DO SUL – MEIO AMBIENTE

A América do Sul apresenta uma grande diversidade de ecossistemas. Durante algum tempo, muitos foram protegidos por sua localização remota, mas estão agora se tornando acessíveis. Grandes áreas de floresta tropical foram destruídas para dar lugar a plantações e indústrias, e lugares históricos estão sendo ameaçados pelo aumento da quantidade de turistas. A expansão acelerada das áreas urbanas e da indústria aumentou significativamente a poluição atmosférica.

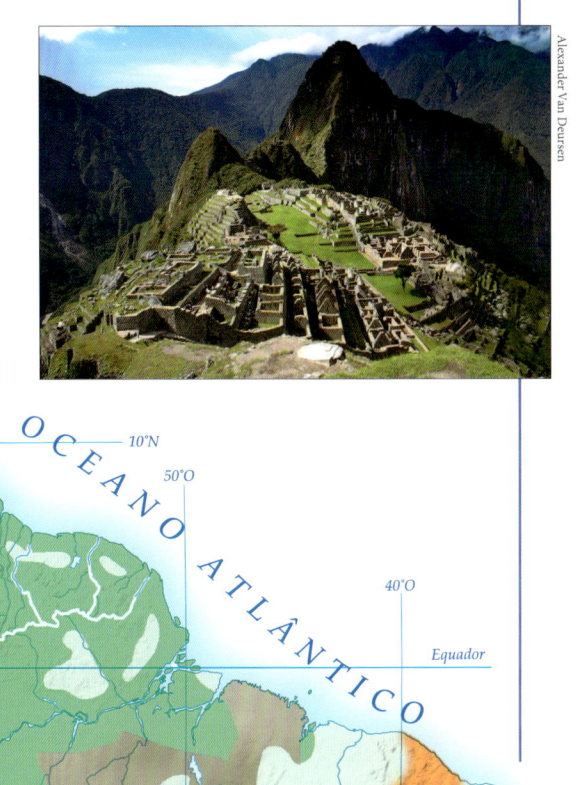

As famosas ruínas incas de Machu Picchu, Peru, no alto dos Andes, são uma atração turística cada vez mais popular. Embora a economia local se beneficie do aumento de visitantes, o meio ambiente está sendo prejudicado.

LEGENDA

Questões ambientais
- floresta
- deserto
- desertificação
- desmatamento
- poluição marinha
- poluição marinha intensa
- rio poluído
- ar urbano de má qualidade

Escala 1:37 000 000
0 km   370   740   1 110

DESMATAMENTO

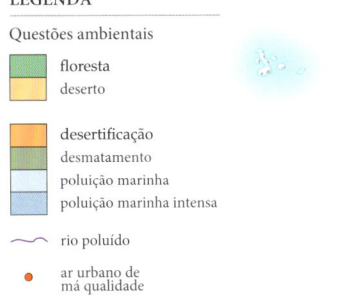

Esta imagem mostra o desmatamento ocorrido em uma área da floresta amazônica, em Rondônia, desde a abertura da rodovia Cuiabá-Porto Velho. Entre 1975 e 1986, núcleos populacionais se formaram em Ariquemes, perto da estrada. A foto demonstra o resultado da extração madeireira. Os efeitos dessa extração, assim como grandes áreas de terra desmatadas para a agricultura, podem ser vistos claramente na imagem de satélite, de 1999.

FIQUE ATENTO

DESMATAMENTO

A Amazônia é a maior floresta tropical do mundo. Esse ecossistema único, que contém a maior biodiversidade do planeta, perdeu cerca de 20% de sua cobertura original entre 1970 e 2002. A agricultura, a extração madeireira e a mineração contribuíram para o desmatamento. Estima-se que menos de 30% da floresta original permanecerá intacta até 2020.

LEIA TAMBÉM

Biodiversidade – págs. 144/145

AMÉRICA DO SUL

LEGENDA

ELEVAÇÃO
- 4 000 m
- 2 000 m
- 1 000 m
- 500 m
- 250 m
- 100 m
- 0
- 250 m
- 2 000 m
- 4 000 m
- abaixo do nível do mar

- △ montanha
- ▲ vulcão
- deserto arenoso
- pântano ou área alagada

FRONTEIRAS
- fronteira internacional
- área em litígio
- fronteira nacional (interna)
- fronteira marítima

NÚCLEOS POPULACIONAIS
- acima de 1 milhão
- 500 000 a 1 milhão
- 100 000 a 500 000
- 50 000 a 100 000
- abaixo de 50 000

O quadrado vermelho indica capital de país.
O quadrado laranja indica capital de província ou capital estadual.

Foto: Thomas Ossel

As cataratas do Iguaçu são uma reunião de quedas no rio Iguaçu. Localizam-se dentro do Parque Nacional do Iguaçu no Brasil e no Parque Nacional Iguazú na Argentina que, somados, correspondem a 250 mil hectares de floresta protegida.

A América do Sul possui a maior floresta tropical do planeta, por onde corre um dos maiores rios do mundo, o Amazonas. A costa oeste é dominada pela cordilheira dos Andes. Apesar de sua geografia física bastante acidentada, o continente tem um longo histórico de povoamento. Atualmente, contém algumas das maiores e mais densamente povoadas áreas urbanas do mundo.

AMÉRICA DO SUL 141

FIQUE ATENTO

IDIOMAS

A América do Sul, com o México e a América Central, também é conhecida como América Latina, uma vez que a língua oficial em quase todos os países dessas regiões é o espanhol – com exceção do Brasil, onde se fala português. Nascidas do latim, as duas línguas foram introduzidas por exploradores e invasores da Espanha e de Portugal durante o século XVI. Outras exceções são a Guiana, o Suriname e a Guiana Francesa, onde as línguas oficiais são, respectivamente, inglês, holandês e francês.

LEIA TAMBÉM
Biodiversidade – págs. 142/143

As regiões ao sul da Argentina e do Chile apresentam algumas das mais deslumbrantes paisagens cobertas por gelo do planeta. Um evento muito bonito é o encontro das geleiras Torre e Grande com a Laguna Torre. Embora de difícil acesso – ou justamente por causa disso –, esses locais vêm se tornando uma atração turística cada vez mais popular.

Chase Weir

Atualmente, 80% da população sul-americana é urbana. La Paz, no território boliviano dos Andes, é a capital mais alta do mundo (a 4 300 metros acima do nível do mar) e abriga 1,5 milhão de habitantes.

Loïc Lucide

Escala 1:21 700 000
(Projeção: Azimutal Equivalente de Lambert)

0 km 217 434 651

1 cm no mapa representa 217 km no terreno.

BIODIVERSIDADE

A biodiversidade é definida como a quantidade e variedade de espécies de plantas e animais que compõem os ecossistemas da Terra. O nível de biodiversidade pode ser avaliado por meio da contagem das diferentes espécies numa região, e a repetição dessa contagem ao longo do tempo torna possível detectar quaisquer mudanças que estejam ocorrendo. Determinar a quantidade de espécies endêmicas encontradas numa região é de grande importância. Uma das principais causas da perda de biodiversidade é o desaparecimento das espécies endêmicas, que pode ser causado tanto pela ação humana quanto pela competição entre espécies originais e espécies introduzidas.

BIODIVERSIDADE NA AMÉRICA DO SUL

A biodiversidade da floresta tropical da Amazônia é considerada a maior do mundo, embora alguns cientistas contestem tal afirmação. Estima-se que existam milhões de espécies diferentes nessa região, das quais a maioria – principalmente insetos – ainda não foi descoberta e catalogada. Isso dificulta a precisão do monitoramento e dos estudos.

OS TENTILHÕES DE DARWIN

As ilhas Galápagos ficaram famosas graças a Charles Darwin, que as visitou em 1831 como parte de uma expedição. As observações que ele fez sobre as espécies endêmicas das ilhas, particularmente os tentilhões, levaram-no a se interessar sobre a evolução das espécies. Esses estudos culminaram na teoria da evolução pela seleção natural.

AS ILHAS GALÁPAGOS

As ilhas Galápagos ocupam uma área pequena. Seu isolamento em meio ao oceano Pacífico, a mais de 1 000 km de distância da costa mais próxima, garantiu que sua existência permanecesse ignorada até pouco menos de 200 anos atrás. À época da chegada dos primeiros colonizadores, em 1832, quando foram reivindicadas pelo Equador, as ilhas possuíam mais de 7 100 espécies de plantas e animais, 30% das quais eram endêmicas.

As 13 ilhas principais e as centenas de ilhas menores formam um arquipélago que cobre mais de 7 400 km². Elas estão situadas na margem norte da placa Nazca e foram formadas pela ascensão de vulcões do fundo oceânico no local onde duas cordilheiras submarinas se encontram. Apenas cinco das ilhas são desabitadas; a população total é estimada em 20 mil pessoas, das quais metade vive em Puerto Ayora, na ilha de Santa Cruz.

A ilha vulcânica de San Bartolomé fica próxima à costa da ilha de Santiago, uma das maiores do arquipélago. A praia de Shark Cove é uma popular atração turística.

DEFINIÇÕES ÚTEIS

Endêmico	Econtrado em um determinado local, típico daquele lugar
Nativo/ residente	Encontrado em diversos locais, tendo chegado a eles por meios naturais (aplica-se principalmente a plantas e invertebrados)
Introduzido	Levado para um determinado local pelo homem, propositalmente ou acidentalmente
Migrante	Visitante frequente (por exemplo, pássaros no inverno)
Flora	As plantas de uma região
Fauna	Os animais de uma região

A BIODIVERSIDADE DAS ILHAS GALÁPAGOS

A diversidade única de plantas e animais nas ilhas Galápagos ocorreu em parte graças ao seu isolamento e à inexistência de competição. As ilhas são de interesse especial para cientistas que estudam a evolução das espécies, por isso muitos esforços têm sido feitos para proteger a biodiversidade do local.

Escala 1:2 600 000
(Projeção: Azimutal Equivalente de Lambert)

0 km   26   52   78

1 cm no mapa representa 26 km no terreno.

O PARQUE NACIONAL E A RESERVA MARINHA

O Parque Nacional de Galápagos (PNG) foi criado com o objetivo principal de proteger a biodiversidade das ilhas. O PNG abrange 97% do território, ficando os 3% restantes reservados para a ocupação humana. O PNG tem elaborado diversos projetos para a proteção e utilização das ilhas; tais planos envolvem o zoneamento e o controle do uso do solo dentro do parque.

EVOLUÇÃO DAS MEDIDAS DE PROTEÇÃO ÀS ILHAS GALÁPAGOS

1959 O Equador declara as ilhas Galápagos como parque nacional.	1968 O Parque Nacional de Galápagos (PNG) é criado.
anos 50	anos 60

AMÉRICA DO SUL

PLANTAS E ANIMAIS ENDÊMICOS

Cormorão não voador (*Phalacrocorax harrisi*) – evoluiu em um meio ambiente livre de predadores, onde não havia necessidade de voar.

Cacto da lava (*Brachycereus nesioticus*) – espécie endêmica. Os cactos prosperam no ambiente seco e hostil do interior das ilhas.

Iguana marinha (*Cyclura cornuta*) – a única espécie de lagarto marinho do mundo.

Caranguejo Sally Lightfoot (*Grapsus grapsus*) – caranguejo capaz de subir superfícies verticais encontrado em grandes quantidades nas ilhas.

LEGENDA
Espécies introduzidas
- Gado bovino
- Gatos
- Cães
- Burros
- Cabras
- Cavalos
- Porcos
- Ratazanas
- ✕ Espécies erradicadas
- --- Limite da Reserva Marinha

OBJETIVOS DO PNG E DA RESERVA MARINHA

- Preservar a biodiversidade e os recursos naturais únicos das ilhas por meio do estabelecimento de um plano de gestão.
- Proteger e conservar os ecossistemas terrestre e da costa marítima.
- Administrar a sustentabilidade dos recursos para a pesca comercial, protegendo a biodiversidade.
- Gerenciar e controlar a atividade turística para prevenir seu impacto no meio ambiente.
- Envolver moradores e visitantes no processo de preservação.
- Promover a sustentabilidade e fornecer projetos científicos.
- Repovoar as ilhas com espécies endêmicas criadas em cativeiro.

PESCA E TURISMO

Outras grandes ameaças à biodiversidade das ilhas são consequência de duas importantes atividades econômicas: a pesca e o turismo. A quantidade de barcos de pesca ilegais triplicou nos últimos anos. A pesca de holoturoides (pepinos-do-mar) é o principal motivo de preocupação. Eles ajudam a purificar a água dos mares e são uma importante fonte de alimentação para o plâncton, que, por sua vez, serve à cadeia alimentar principal. Apesar da imposição de cotas, barcos patrulha e de uma temporada legal de pesca com dois meses de duração, estima-se que tenha havido uma diminuição de 80% na quantidade de pepinos-do-mar.

ESPÉCIES INTRODUZIDAS

Espécies introduzidas de animais e plantas constituem uma séria ameaça à biodiversidade. O gado, os burros e as cabras têm arrasado a vegetação de muitas ilhas, deixando pouco para a alimentação das tartarugas gigantes e das iguanas terrestres. Dezenas de milhares de espécies introduzidas ainda são encontradas, principalmente na ilha Isabela, apesar de um programa de erradicação em larga escala. Porcos, cachorros, gatos e ratos têm efeito igualmente destrutivo, atacando e matando iguanas, lagartos, tartarugas e pássaros, bem como capturando ovos e filhotes de ninhos. Espécies de plantas introduzidas recentemente dominaram rapidamente algumas áreas, alterando os ecossistemas naturais. Em Santa Cruz, o capim-elefante eliminou diversas espécies endêmicas em apenas trinta anos.

O PNG tem enfrentado esses problemas com projetos de erradicação, utilizando veneno e herbicidas apropriados e removendo do solo as plantas introduzidas. Também foram estabelecidos programas de reprodução em cativeiro de tartarugas gigantes e iguanas terrestres na Estação de Pesquisa Charles Darwin, em Santa Cruz, visando à reintrodução desses animais nas ilhas de onde foram expulsos.

AUMENTO NO NÚMERO DE VISITANTES
Visitantes por ano desde 1974 (em milhares)

LEGENDA
- Número total de visitantes
- Visitantes estrangeiros
- Visitantes equatorianos

TEMAS IMPORTANTES

1 Como o PNG tem buscado proteger a biodiversidade das ilhas?

2 Como o PNG pode reduzir a pesca ilegal?

3 A biodiversidade e a proteção de espécies endêmicas são mais importantes do que o desenvolvimento econômico?

4 Os habitantes das ilhas deveriam receber mais ajuda financeira para que pudessem ter melhor qualidade de vida, sendo ao mesmo tempo incentivados a proteger completamente as plantas e os animais endêmicos?

1978 As ilhas Galápagos são declaradas Patrimônio Mundial pela Unesco.

1985 A Unesco confere às ilhas a denominação de Reserva da Biosfera.

1998 A Reserva Marinha de Galápagos (segunda maior do mundo) é instaurada, estendendo-se por 60 km ao redor das ilhas.

2001 A Reserva Marinha é reconhecida como Patrimônio Mundial pela Unesco.

| anos 70 | anos 80 | anos 90 | anos 00 |

BRASIL

BRASIL – POLÍTICO

O Brasil conta com 26 estados e o Distrito Federal. A população do país em 2006 era de aproximadamente 185 milhões de habitantes.

LEGENDA

FRONTEIRAS
- fronteira internacional

NÚCLEOS POPULACIONAIS
- ■ ■ ● acima de 1 milhão
- ◨ ◨ ◎ 500 000 a 1 milhão
- ▪ ▪ ∙ 100 000 a 500 000
- ▪ ▪ ∘ 50 000 a 100 000
- ▪ ▪ ∘ abaixo de 50 000

O quadrado vermelho indica capital de país.
O quadrado laranja indica capital de estado.

FUSOS HORÁRIOS

LEGENDA

Fuso horário civil brasileiro (horário universal de Greenwich)
- – 2 horas
- – 3 horas
- – 4 horas
- – 5 horas

Escala 1:41 000 000
(Projeção: Cônica Conforme de Lambert)

0 km — 410 — 820 — 1 230

1 cm no mapa representa 410 km no terreno.

Localidades no mapa: Monte Roraima 2 734 m, Boa Vista, RORAIMA, Caracaraí, Pico da Neblina 2 993 m, Santa Isabel do Rio Negro, Barcelos, Óbidos, Japurá, Novo Airão, Urucará, Parintins, Manaus, Itacoatiara, Santo Antônio do Içá, Tefé, Coari, Careiro, Itaituba, Benjamin Constant, Jutaí, Tapauá, Jacareacanga, Itamarati, Manicoré, AMAZONAS, Eirunepé, Lábrea, Humaitá, Envira, Cruzeiro do Sul, Feijó, Boca do Acre, Porto Velho, ACRE, Rio Branco, Ariquemes, Peixoto de Azevedo, Guajará-Mirim, Juruena, RONDÔNIA, Pimenta Bueno, Sinop, Vilhena, MATO, Mato Grosso, Nobres, Cuiabá, Cáceres, Várzea Grande, Corumbá, MATO GROSSO DO SUL, Porto Murtinho, Dourados, Foz do Iguaçu, São Borja, Uruguaiana, Santana do Livramento.

Países limítrofes: COLÔMBIA, VENEZUELA, GUIANA, SURINAME, PERU, BOLÍVIA, PARAGUAI, ARGENTINA, URUGUAI.

Mapa inset (Fusos Horários) – estados: RORAIMA, AMAPÁ, AMAZONAS, PARÁ, MARANHÃO, CEARÁ, RIO GRANDE DO NORTE, PARAÍBA, PERNAMBUCO, ACRE, PIAUÍ, ALAGOAS, SERGIPE, RONDÔNIA, TOCANTINS, BAHIA, MATO GROSSO, DISTRITO FEDERAL, GOIÁS, MINAS GERAIS, ESPÍRITO SANTO, MATO GROSSO DO SUL, SÃO PAULO, RIO DE JANEIRO, PARANÁ, SANTA CATARINA, RIO GRANDE DO SUL, Fernando de Noronha, Atol das Rocas.

BRASIL

No ano de 2006, o tenente-coronel aviador Marcos Cesar Pontes foi o primeiro astronauta brasileiro a ir ao espaço, fato que despertará em muitas crianças e adolescentes o interesse pela pesquisa nesse campo. O domínio de novas tecnologias permitirá ao Brasil conhecer melhor seu próprio espaço aéreo, suas características físicas (relevo, geologia, vegetação), bem como estudar a ocupação humana ao longo do tempo.

Escala 1:16 000 000
(Projeção: Cônica Conforme de Lambert)

0 km 160 320 480

1 cm no mapa representa 160 km no terreno.

DADOS POLÍTICOS

Norte	3 853 327,229 km²		
Estado	Capital	Sigla	Área em km²
Rondônia	Porto Velho	RO	237 576,167
Acre	Rio Branco	AC	152 581,388
Amazonas	Manaus	AM	1 570 745,68
Roraima	Boa Vista	RR	224 298,98
Pará	Belém	PA	1 247 689,515
Amapá	Macapá	AP	142 814,585
Tocantins	Palmas	TO	277 620,914

Centro-Oeste	1 606 371,505 km²		
Estado	Capital	Sigla	Área em km²
Mato Grosso do Sul	Campo Grande	MS	357 124,962
Mato Grosso	Cuiabá	MT	903 357,908
Goiás	Goiânia	GO	340 086,698
Distrito Federal	Brasília	DF	5 801,937

Sul	576 409,569 km²		
Estado	Capital	Sigla	Área em km²
Paraná	Curitiba	PR	199 314,85
Santa Catarina	Florianópolis	SC	95 346,181
Rio Grande do Sul	Porto Alegre	RS	281 748,538

Nordeste	1 554 257,004 km²		
Estado	Capital	Sigla	Área em km²
Maranhão	São Luís	MA	331 983,293
Piauí	Teresina	PI	251 529,186
Ceará	Fortaleza	CE	148 825,602
Rio Grande do Norte	Natal	RN	52 796,791
Paraíba	João Pessoa	PB	56 439,838
Pernambuco	Recife	PE	98 311,616
Alagoas	Maceió	AL	27 767,661
Sergipe	Aracaju	SE	21 910,348
Bahia	Salvador	BA	564 692,669

Sudeste	924 511,292 km²		
Estado	Capital	Sigla	Área em km²
Minas Gerais	Belo Horizonte	MG	586 528,293
Espírito Santo	Vitória	ES	46 077,519
Rio de Janeiro	Rio de Janeiro	RJ	43 696,054
São Paulo	São Paulo	SP	248 209,426

BRASIL – FÍSICO

A estrutura geológica brasileira é caracterizada basicamente por escudos cristalinos e por bacias sedimentares. Não ocorrem no país dobramentos modernos como, por exemplo, os Alpes, a cordilheira dos Andes e o Himalaia. Essa característica contribui para que o relevo seja bastante desgastado e rebaixado pelo intemperismo e pela erosão, fato evidenciado pelas modestas altitudes encontradas no país.

LIMITES FÍSICOS

- Nascente do rio Ailã — *Ponto mais setentrional*
- Nascente do rio Moa — *Ponto mais ocidental*
- Ponta do Seixas — *Ponto mais oriental*
- Arroio Chuí — *Ponto mais meridional*
- 4 319,4 km
- 4 394,7 km
- 15 719 km — *Fronteira terrestre*
- 7 367 km — *Litoral*

Escala 1:41 000 000
(Projeção: Cônica Conforme de Lambert)

0 km 410 820 1 230

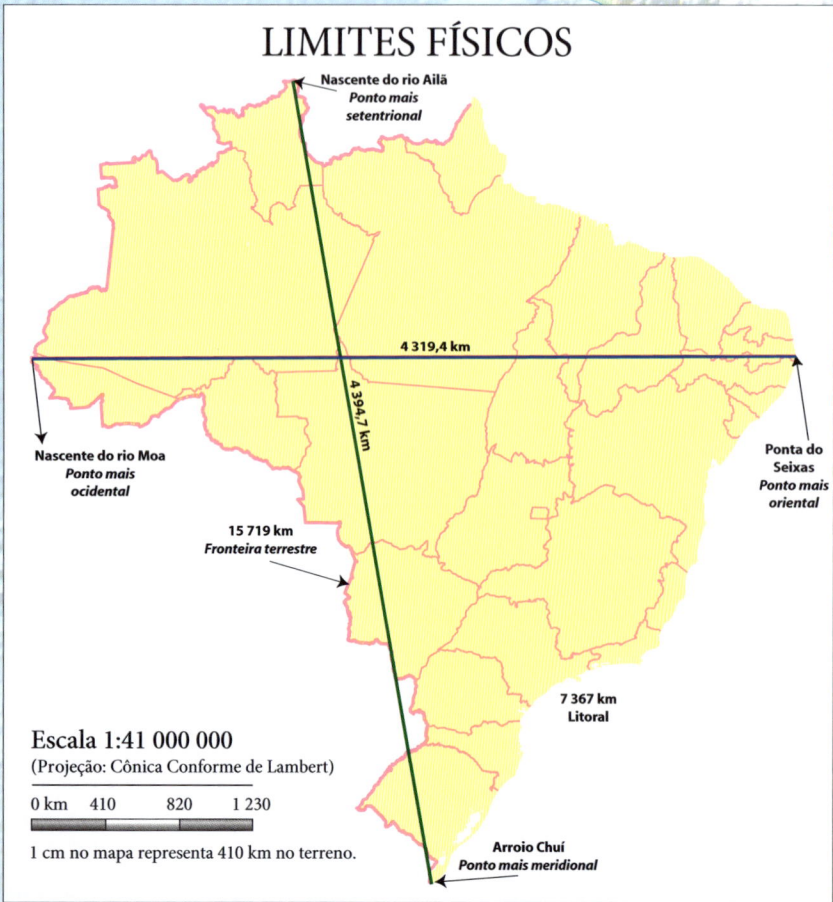

1 cm no mapa representa 410 km no terreno.

BRASIL 147

LEGENDA

ELEVAÇÃO

- 4 000 m
- 2 000 m
- 1 000 m
- 500 m
- 250 m
- 100 m
- 0
- 250 m — abaixo do nível do mar
- 2 000 m
- 4 000 m

△ montanha

FRONTEIRA
— fronteira internacional

NÚCLEOS POPULACIONAIS
- acima de 1 milhão
- 500 000 a 1 milhão
- 100 000 a 500 000
- 50 000 a 100 000
- abaixo de 50 000

O quadrado vermelho indica capital de país.
O quadrado laranja indica capital de estado.

DESTAQUES FÍSICOS

Área total: 8 514 876 km² – terra seca: 8 456 510 km² (inclui o arquipélago de Fernando de Noronha e também Ilha Grande, Ilhabela, entre outras ilhas menores.

Altitudes e pontos extremos: De modo geral, as altitudes do território brasileiro são modestas. O país não apresenta grandes cadeias de montanhas, cordilheiras ou similares.

O ponto mais elevado no Brasil é o **pico da Neblina**, com cerca de 2 993 m de altura. O ponto mais baixo é o oceano Atlântico, com altitude de 0 m.

Ao norte, o limite é a **nascente do rio Ailã**, no monte Caburaí, Roraima, fronteira com a Guiana.

Ao sul, o limite extremo é uma curva do **arroio Chuí**, no Rio Grande do Sul, na fronteira com o Uruguai.

No leste, o ponto extremo é a **ponta do Seixas**, na Paraíba.

O ponto extremo do oeste é a nascente do **rio Moa**, na serra de Contamana ou do Divisor, no Acre, fronteira com o Peru.

Escala 1:16 000 000
(Projeção: Cônica Conforme de Lambert)

0 km — 160 — 320 — 480

1 cm no mapa representa 160 km no terreno.

BRASIL – RELEVO

No Brasil, predominam os planaltos, as depressões e as planícies. Os planaltos caracterizam-se pela ocorrência predominante da erosão, e as planícies, pela sedimentação. As depressões são áreas rebaixadas em relação às áreas vizinhas.

Unidades de relevo identificadas no mapa:

- Plt. residuais norte-amazônicos
- Depr. marginal norte-amazônica
- Pln. do rio Amazonas
- Plt. da Amazônia oriental
- Depr. da Amazônia ocidental
- Depr. marginal sul-amazônica
- Plt. residuais sul-amazônicos
- Planaltos e chapadas da bacia do Parnaíba
- Plt. da Borborema
- Pln. e tabuleiros litorâneos
- Plt. e chapada dos Parecis
- Pln. e pantanal do rio Guaporé
- Depr. Alto Paraguai-Guaporé
- Depr. do Araguaia
- Pln. do rio Araguaia
- Depr. do Tocantins
- Depr. Cuiabana
- Plt. e sa. de Goiás-Minas
- Depr. Sertaneja e do São Francisco
- Planaltos e serras do Atlântico leste-sudeste
- Pln. e pantanal mato-grossense
- Depr. do Miranda
- Planaltos e chapadas da bacia do Paraná
- Sa. residuais do Alto Paraguai
- Depr. periférica da borda leste da bacia do Paraná
- Depr. periférica sul-rio-grandense
- Plt. sul-rio-grandense
- Planície das lagoas dos Patos e Mirim

Adalberto Scortegagna

A serra do Mar acompanha boa parte do litoral desde o Sul até o Sudeste do Brasil. A umidade que vem do oceano é responsável pela enorme biodiversidade da região caracterizada pela mata atlântica.

Escala 1:22 000 000
(Projeção: Cônica Conforme de Lambert)

0 km 220 440 660

1 cm no mapa representa 220 km no terreno.

LEGENDA

Relevo segundo Ross
- planaltos em núcleos cristalinos arqueados
- planaltos em cinturões orogênicos
- planaltos em bacias sedimentares
- planaltos em intrusões e coberturas residuais de plataformas
- planícies
- depressões

Fonte: baseado em ROSS, J.L.S. (Geomorfologia, ambiente e planejamento).

BRASIL – GEOLOGIA

O Brasil é rico em recursos minerais. Em rochas sedimentares, podem ser encontrados os bens minerais energéticos, como carvão mineral e petróleo. Em rochas metamórficas e ígneas, é comum a presença de bens minerais metálicos, como ferro, ouro, prata, dentre outros.

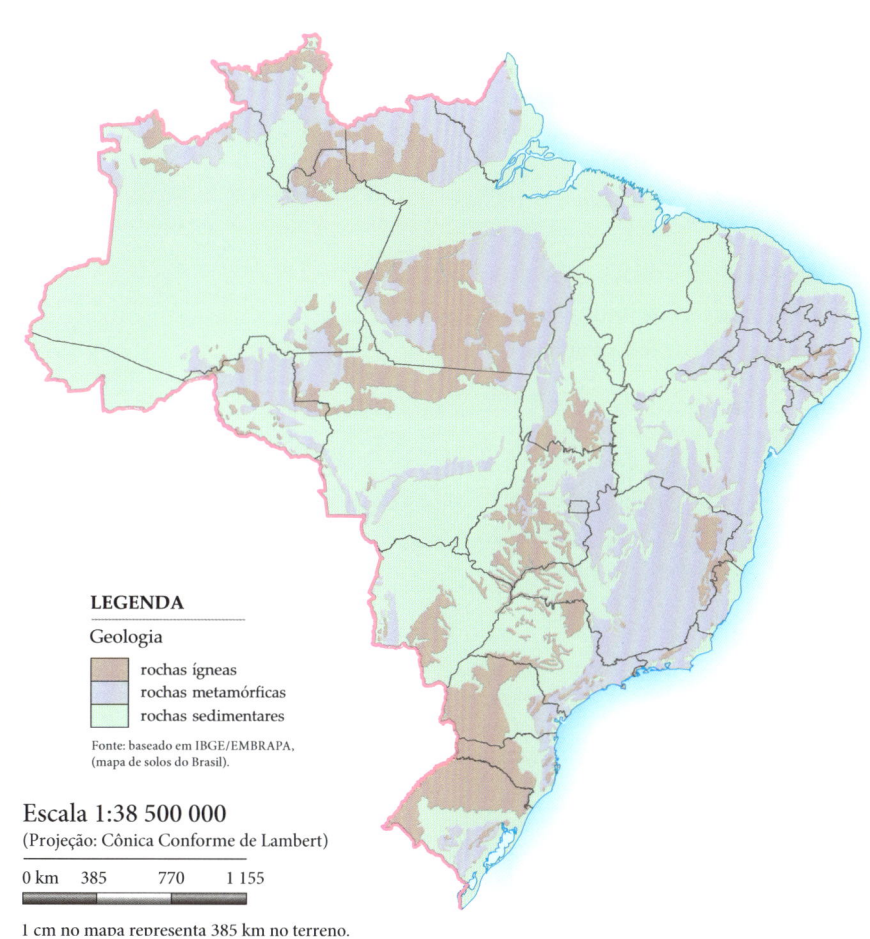

Nos escudos cristalinos, encontram-se rochas ígneas, como o granito, muito utilizado na construção civil como pedra ornamental.

LEGENDA

Geologia
- rochas ígneas
- rochas metamórficas
- rochas sedimentares

Fonte: baseado em IBGE/EMBRAPA, (mapa de solos do Brasil).

Escala 1:38 500 000
(Projeção: Cônica Conforme de Lambert)

0 km   385   770   1 155

1 cm no mapa representa 385 km no terreno.

BRASIL – TIPO DE SOLO

O clima tropical predominante no país favorece a ocorrência de solos com grande espessura.

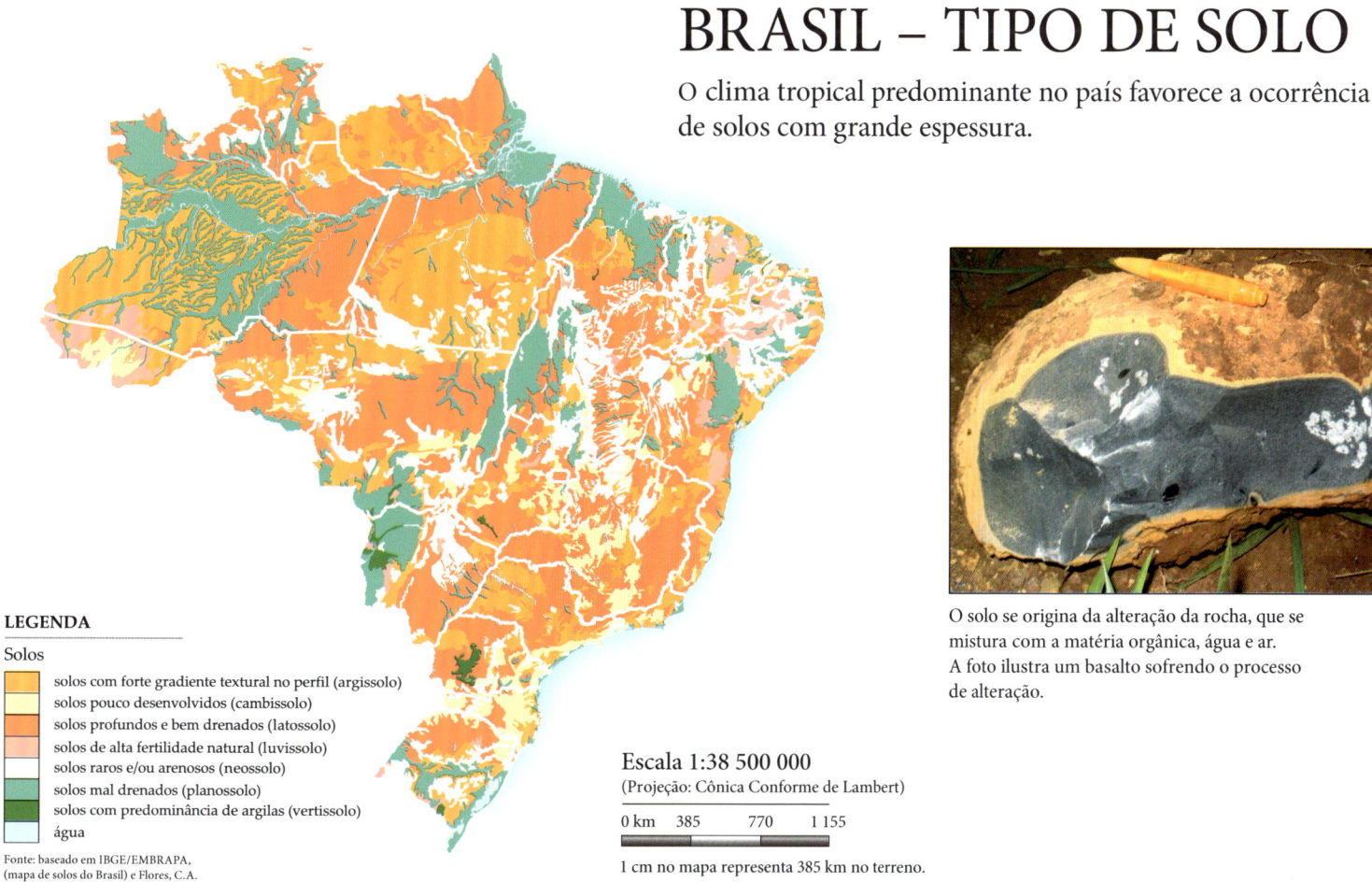

O solo se origina da alteração da rocha, que se mistura com a matéria orgânica, água e ar. A foto ilustra um basalto sofrendo o processo de alteração.

LEGENDA

Solos
- solos com forte gradiente textural no perfil (argissolo)
- solos pouco desenvolvidos (cambissolo)
- solos profundos e bem drenados (latossolo)
- solos de alta fertilidade natural (luvissolo)
- solos raros e/ou arenosos (neossolo)
- solos mal drenados (planossolo)
- solos com predominância de argilas (vertissolo)
- água

Fonte: baseado em IBGE/EMBRAPA, (mapa de solos do Brasil) e Flores, C.A.

Escala 1:38 500 000
(Projeção: Cônica Conforme de Lambert)

0 km   385   770   1 155

1 cm no mapa representa 385 km no terreno.

BRASIL – SOLOS

O solo se origina dos processos de alteração e fragmentação das rochas denominados de intemperismo e pedogênese. Em várias regiões do país encontramos solos muito férteis, como a terra roxa na bacia do Paraná.

FERTILIDADE DO SOLO

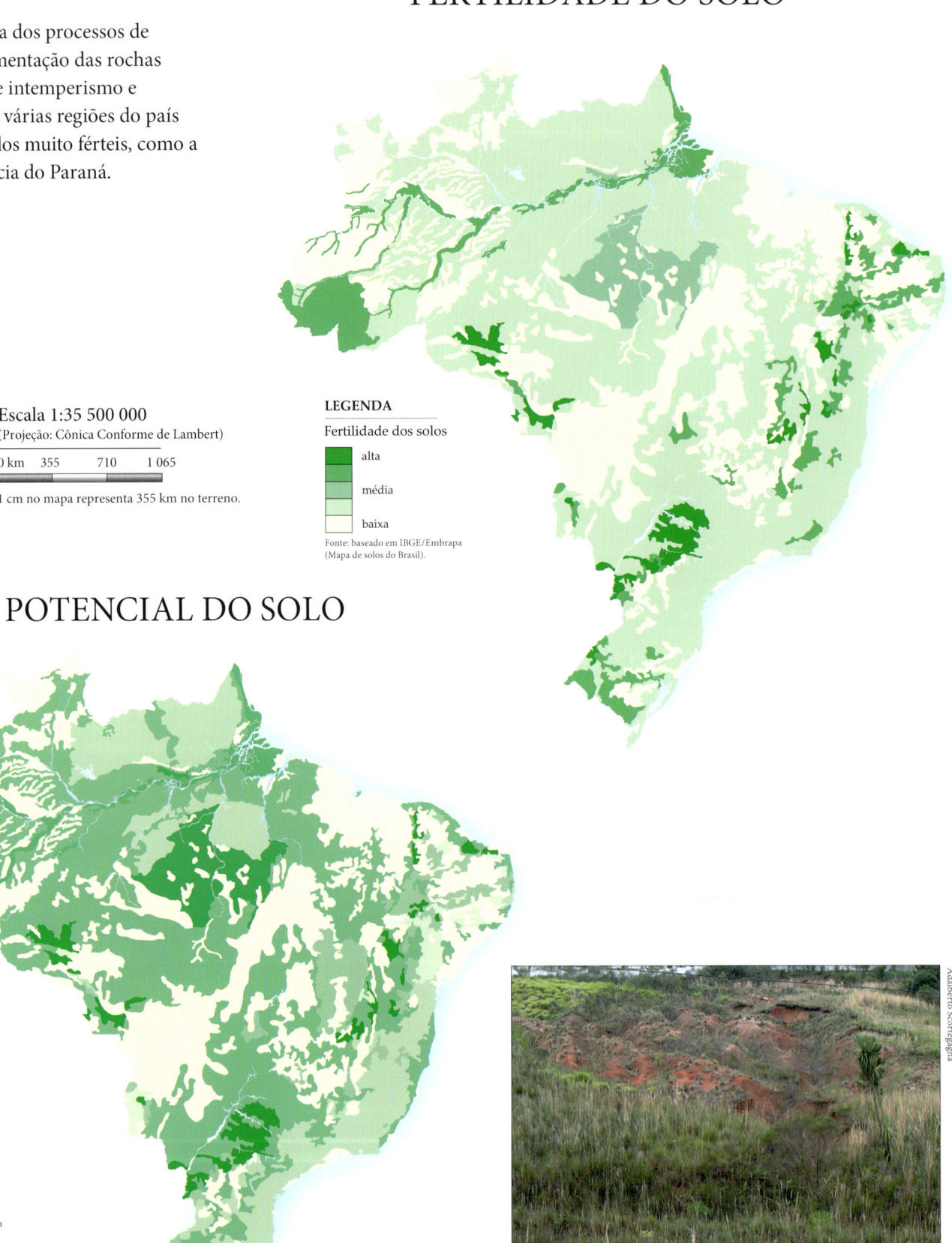

Escala 1:35 500 000
(Projeção: Cônica Conforme de Lambert)

0 km   355   710   1 065

1 cm no mapa representa 355 km no terreno.

LEGENDA
Fertilidade dos solos
- alta
- média
- baixa

Fonte: baseado em IBGE/Embrapa (Mapa de solos do Brasil).

POTENCIAL DO SOLO

LEGENDA
Potencial agrícola
- bom
- regulador
- restrito
- desaconselhável

Fonte: baseado em IBGE/Embrapa (Mapa de solos do Brasil).

Escala 1:35 500 000
(Projeção: Cônica Conforme de Lambert)

0 km   355   710   1 065

1 cm no mapa representa 355 km no terreno.

O mau uso do solo pode gerar ravinas devido ao trabalho erosivo das águas de escoamento, como na imagem acima, na região de Curitiba, no Paraná.

BRASIL – BACIAS HIDROGRÁFICAS

A rede hidrográfica brasileira é composta por rios, em sua maioria, perenes e com grande potencial para a geração de energia elétrica, pois se encontram predominantemente em regiões de planalto. A navegação de maior porte é realizada em rios como os da bacia do rio Amazonas, os da bacia do rio Paraguai e em trechos do rio São Francisco. Os rios das regiões Sul e Sudeste apresentam limitado potencial de navegação, sendo necessária, em alguns casos, a construção de eclusas como as do rio Tietê, no estado de São Paulo.

A bacia Amazônica é a maior do Brasil, com área de 3,9 milhões km².

LEGENDA

FRONTEIRAS
— fronteira internacional

NÚCLEOS POPULACIONAIS
- acima de 1 milhão
- 500 000 a 1 milhão
- 100 000 a 500 000
- 50 000 a 100 000
- abaixo de 50 000

O quadrado vermelho indica capital de país.
O quadrado laranja indica capital de estado.

Escala 1:25 000 000
(Projeção: Cônica Conforme de Lambert)

0 km 250 500 750

1 cm no mapa representa 250 km no terreno.

LEGENDA

Grandes bacias hidrográficas
- Amazonas
- Atlântico
- Tocantins
- São Francisco
- Paraná
- Uruguai
- Paraguai

Fonte: baseado em IBGE (Mapa de bacias hidrográficas do Brasil).

BRASIL – CLIMA

A Terra vem passando por transformações climáticas significativas resultantes do processo de aquecimento global. Tais transformações estão associadas aos gases estufa e afetam diversas regiões do planeta. Os furacões, fenômenos antes restritos a países como Estados Unidos (litoral leste), Japão e Austrália, podem se tornar frequentes no Sul do Brasil. Em 2004, um furacão (segundo definição do Centro Nacional de Furacões dos Estados Unidos), ou ciclone extratropical, denominado Catarina causou grandes destruições no litoral de Santa Catarina e do Rio Grande do Sul. Além disso, ocorrências de longos períodos de estiagem no Sul do Brasil (verões de 2004, 2005 e 2011) e na região amazônica (2005 e 2010) estão se tornando cada vez mais frequentes.

LEGENDA
Regiões climáticas
- equatorial
- tropical
- semiárido
- tropical úmido
- tropical de altitude
- subtropical

Fonte: baseado em IBGE, (Atlas Geográfico Escolar) e IBGE, (mapa de clima do Brasil).

Escala 1:21 000 000
(Projeção: Cônica Conforme de Lambert)
0 km 210 420 630
1 cm no mapa representa 210 km no terreno.

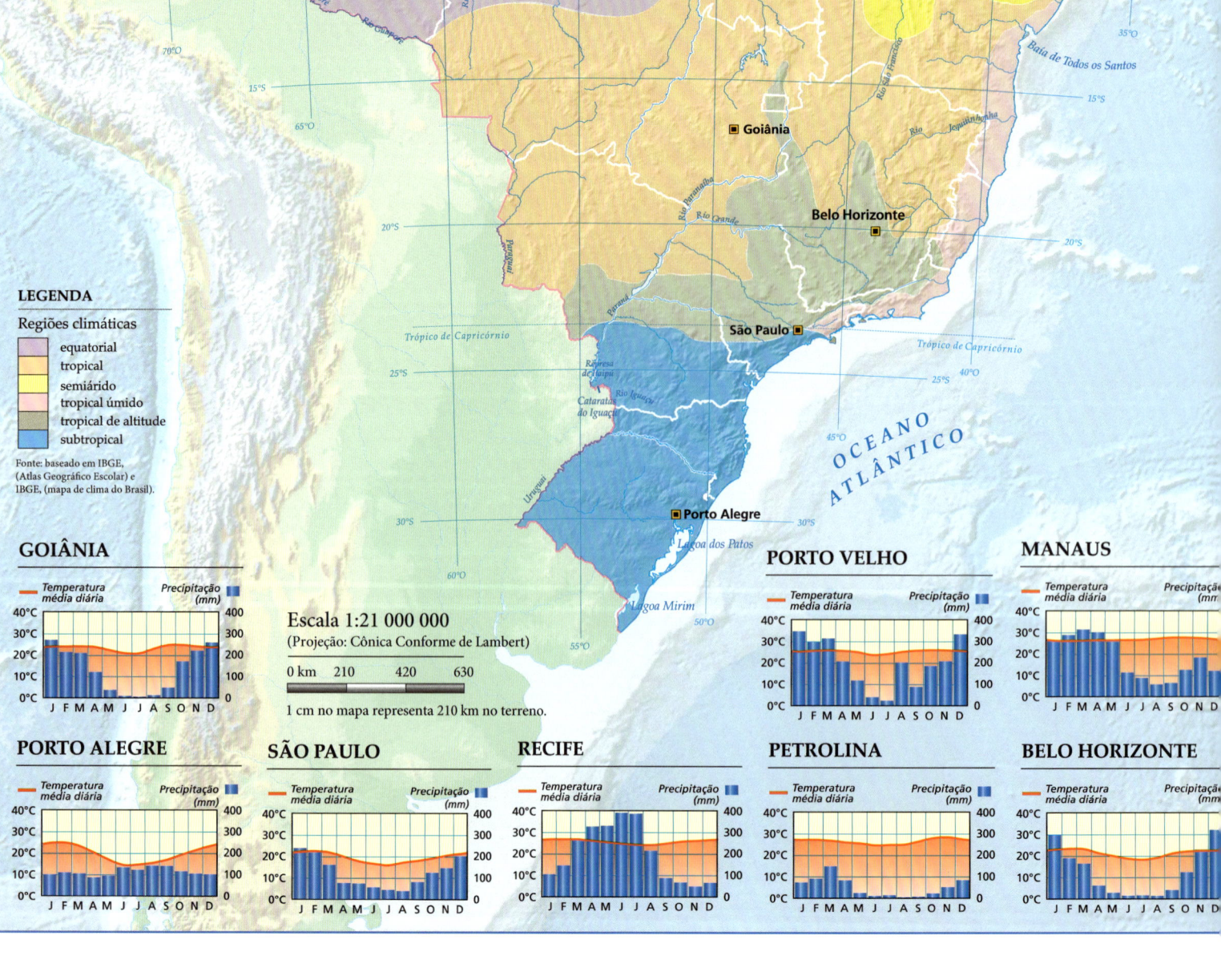

GOIÂNIA
PORTO VELHO
MANAUS
PORTO ALEGRE
SÃO PAULO
RECIFE
PETROLINA
BELO HORIZONTE

BRASIL – VEGETAÇÃO

A extensão continental do território brasileiro favorece a ocorrência de uma enorme diversidade de vegetação. Há desde florestas tropicais e cerrados, típicos de zonas tropicais, até pradarias e florestas de araucária, próprias de zonas temperadas.

LEGENDA

FRONTEIRAS
- fronteira internacional

NÚCLEOS POPULACIONAIS
- acima de 1 milhão
- 500 000 a 1 milhão
- 100 000 a 500 000
- 50 000 a 100 000
- abaixo de 50 000

O quadrado vermelho indica capital de país.

O quadrado laranja indica capital de estado.

BIOMAS

LEGENDA

Biomas
- floresta amazônica
- cerrado
- pantanal
- caatinga
- mata atlântica
- pampa

Escala 1:48 000 000
(Projeção: Cônica Conforme de Lambert)

0 km   480   960   1 440

Fonte: baseado em IBGE, (mapa de biomas do Brasil).

LEGENDA

Vegetação
- floresta ombrófila densa
- floresta ombrófila aberta
- floresta ombrófila mista
- floresta estacional semidecidual
- floresta estacional decidual
- campinarana
- savana estépica
- savana
- estepe
- área das formações pioneiras
- área de tensão ecológica
- refúgio ecológico
- água

Escala 1:22 000 000
(Projeção: Cônica Conforme de Lambert)

0 km   220   440   660

1 cm no mapa representa 220 km no terreno.

Fonte: baseado em IBGE, (mapa de vegetação do Brasil).

BRASIL – POPULAÇÃO

A maioria da população brasileira (cerca de 80%) vive atualmente nas cidades. A maior parte dessa população urbana vive perto do litoral das regiões Sul, Sudeste e Nordeste.

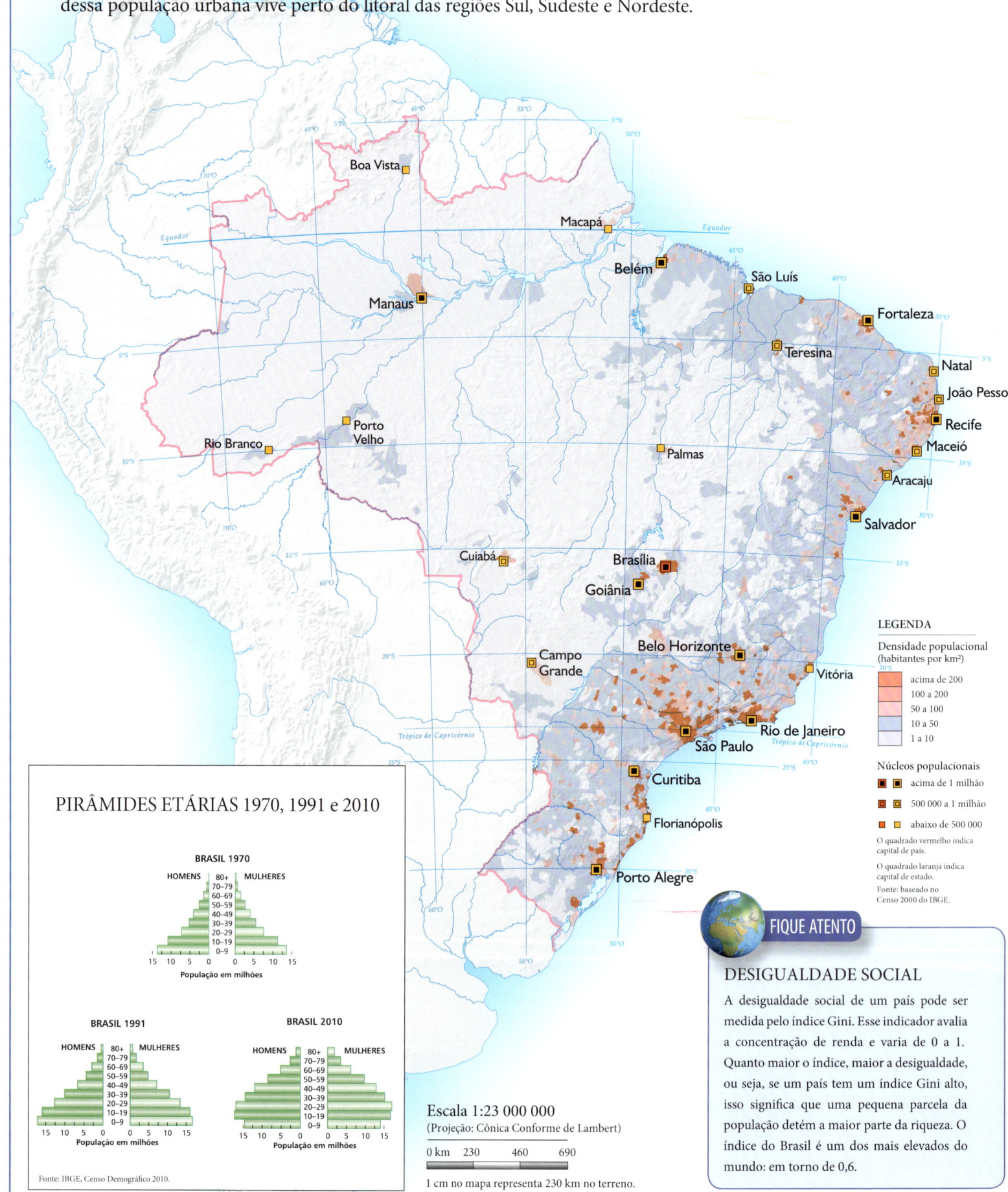

LEGENDA

Densidade populacional (habitantes por km²)
- acima de 200
- 100 a 200
- 50 a 100
- 10 a 50
- 1 a 10

Núcleos populacionais
- acima de 1 milhão
- 500 000 a 1 milhão
- abaixo de 500 000

O quadrado vermelho indica capital de país.

O quadrado laranja indica capital de estado.

Fonte: baseado no Censo 2000 do IBGE.

PIRÂMIDES ETÁRIAS 1970, 1991 e 2010

BRASIL 1970
BRASIL 1991
BRASIL 2010

Fonte: IBGE, Censo Demográfico 2010.

Escala 1:23 000 000
(Projeção: Cônica Conforme de Lambert)

0 km   230   460   690

1 cm no mapa representa 230 km no terreno.

FIQUE ATENTO

DESIGUALDADE SOCIAL

A desigualdade social de um país pode ser medida pelo índice Gini. Esse indicador avalia a concentração de renda e varia de 0 a 1. Quanto maior o índice, maior a desigualdade, ou seja, se um país tem um índice Gini alto, isso significa que uma pequena parcela da população detém a maior parte da riqueza. O índice do Brasil é um dos mais elevados do mundo: em torno de 0,6.

BRASIL – CRESCIMENTO VEGETATIVO

O crescimento vegetativo é o resultado da diferença entre a natalidade e a mortalidade em um país ou em uma região. Nas últimas décadas, a queda do crescimento vegetativo da população brasileira foi uma das maiores do mundo. Na década de 70, a mulher brasileira tinha em média seis filhos; atualmente, a taxa de fecundidade situa-se em torno de 1,9. Entre as principais causas dessa queda, destacam-se a urbanização acelerada nas últimas décadas e o aumento da participação da mulher no mercado de trabalho. Entre as consequências, pode-se apontar o envelhecimento da população – neste início de século, o Brasil é o oitavo país do mundo em número de idosos, com aproximadamente 18 milhões de pessoas com mais de 60 anos.

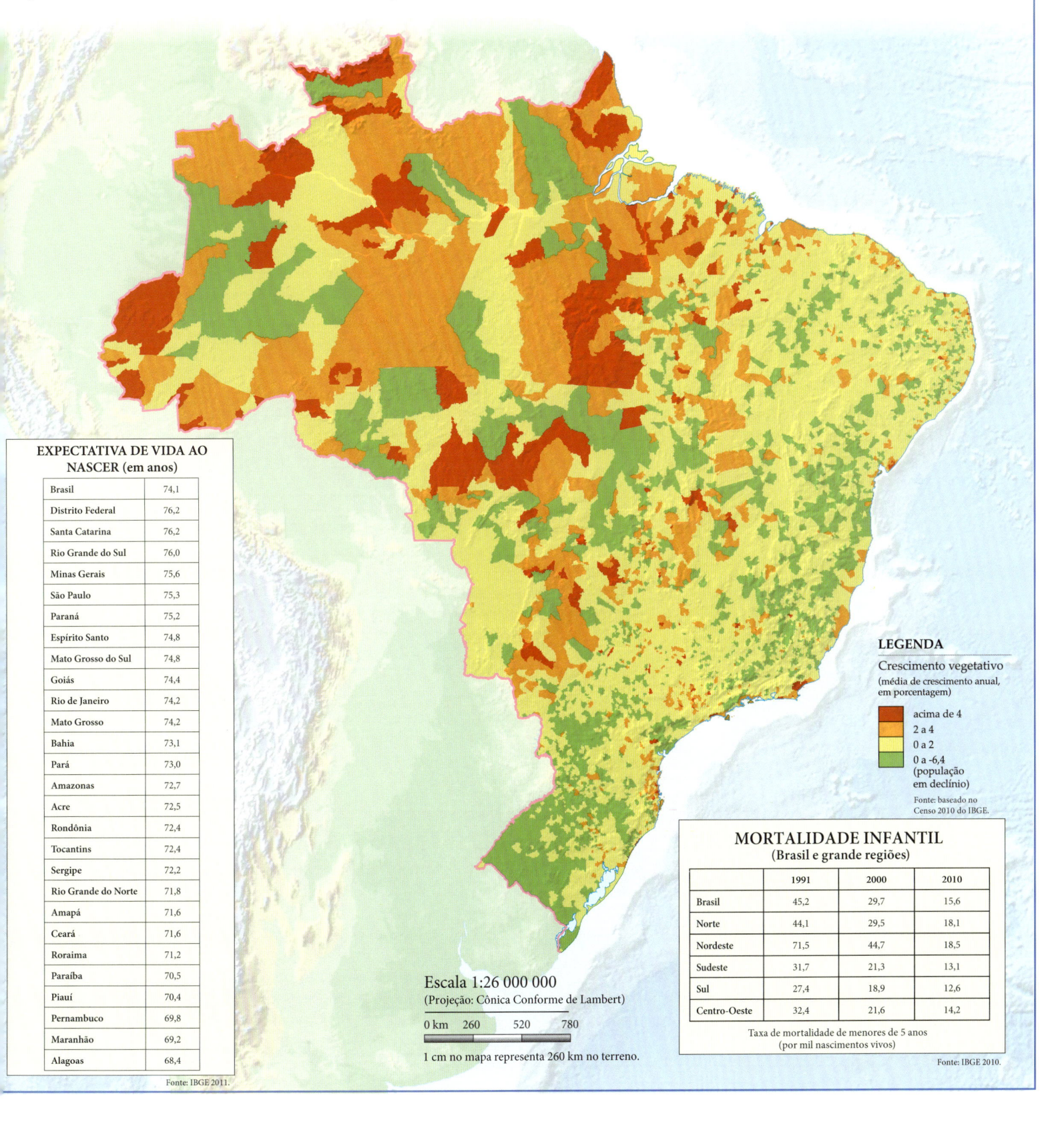

EXPECTATIVA DE VIDA AO NASCER (em anos)

Brasil	74,1
Distrito Federal	76,2
Santa Catarina	76,2
Rio Grande do Sul	76,0
Minas Gerais	75,6
São Paulo	75,3
Paraná	75,2
Espírito Santo	74,8
Mato Grosso do Sul	74,8
Goiás	74,4
Rio de Janeiro	74,2
Mato Grosso	74,2
Bahia	73,1
Pará	73,0
Amazonas	72,7
Acre	72,5
Rondônia	72,4
Tocantins	72,4
Sergipe	72,2
Rio Grande do Norte	71,8
Amapá	71,6
Ceará	71,6
Roraima	71,2
Paraíba	70,5
Piauí	70,4
Pernambuco	69,8
Maranhão	69,2
Alagoas	68,4

Fonte: IBGE 2011.

LEGENDA

Crescimento vegetativo (média de crescimento anual, em porcentagem)

- acima de 4
- 2 a 4
- 0 a 2
- 0 a -6,4 (população em declínio)

Fonte: baseado no Censo 2010 do IBGE.

MORTALIDADE INFANTIL (Brasil e grandes regiões)

	1991	2000	2010
Brasil	45,2	29,7	15,6
Norte	44,1	29,5	18,1
Nordeste	71,5	44,7	18,5
Sudeste	31,7	21,3	13,1
Sul	27,4	18,9	12,6
Centro-Oeste	32,4	21,6	14,2

Taxa de mortalidade de menores de 5 anos (por mil nascimentos vivos)

Fonte: IBGE 2010.

Escala 1:26 000 000
(Projeção: Cônica Conforme de Lambert)

0 km 260 520 780

1 cm no mapa representa 260 km no terreno.

BRASIL - IDH

IDH (Índice de Desenvolvimento Humano) é um índice que serve de comparação entre países, estados e municípios e tem como objetivo medir o grau de desenvolvimento econômico e a qualidade de vida de uma determinada população. Todos os anos, o Programa das Nações Unidas para o Desenvolvimento (PNUD) fornece os dados referente aos países pertencentes à ONU.

O IDH é calculado com base em alguns fatores econômicos e sociais, como educação (anos médios de estudos), longevidade (expectativa de vida da população) e Produto Interno Bruto *per capita*. O índice vai de 0 a 1. Quanto mais próximo de 1, maior o desenvolvimento humano.

De acordo com dados para 2012, o IDH do Brasil é 0,730, considerado de alto desenvolvimento humano, apesar do país apresentar enorme desigualdade social e concentração de renda elevada.

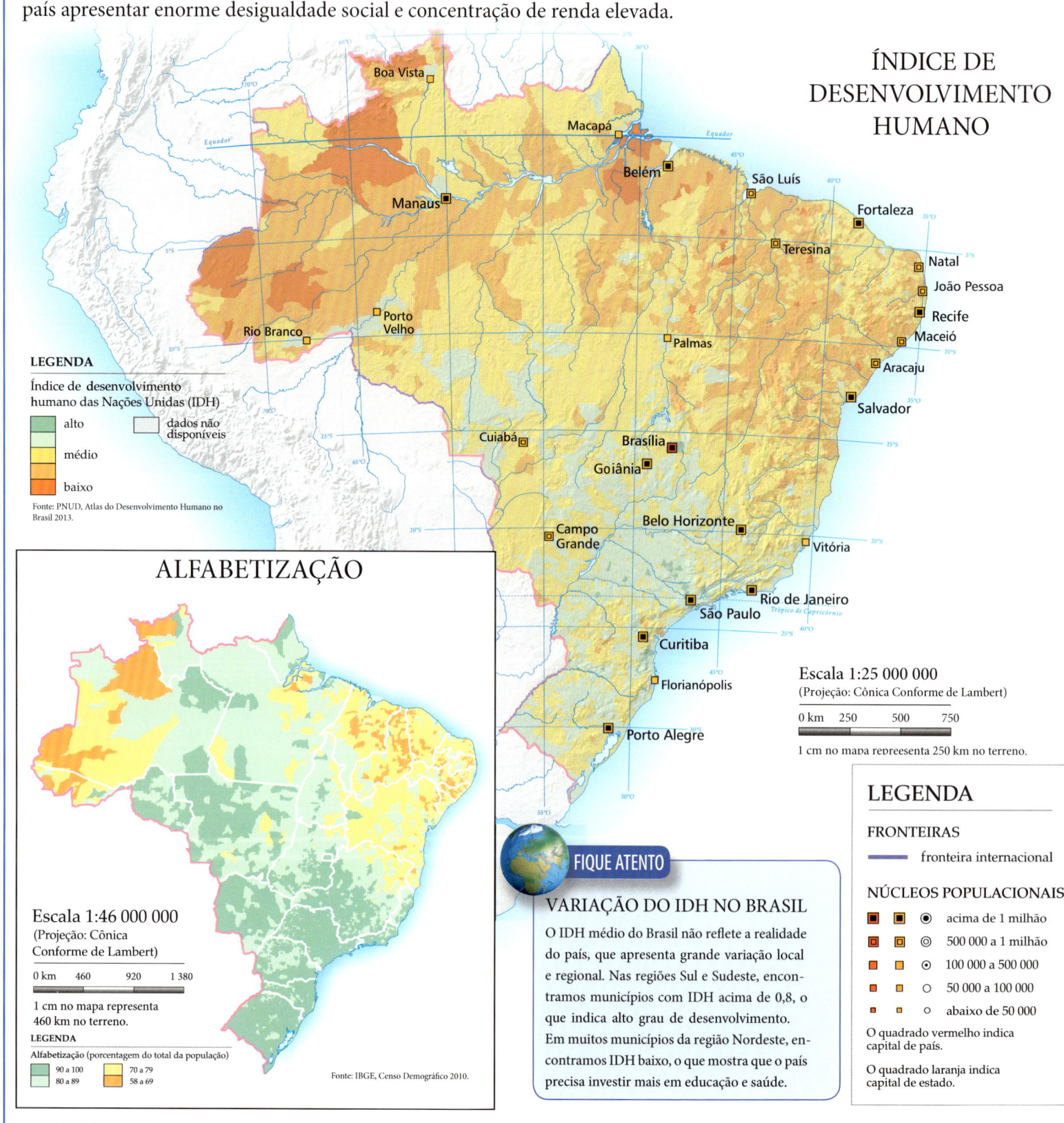

ÍNDICE DE DESENVOLVIMENTO HUMANO

LEGENDA

Índice de desenvolvimento humano das Nações Unidas (IDH)
- alto
- médio
- baixo
- dados não disponíveis

Fonte: PNUD, Atlas do Desenvolvimento Humano no Brasil 2013.

Escala 1:25 000 000
(Projeção: Cônica Conforme de Lambert)
0 km 250 500 750
1 cm no mapa representa 250 km no terreno.

ALFABETIZAÇÃO

Escala 1:46 000 000
(Projeção: Cônica Conforme de Lambert)
0 km 460 920 1 380
1 cm no mapa representa 460 km no terreno.

LEGENDA
Alfabetização (porcentagem do total da população)
- 90 a 100
- 80 a 89
- 70 a 79
- 58 a 69

Fonte: IBGE, Censo Demográfico 2010.

FIQUE ATENTO

VARIAÇÃO DO IDH NO BRASIL

O IDH médio do Brasil não reflete a realidade do país, que apresenta grande variação local e regional. Nas regiões Sul e Sudeste, encontramos municípios com IDH acima de 0,8, o que indica alto grau de desenvolvimento. Em muitos municípios da região Nordeste, encontramos IDH baixo, o que mostra que o país precisa investir mais em educação e saúde.

LEGENDA

FRONTEIRAS
- fronteira internacional

NÚCLEOS POPULACIONAIS
- acima de 1 milhão
- 500 000 a 1 milhão
- 100 000 a 500 000
- 50 000 a 100 000
- abaixo de 50 000

O quadrado vermelho indica capital de país.

O quadrado laranja indica capital de estado.

BRASIL — ÁGUA POTÁVEL E SANEAMENTO

O acesso a serviços básicos como água potável e saneamento básico ainda é insuficiente no Brasil. A população que tem acesso à água potável corresponde a cerca de 80%. O saneamento básico chega a aproximadamente 60% da população brasileira.

O acesso à água tratada pode evitar muitas doenças, especialmente em crianças, reduzindo significativamente a mortalidade infantil no país.

SANEAMENTO BÁSICO

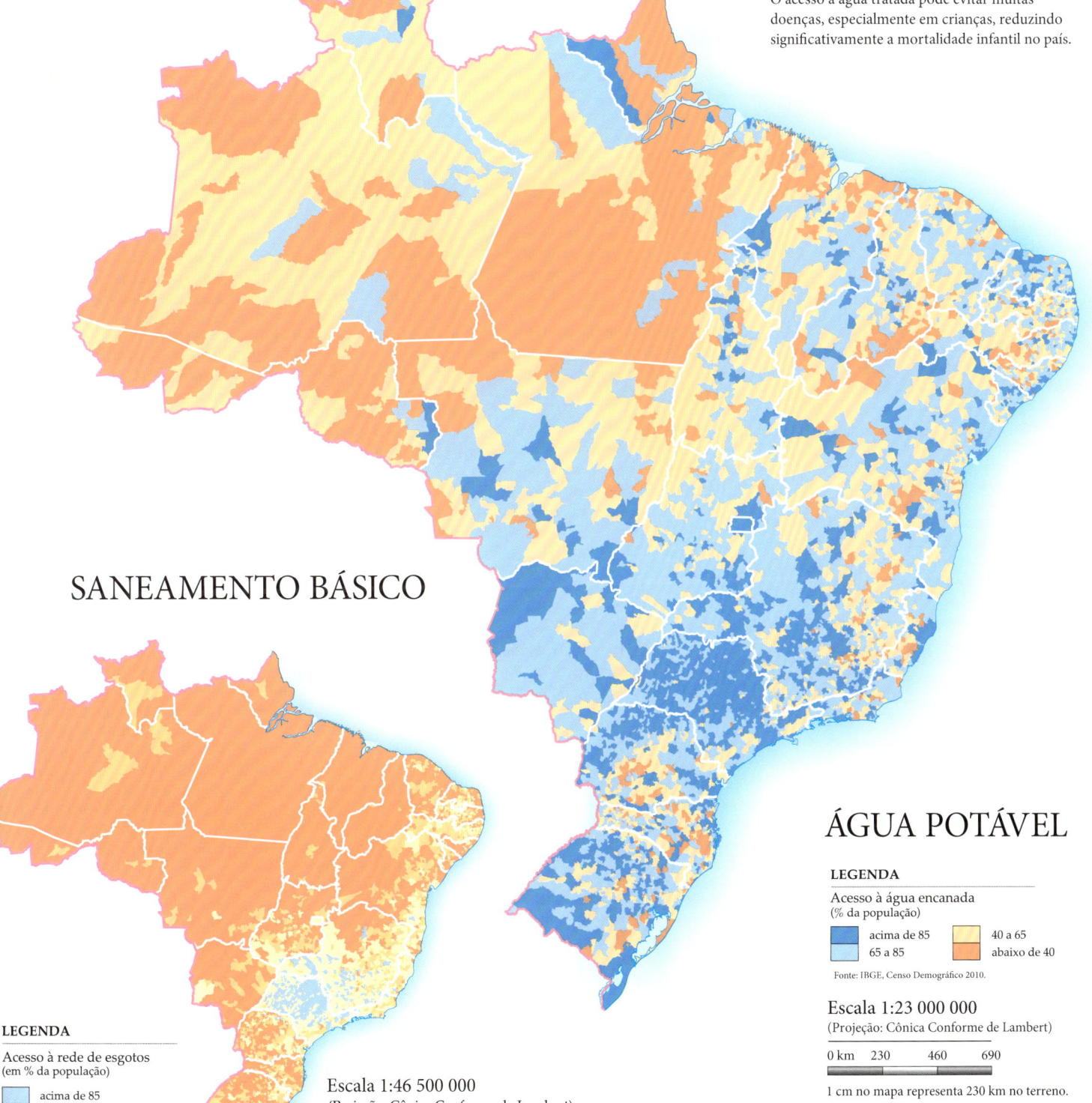

LEGENDA
Acesso à rede de esgotos (em % da população)
- acima de 85
- 50 a 85
- 20 a 50
- 0 a 20

Fonte: IBGE, Censo Demográfico 2010.

Escala 1:46 500 000
(Projeção: Cônica Conforme de Lambert)

0 km   465   930   1 395

1 cm no mapa representa 465 km no terreno.

ÁGUA POTÁVEL

LEGENDA
Acesso à água encanada (% da população)
- acima de 85
- 65 a 85
- 40 a 65
- abaixo de 40

Fonte: IBGE, Censo Demográfico 2010.

Escala 1:23 000 000
(Projeção: Cônica Conforme de Lambert)

0 km   230   460   690

1 cm no mapa representa 230 km no terreno.

BRASIL – PIB MUNICIPAL

Em 2014, o Brasil ocupava a 7ª colocação entre os países com maior PIB (Produto Interno Bruto), o que equivale a dizer que o país é a 7ª economia mundial. O PIB representa toda a riqueza gerada por uma nação, estado, município ou região em um dado período, que pode ser anual, semestral ou mensal.

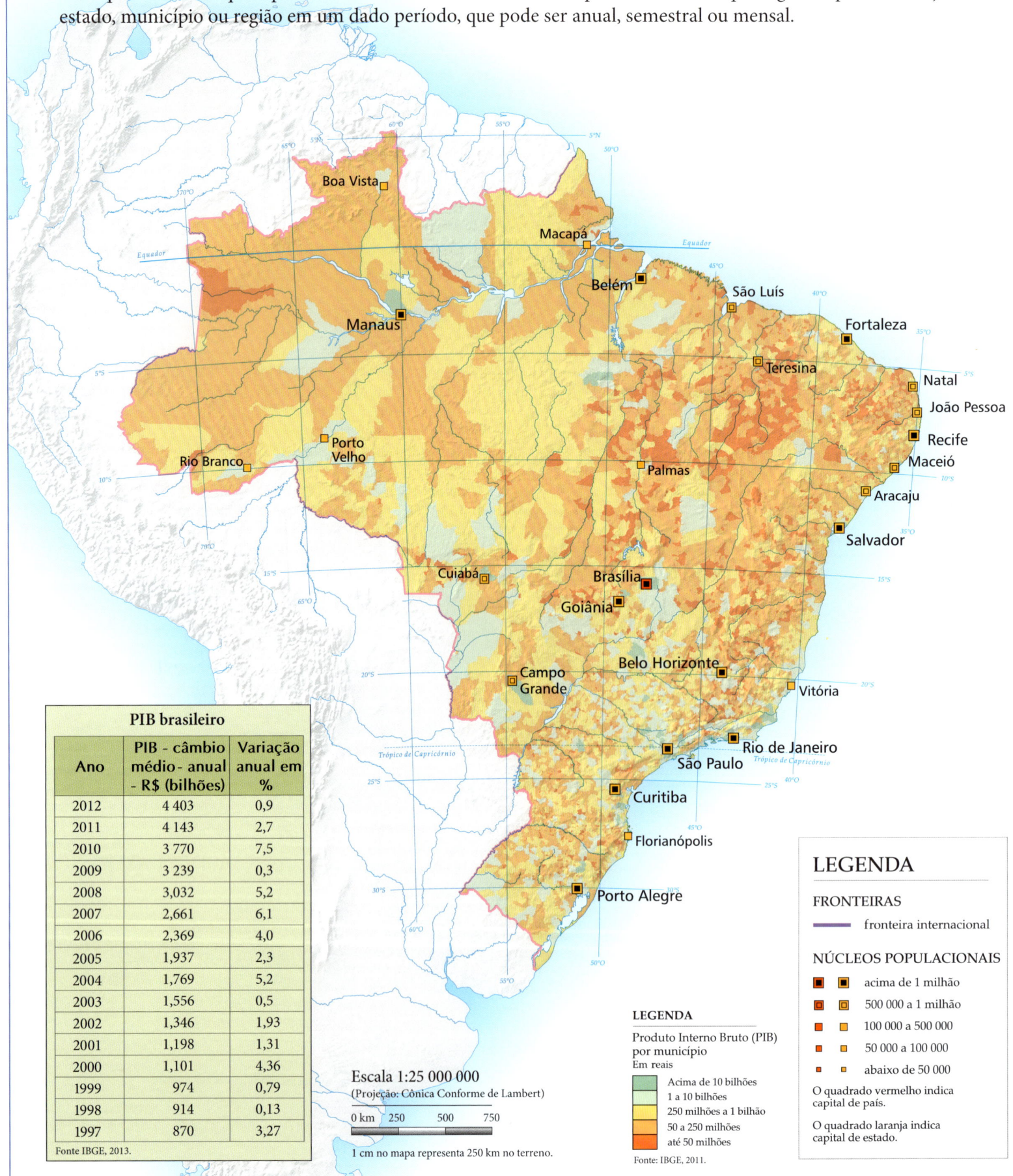

PIB brasileiro

Ano	PIB - câmbio médio - anual - R$ (bilhões)	Variação anual em %
2012	4 403	0,9
2011	4 143	2,7
2010	3 770	7,5
2009	3 239	0,3
2008	3,032	5,2
2007	2,661	6,1
2006	2,369	4,0
2005	1,937	2,3
2004	1,769	5,2
2003	1,556	0,5
2002	1,346	1,93
2001	1,198	1,31
2000	1,101	4,36
1999	974	0,79
1998	914	0,13
1997	870	3,27

Fonte IBGE, 2013.

Escala 1:25 000 000
(Projeção: Cônica Conforme de Lambert)

0 km 250 500 750

1 cm no mapa representa 250 km no terreno.

LEGENDA

Produto Interno Bruto (PIB) por município
Em reais

- Acima de 10 bilhões
- 1 a 10 bilhões
- 250 milhões a 1 bilhão
- 50 a 250 milhões
- até 50 milhões

Fonte: IBGE, 2011.

LEGENDA

FRONTEIRAS
— fronteira internacional

NÚCLEOS POPULACIONAIS
- acima de 1 milhão
- 500 000 a 1 milhão
- 100 000 a 500 000
- 50 000 a 100 000
- abaixo de 50 000

O quadrado vermelho indica capital de país.

O quadrado laranja indica capital de estado.

BRASIL – SETORES DA ECONOMIA

SETOR PRIMÁRIO

O setor primário é o conjunto de atividades econômicas que produzem matérias-primas. As atividades que mais se destacam nesse setor incluem agricultura, pecuária e extrativismo.

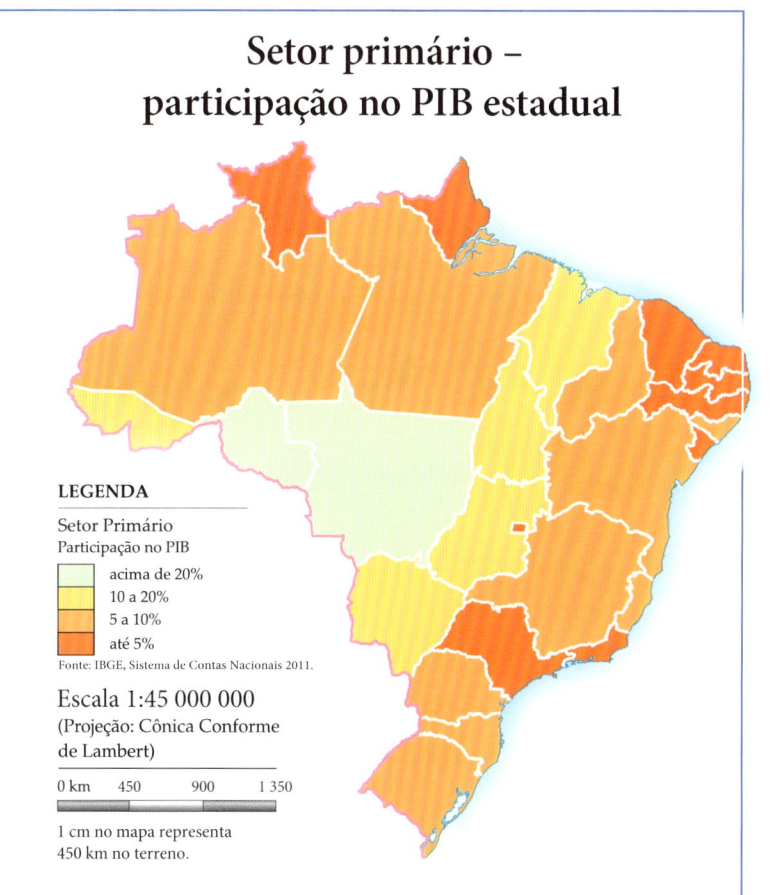

SETOR SECUNDÁRIO

O setor secundário abrange principalmente a indústria. No Brasil, trabalham nesse setor cerca de 24% da população economicamente ativa (PEA).

Setor secundário – participação no PIB estadual

LEGENDA
Setor Secundário
Participação no PIB
- acima de 30%
- 20 a 30%
- 10 a 20%
- até 10%

Fonte: IBGE, Sistema de Contas Nacionais 2011.

Escala 1:45 000 000
(Projeção: Cônica Conforme de Lambert)

0 km 450 900 1 350

1 cm no mapa representa 450 km no terreno.

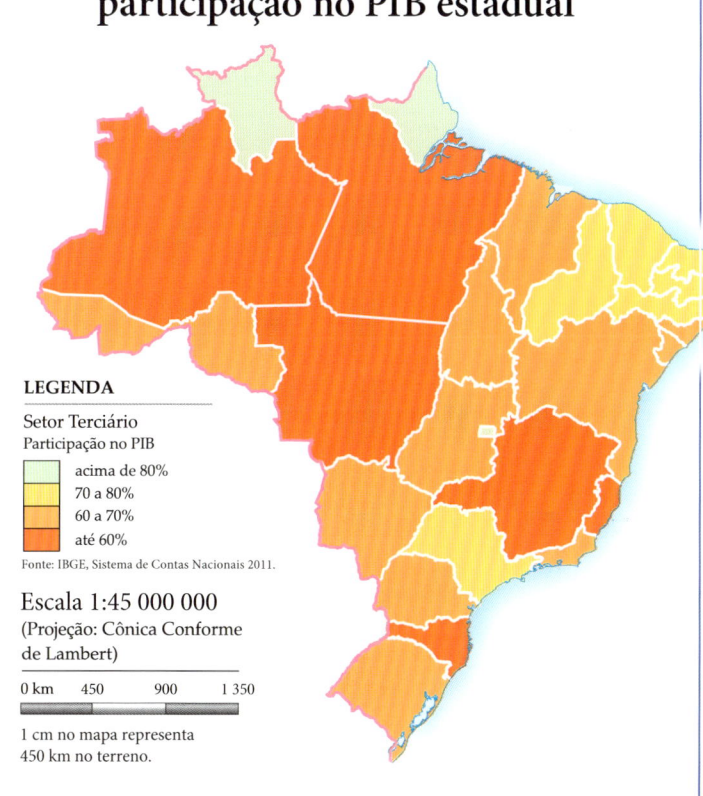

CONFLITOS AGRÁRIOS NO BRASIL

A concentração de terras no Brasil, associada à modernização da agricultura, desencadeou um imenso deslocamento populacional das áreas rurais para as urbanas, principalmente a partir da década de 60. Por causa do êxodo rural, as grandes cidades brasileiras tiveram um crescimento desordenado. Ao mesmo tempo, os movimentos sociais que reivindicam a reforma agrária no país cresceram significativamente. O exemplo mais conhecido é o MST (Movimento dos Trabalhadores Rurais Sem Terra).

Setor primário – participação no PIB estadual

LEGENDA
Setor Primário
Participação no PIB
- acima de 20%
- 10 a 20%
- 5 a 10%
- até 5%

Fonte: IBGE, Sistema de Contas Nacionais 2011.

Escala 1:45 000 000
(Projeção: Cônica Conforme de Lambert)

0 km 450 900 1 350

1 cm no mapa representa 450 km no terreno.

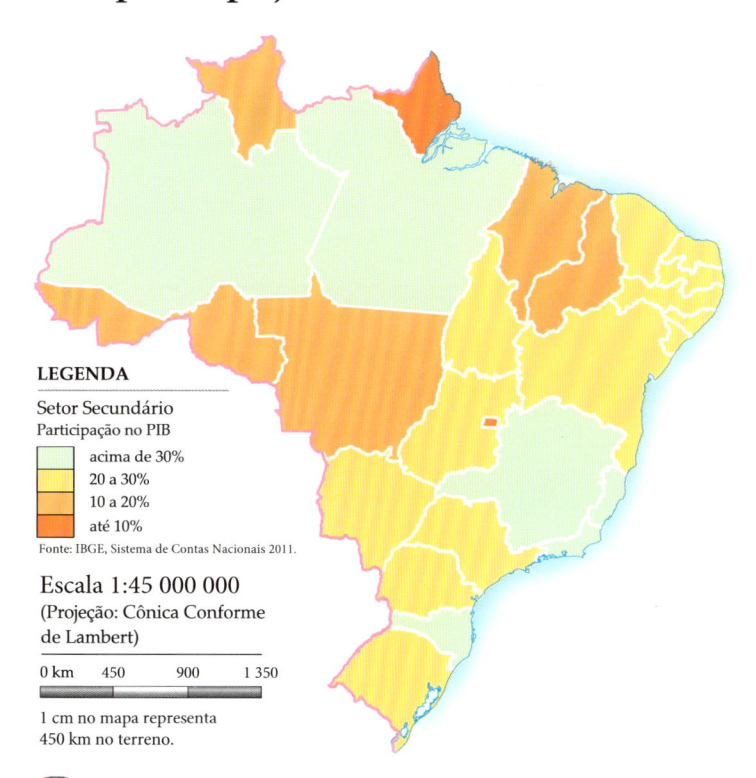

SETOR TERCIÁRIO

O setor terciário da economia engloba o comércio e a prestação de serviços. É o setor que mais emprega no Brasil. Cerca de 55% da população economicamente ativa (PEA) encontra-se nesse setor.

Setor terciário – participação no PIB estadual

LEGENDA
Setor Terciário
Participação no PIB
- acima de 80%
- 70 a 80%
- 60 a 70%
- até 60%

Fonte: IBGE, Sistema de Contas Nacionais 2011.

Escala 1:45 000 000
(Projeção: Cônica Conforme de Lambert)

0 km 450 900 1 350

1 cm no mapa representa 450 km no terreno.

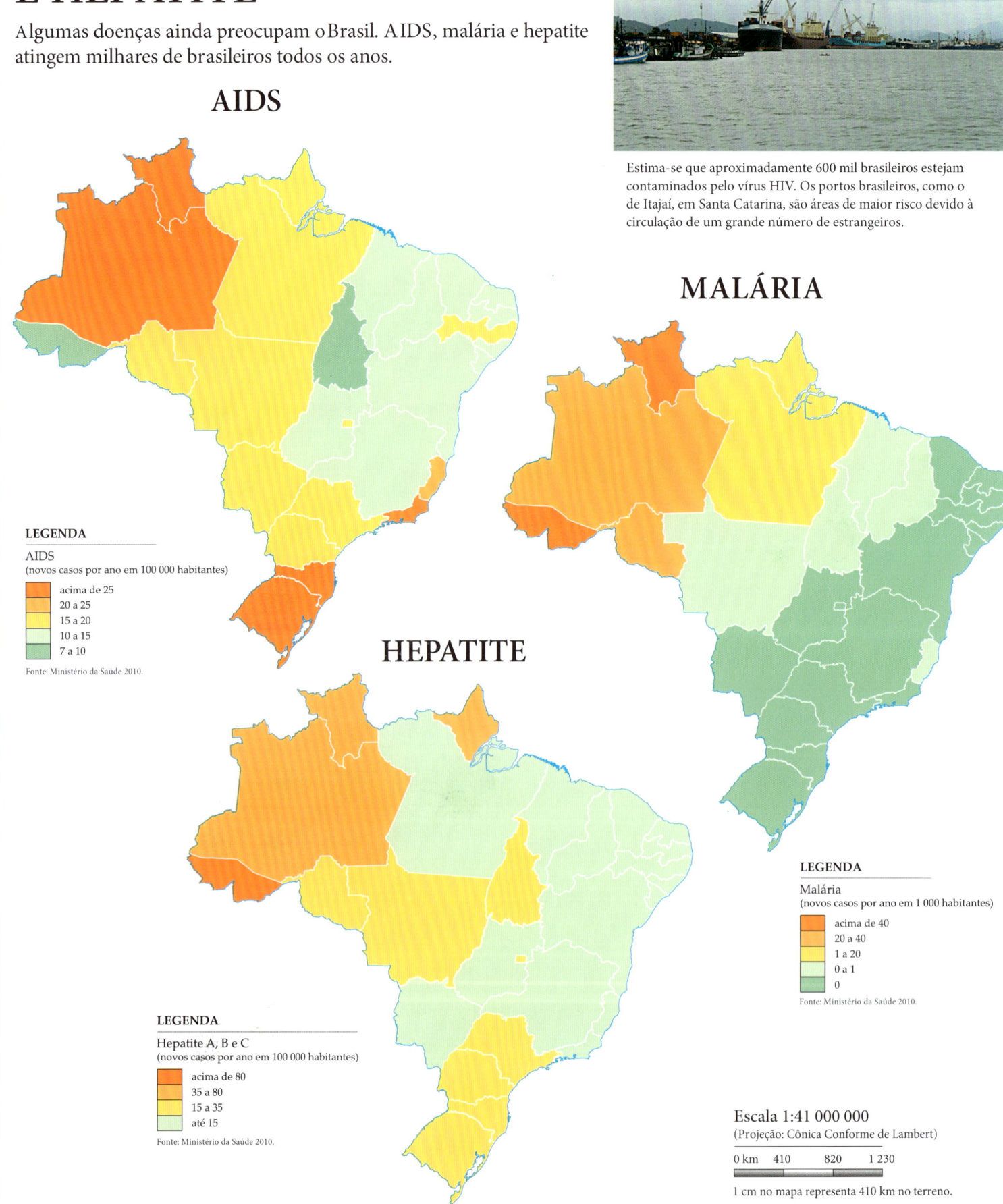

BRASIL – AIDS, MALÁRIA E HEPATITE

Algumas doenças ainda preocupam o Brasil. AIDS, malária e hepatite atingem milhares de brasileiros todos os anos.

AIDS

Estima-se que aproximadamente 600 mil brasileiros estejam contaminados pelo vírus HIV. Os portos brasileiros, como o de Itajaí, em Santa Catarina, são áreas de maior risco devido à circulação de um grande número de estrangeiros.

LEGENDA
AIDS
(novos casos por ano em 100 000 habitantes)
- acima de 25
- 20 a 25
- 15 a 20
- 10 a 15
- 7 a 10

Fonte: Ministério da Saúde 2010.

MALÁRIA

LEGENDA
Malária
(novos casos por ano em 1 000 habitantes)
- acima de 40
- 20 a 40
- 1 a 20
- 0 a 1
- 0

Fonte: Ministério da Saúde 2010.

HEPATITE

LEGENDA
Hepatite A, B e C
(novos casos por ano em 100 000 habitantes)
- acima de 80
- 35 a 80
- 15 a 35
- até 15

Fonte: Ministério da Saúde 2010.

Escala 1:41 000 000
(Projeção: Cônica Conforme de Lambert)

0 km 410 820 1 230

1 cm no mapa representa 410 km no terreno.

BRASIL

BRASIL – REGIÕES METROPOLITANAS

Segundo o IBGE, o Brasil apresenta 26 regiões metropolitanas, destacando-se a de São Paulo e a do Rio de Janeiro.

REGIÃO METROPOLITANA DE SÃO PAULO

A área metropolitana de São Paulo abrange 39 municípios e tem uma população aproximada de 18 milhões de habitantes.

Escala 1:1 000 000
(Projeção: Cônica Conforme de Lambert)

0 km   10   20   30

1 cm no mapa representa 10 km no terreno.

LEGENDA

NÚCLEOS POPULACIONAIS

- ■ ⦿ acima de 1 milhão
- ◧ ◎ 500 000 a 1 milhão
- ▣ ⊙ 100 000 a 500 000
- ▫ ○ 50 000 a 100 000
- ▫ ○ abaixo de 50 000

O quadrado laranja indica capital de estado.

— rodovia
— ferrovia

REGIÃO METROPOLITANA DO RIO DE JANEIRO

A região metropolitana do Rio de Janeiro abrange 17 municípios e tem uma população de aproximadamente 11 milhões de habitantes.

Escala 1:1 000 000
(Projeção: Cônica Conforme de Lambert)

0 km   10   20   30

1 cm no mapa representa 10 km no terreno.

LEGENDA

NÚCLEOS POPULACIONAIS

- ■ ⦿ acima de 1 milhão
- ◧ ◎ 500 000 a 1 milhão
- ▣ ⊙ 100 000 a 500 000
- ▫ ○ 50 000 a 100 000
- ▫ ○ abaixo de 50 000

O quadrado laranja indica capital de estado.

— rodovia
— ferrovia

BRASIL

REGIÃO METROPOLITANA DE BELO HORIZONTE

A região metropolitana de Belo Horizonte abrange 34 municípios e tem uma população de aproximadamente 4,8 milhões de habitantes.

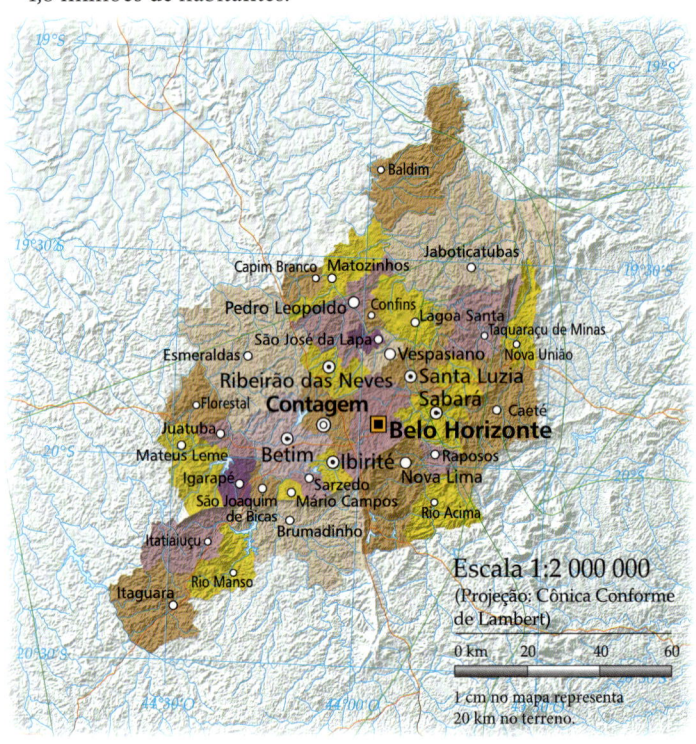

Escala 1:2 000 000
(Projeção: Cônica Conforme de Lambert)

0 km 20 40 60

1 cm no mapa representa 20 km no terreno.

REGIÃO METROPOLITANA DE PORTO ALEGRE

A região metropolitana de Porto Alegre abrange 31 municípios e tem uma população de aproximadamente 3,7 milhões de habitantes.

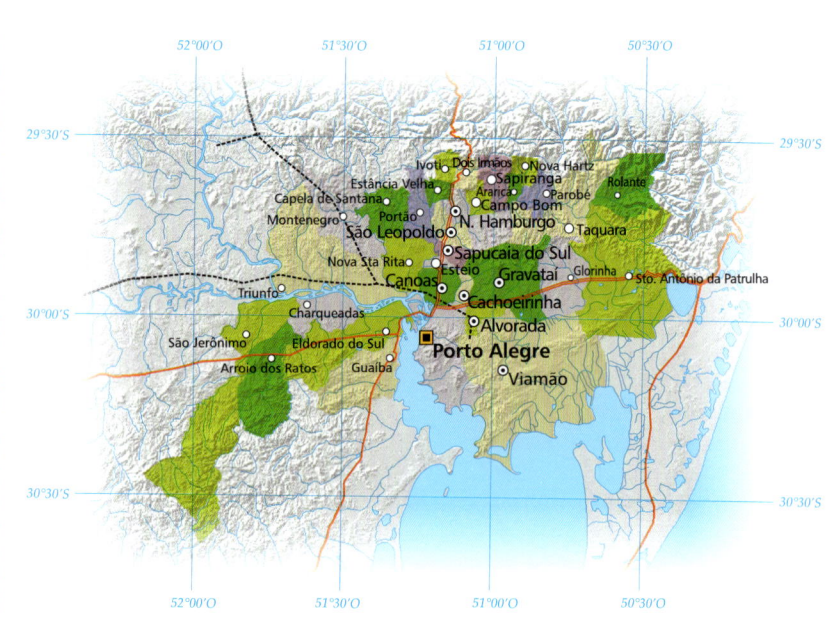

Escala 1:2 000 000
(Projeção: Cônica Conforme de Lambert)

0 km 20 40 60

1 cm no mapa representa 20 km no terreno.

REGIÃO METROPOLITANA DE RECIFE

A região metropolitana de Recife abrange 14 municípios e tem uma população de aproximadamente 3,5 milhões de habitantes.

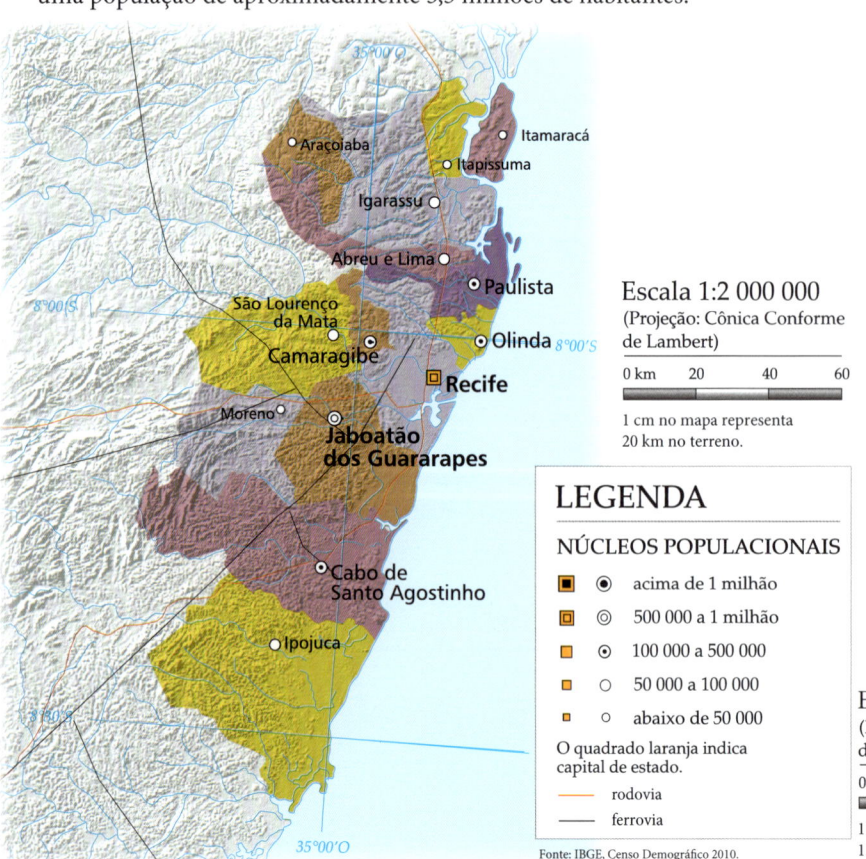

Escala 1:2 000 000
(Projeção: Cônica Conforme de Lambert)

0 km 20 40 60

1 cm no mapa representa 20 km no terreno.

LEGENDA

NÚCLEOS POPULACIONAIS

- ■ ◉ acima de 1 milhão
- ▣ ◎ 500 000 a 1 milhão
- ▪ ● 100 000 a 500 000
- ▫ ○ 50 000 a 100 000
- · ○ abaixo de 50 000

O quadrado laranja indica capital de estado.

— rodovia
— ferrovia

Fonte: IBGE, Censo Demográfico 2010.

REGIÃO METROPOLITANA DE SALVADOR

A região metropolitana de Salvador abrange 10 municípios e tem uma população de aproximadamente 3 milhões de habitantes.

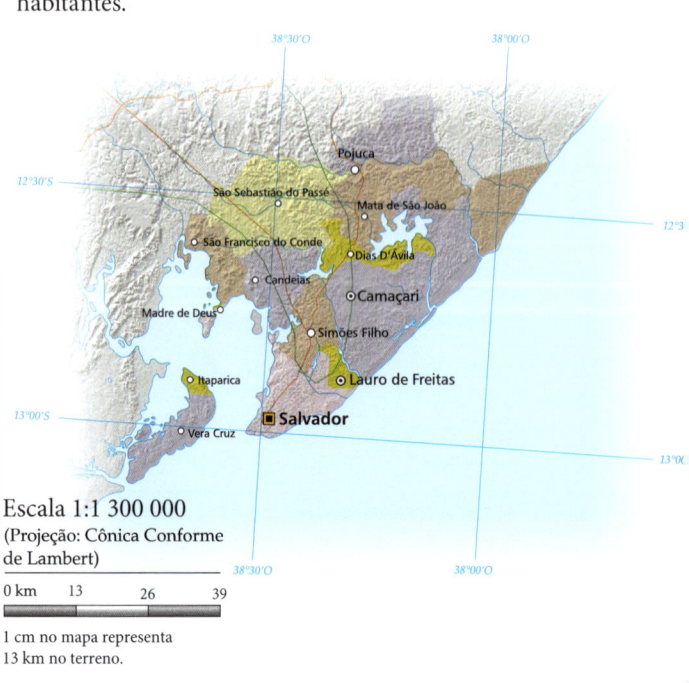

Escala 1:1 300 000
(Projeção: Cônica Conforme de Lambert)

0 km 13 26 39

1 cm no mapa representa 13 km no terreno.

BRASIL

REGIÃO METROPOLITANA DE FORTALEZA

A região metropolitana de Fortaleza abrange 13 municípios e tem uma população de aproximadamente 3,3 milhões de habitantes.

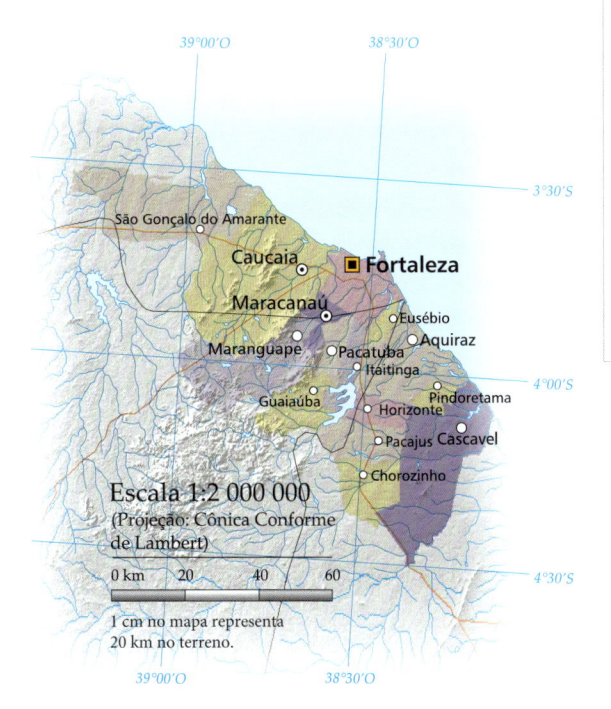

Escala 1:2 000 000
(Projeção: Cônica Conforme de Lambert)

0 km 20 40 60

1 cm no mapa representa 20 km no terreno.

REGIÃO METROPOLITANA DE BELÉM

A região metropolitana de Belém abrange 5 municípios e tem uma população de aproximadamente 2,1 milhões de habitantes.

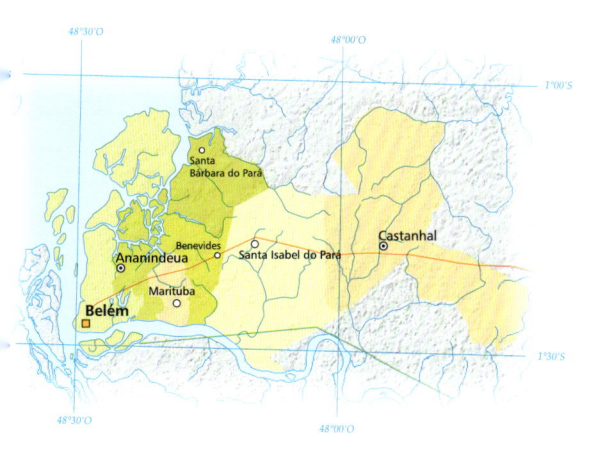

Escala 1:1 000 000
(Projeção: Cônica Conforme de Lambert)

0 km 10 20 30

1 cm no mapa representa 10 km no terreno.

REGIÃO METROPOLITANA DE CURITIBA

A região metropolitana de Curitiba abrange 26 municípios e tem uma população de aproximadamente 2,8 milhões de habitantes.

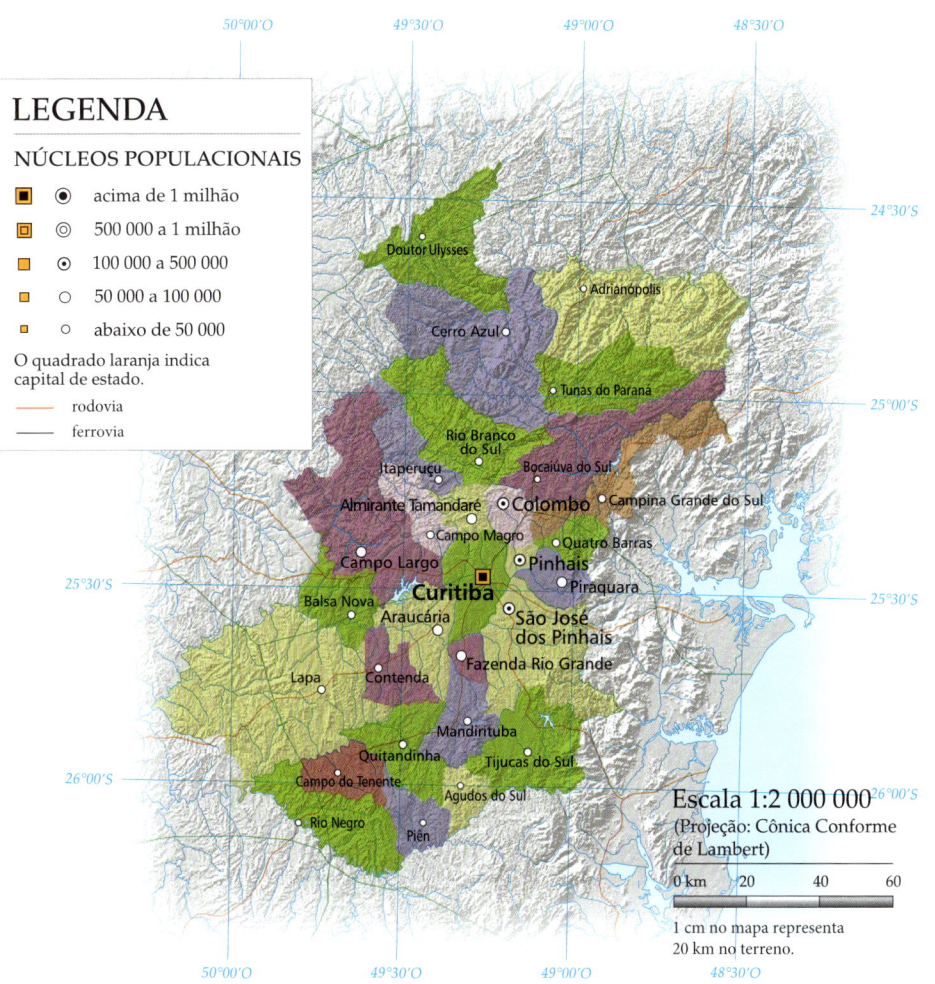

LEGENDA

NÚCLEOS POPULACIONAIS

- ■ / ⊙ acima de 1 milhão
- ▣ / ◎ 500 000 a 1 milhão
- ■ / ⊙ 100 000 a 500 000
- ■ / ○ 50 000 a 100 000
- ▪ / ○ abaixo de 50 000

O quadrado laranja indica capital de estado.

— rodovia
— ferrovia

Escala 1:2 000 000
(Projeção: Cônica Conforme de Lambert)

0 km 20 40 60

1 cm no mapa representa 20 km no terreno.

REGIÃO METROPOLITANA DE BRASÍLIA

A região metropolitana de Brasília abrange 19 regiões administrativas e tem uma população de aproximadamente 3 milhões de habitantes.

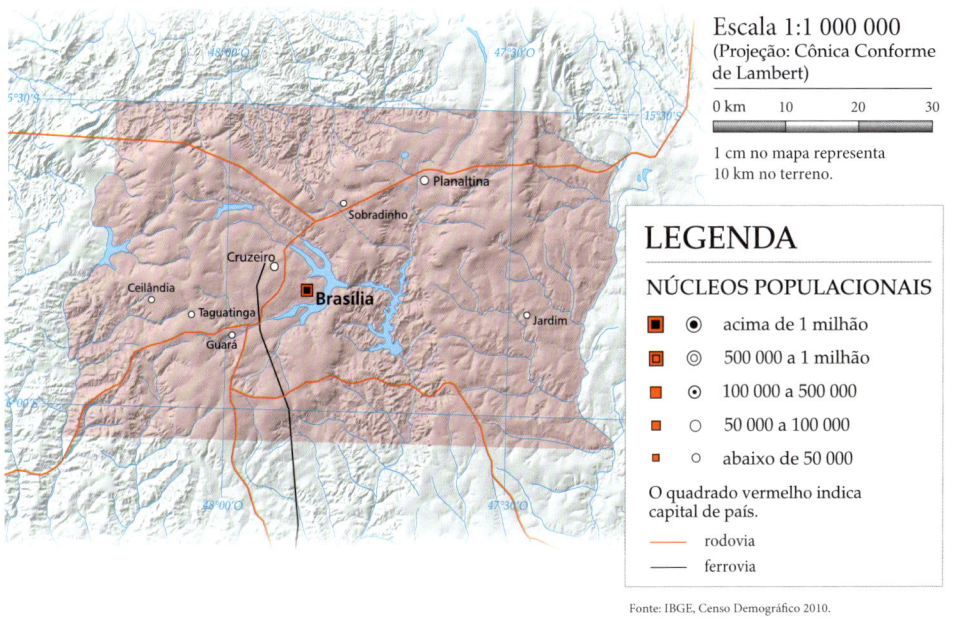

Escala 1:1 000 000
(Projeção: Cônica Conforme de Lambert)

0 km 10 20 30

1 cm no mapa representa 10 km no terreno.

LEGENDA

NÚCLEOS POPULACIONAIS

- ■ / ⊙ acima de 1 milhão
- ▣ / ◎ 500 000 a 1 milhão
- ■ / ⊙ 100 000 a 500 000
- ▪ / ○ 50 000 a 100 000
- ▪ / ○ abaixo de 50 000

O quadrado vermelho indica capital de país.

— rodovia
— ferrovia

Fonte: IBGE, Censo Demográfico 2010.

REGIÃO NORTE – POLÍTICO

A
B
C
D
78
5
2
1
VENEZUELA
COLÔMBIA
GUIANA
SURINAME
GUIANA FRANCESA
OCEANO ATLÂNTICO
PERU
BOLÍVIA
MATO GROSSO
GOIÁS
MARANHÃO
Equador
5°N
5°S
10°S
70°O
65°O
60°O
55°O
50°O
RORAIMA
AMAPÁ
AMAZONAS
PARÁ
ACRE
RONDÔNIA
TOCANTINS
Uiramutã
Normandia
Bonfim
Alto Alegre
Boa Vista
Mucajaí
Caracaraí
São Luiz
Oiapoque
Calçoene
Amapá
Serra do Navio
Ferreira Gomes
Macapá
Santana
Afuá
Laranjal do Jari
Almeirim
Breves
Belém
Curuçá
Salinópolis
Maracanã
S. Isabel do Pará
Abaetetuba
Tomé-Açu
Cametá
Baião
Paragominas
Dom Eliseu
Jacundá
Marabá
Itupiranga
Parauapebas
Araguatins
São Geraldo do Araguaia
Xambioá
Tocantinópolis
Araguaína
S. Fé do Araguaia
Pau d'Arco
Colinas do Tocantins
Campos Lindos
Itacajá
Redenção
Conceição do Araguaia
Santana do Araguaia
Araguacema
Lizarda
Paraíso do Tocantins
Palmas
S. Tereza do Tocantins
Cristalândia
Porto Nacional
Gurupi
Formoso do Araguaia
Dianópolis
Taguatinga
Arraias
Araguaçu
São Félix do Araguaia
Tucumã
São Félix do Xingu
Novo Progresso
Oriximiná
Óbidos
Alenquer
Prainha
Monte Alegre
Porto de Moz
Juruti
Santarém
Parintins
Sen. José Porfírio
Altamira
Uruará
Itaituba
Rurópolis
Trairão
São Gabriel da Cachoeira
S. Isabel do Rio Negro
Barcelos
Maraã
Novo Airão
Urucará
Itapiranga
Manaus
Manacapuru
Itacoatiara
Careiro da Várzea
Autazes
Maués
Codajás
Fonte Boa
Alvarães
Tefé
S. Antônio do Içá
S. Paulo de Olivença
Tabatinga
Atalaia do Norte
Benjamin Constant
Carauari
Coari
Borba
Novo Aripuanã
Tapauá
Manicoré
Jacareacanga
Itamarati
Canutama
Eirunepé
Ipixuna
Lábrea
Humaitá
Apuí
Envira
Guajará
Mâncio Lima
Cruzeiro do Sul
Tarauacá
Feijó
Pauini
Porto Walter
Manoel Urbano
Sena Madureira
Boca do Acre
Marechal Thaumaturgo
S. Rosa do Purus
Rio Branco
Senador Guiomard
Xapuri
Assis Brasil
Porto Velho
Candeias do Jamari
Machadinho D'Oeste
Ariquemes
Nova Mamoré
Guajará-Mirim
Campo Novo de Rondônia
Ouro Preto do Oeste
Ji-Paraná
Cacoal
Alta Floresta D'Oeste
Costa Marques
Vilhena
Colorado do Oeste
114
LEGENDA
FRONTEIRAS
fronteira internacional
fronteira estadual
NÚCLEOS POPULACIONAIS
acima de 1 milhão
500 000 a 1 milhão
100 000 a 500 000
50 000 a 100 000
abaixo de 50 000
O quadrado laranja indica capital de estado.
rodovia
ferrovia
Escala 1:14 000 000
(Projeção: Cônica Conforme de Lambert)
0 km 140 280 420
1 cm no mapa representa 140 km no terreno.

Foto: Pontanegra

Centro de Manaus, com o Teatro Amazonas em destaque e o rio Negro ao fundo.

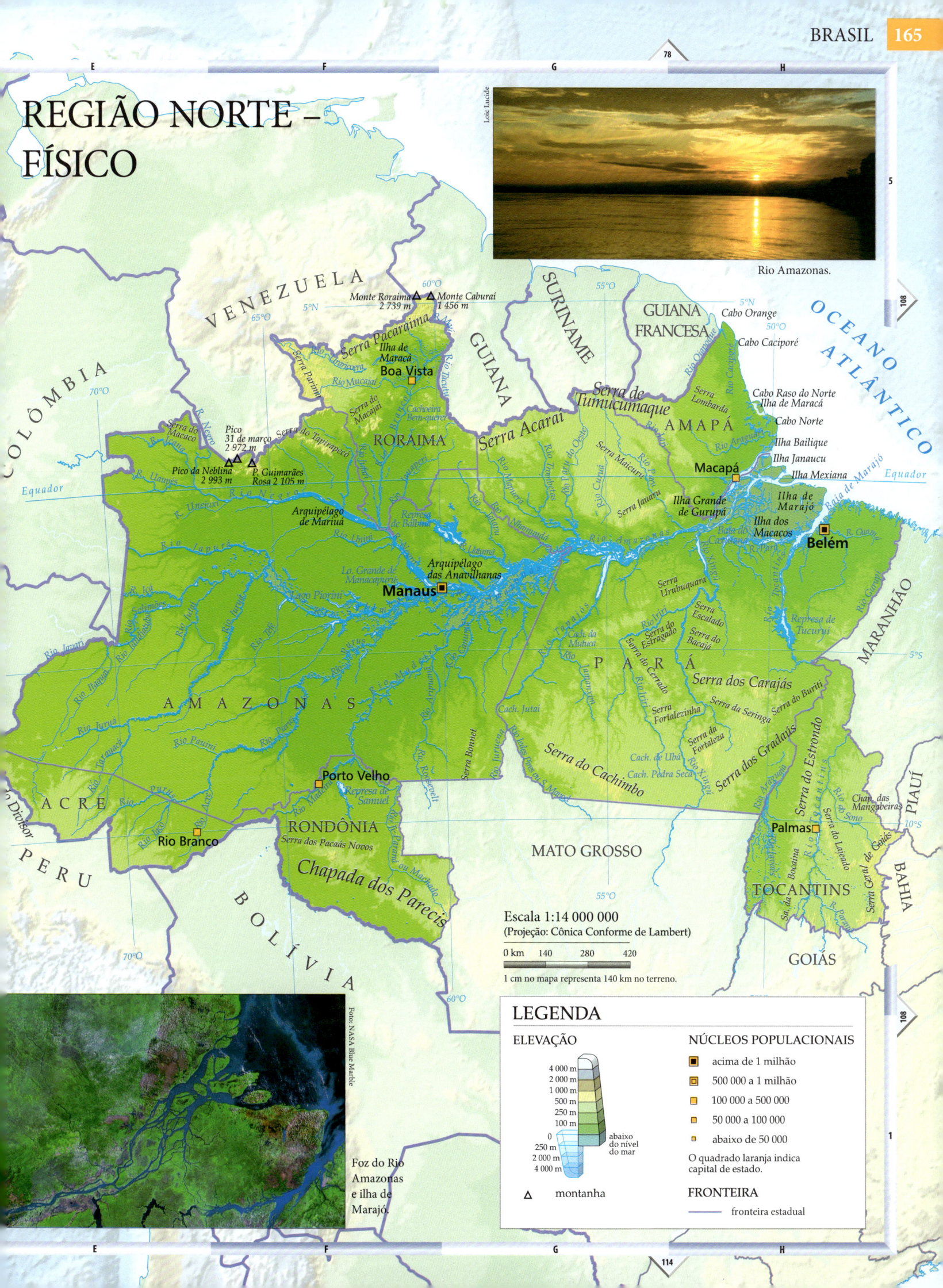

BRASIL

REGIÃO NORTE – FÍSICO

Rio Amazonas.

Foz do Rio Amazonas e ilha de Marajó.

Escala 1:14 000 000
(Projeção: Cônica Conforme de Lambert)
0 km — 140 — 280 — 420
1 cm no mapa representa 140 km no terreno.

LEGENDA

ELEVAÇÃO
- 4 000 m
- 2 000 m
- 1 000 m
- 500 m
- 250 m
- 100 m
- 0
- 250 m
- 2 000 m
- 4 000 m
- abaixo do nível do mar

△ montanha

NÚCLEOS POPULACIONAIS
- ■ acima de 1 milhão
- ◻ 500 000 a 1 milhão
- ▪ 100 000 a 500 000
- ▪ 50 000 a 100 000
- ▪ abaixo de 50 000

O quadrado laranja indica capital de estado.

FRONTEIRA
— fronteira estadual

Locais destacados no mapa

- Monte Roraima 2 739 m
- Monte Caburaí 1 456 m
- Pico 31 de março 2 972 m
- Pico da Neblina 2 993 m
- P. Guimarães Rosa 2 105 m
- Serra Pacaraima
- Serra Parima
- Serra do Tapirapecó
- Serra do Macaco
- Serra Acaraí
- Serra de Tumucumaque
- Serra Lombarda
- Ilha de Maracá
- Ilha Bailique
- Ilha Janaucu
- Ilha Mexiana
- Ilha de Marajó
- Ilha dos Macacos
- Ilha Grande de Gurupá
- Arquipélago de Mariuá
- Arquipélago das Anavilhanas
- Represa de Balbina
- Represa de Tucuruí
- Represa de Samuel
- Lo. Grande de Manacapuru
- Lago Piorini
- Cachoeira Ben-querer
- Cach. Jutaí
- Cach. da Matuca
- Cach. de Ubá
- Cach. Pedra Seca
- Serra Urubuquara
- Serra Escalado
- Serra Bacajá
- Serra Jauarí
- Serra Maicuru
- Serra dos Carajás
- Serra Fortalezinha
- Serra da Fortaleza
- Serra da Seringa
- Serra do Burití
- Serra dos Gradaús
- Serra do Estrondo
- Serra do Cachimbo
- Serra Bonnet
- Serra dos Pacaás Novos
- Chapada dos Parecis
- Chap. das Mangabeiras

Rios
Rio Negro, Rio Branco, Rio Uatumã, Rio Uaupés, Rio Içá, Rio Japurá, Rio Juruá, Rio Purus, Rio Madeira, Rio Solimões, Rio Javari, Rio Itaquaí, Rio Jutaí, Rio Juruá, Rio Tapauá, Rio Pauini, Rio Piorini, Rio Amazonas, Rio Xingu, Rio Tapajós, Rio Tocantins, Rio Araguaia, Rio Guamá, Rio Pará, Rio Jari, Rio Paru, Rio Trombetas, Rio Cuminapanema, Rio Caciporé, Rio Oiapoque, Rio Mucajaí, Rio Uraricoera, Rio Cotingo, Rio Tacutu, Rio Rio Branco, Rio Iriri, Rio Teles Pires, Rio Aripuanã, Rio Roosevelt, Rio Machado, Rio Guaporé, Rio Mamoré, Rio Abunã

Estados
- RORAIMA (Boa Vista)
- AMAPÁ (Macapá)
- AMAZONAS (Manaus)
- PARÁ (Belém)
- ACRE (Rio Branco)
- RONDÔNIA (Porto Velho)
- TOCANTINS (Palmas)

Países vizinhos
VENEZUELA, COLÔMBIA, PERU, BOLÍVIA, GUIANA, SURINAME, GUIANA FRANCESA

Estados limítrofes
MATO GROSSO, MARANHÃO, PIAUÍ, BAHIA, GOIÁS

Oceano e cabos
OCEANO ATLÂNTICO
- Cabo Orange
- Cabo Caciporé
- Cabo Raso do Norte
- Cabo Norte

Baía do Marajó, Baía do Capim

Foto: NASA Blue Marble
Loïc Lacide

BRASIL

REGIÃO NORDESTE – POLÍTICO

OCEANO ATLÂNTICO

Estados e localidades principais:

- **PARÁ**
- **MARANHÃO**: Turiaçu, Santa Helena, Pinheiro, São Luís, S. José do Ribamar, Rosário, Santa Inês, Chapadinha, Santa Luiza, Bacabal, Codó, Caxias, Açailândia, Imperatriz, Porto Franco, Grajaú, Barra do Corda, Parnarama, Colinas, São Raimundo das Mangabeiras, Carolina, Tasso Fragoso
- **PIAUÍ**: Parnaíba, Luzilândia, Piripiri, Teresina, Timon, Água Branca, Valença do Piauí, Floriano, Guadalupe, Oeiras, Picos, Bertolínia, Canto do Buriti, Paulistana, São Raimundo Nonato, Santa Filomena, Bom Jesus, Gilbués, Remanso
- **CEARÁ**: Camocim, Acaraú, Sobral, Trairi, Caucaia, Fortaleza, Maracanaú, Cascavel, Tianguá, Ipueiras, Canindé, Aracati, Crateús, Quixadá, Quixeramobim, Russas, Mombaça, Iguatu, Icó, Juazeiro do Norte, Jaicós
- **RIO GRANDE DO NORTE**: Mossoró, Apodi, Açu, Touros, Ceará-Mirim, Natal, Caicó, São José de Mipibu, Santa Cruz, Sousa
- **PARAÍBA**: Patos, Santa Rita, Campina Grande, João Pessoa, Timbaúba
- **PERNAMBUCO**: Serra Talhada, Sertânia, Cabrobó, Arco Verde, Caruaru, Jaboatão dos Guararapes, Olinda, Recife, Cabo de Santo Agostinho, Garanhuns, Barreiros
- **ALAGOAS**: Arapiraca, Maceió, S. Luís do Quitunde, São Miguel dos Campos, Penedo
- **SERGIPE**: Capela, Lagarto, Aracaju, São Cristóvão
- **BAHIA**: Petrolina, Juazeiro, Paulo Afonso, Curaçá, Sento Sé, Senhor do Bonfim, Cícero Dantas, Santa Rita de Cássia, Xique-Xique, Irecê, Jacobina, Araci, Serrinha, Rio Real, Alagoinhas, Feira de Santana, Camaçari, Lauro de Freitas, Salvador, Formosa do Rio Preto, Barreiras, Cristópolis, Seabra, Itaberaba, Bom Jesus da Lapa, Santo Antônio de Jesus, Valença, Santa Maria da Vitória, Livramento de Nossa Senhora, Caetité, Jequié, Camamu, Cocos, Carinhanha, Guanambi, Brumado, Coaraci, Vitória da Conquista, Itabuna, Ilhéus, Itapetinga, Cândido Sales, Canavieiras, Eunápolis, Porto Seguro, Itamaraju, Teixeira de Freitas, Nova Viçosa
- **TOCANTINS**
- **GOIÁS**
- **MINAS GERAIS**
- **ESPÍRITO SANTO**

LEGENDA

FRONTEIRAS
- fronteira internacional
- fronteira estadual

NÚCLEOS POPULACIONAIS
- ■ ● acima de 1 milhão
- ◩ ◎ 500 000 a 1 milhão
- ◪ ⊙ 100 000 a 500 000
- ▫ ○ 50 000 a 100 000
- ▫ ○ abaixo de 50 000

O quadrado laranja indica capital de estado.

— rodovia
— ferrovia

Escala 1:8 000 000
(Projeção: Cônica Conforme de Lambert)

0 km — 80 — 160 — 240

1 cm no mapa representa 80 km no terreno.

Foto: Leonardo Stábile — Praia de Boa Viagem, em Recife, Pernambuco

BRASIL

REGIÃO NORDESTE – FÍSICO

LEGENDA

ELEVAÇÃO
- 4 000 m
- 2 000 m
- 1 000 m
- 500 m
- 250 m
- 100 m
- 0
- 250 m abaixo do nível do mar
- 2 000 m
- 4 000 m

△ montanha

FRONTEIRA
— fronteira internacional
— fronteira estadual

NÚCLEOS POPULACIONAIS
- ■ acima de 1 milhão
- ▪ 500 000 a 1 milhão
- ▪ 100 000 a 500 000
- ▫ 50 000 a 100 000
- · abaixo de 50 000

O quadrado laranja indica capital de estado.

Escala 1:8 000 000
(Projeção: Cônica Conforme de Lambert)
0 km — 80 — 160 — 240
1 cm no mapa representa 80 km no terreno.

REGIÃO SUDESTE – POLÍTICO

Enseada e bairro de Botafogo, na cidade do Rio de Janeiro.

Escala 1:7 000 000
(Projeção: Cônica Conforme de Lambert)

0 km — 70 — 140 — 210

1 cm no mapa representa 70 km no terreno.

LEGENDA

FRONTEIRAS
- fronteira internacional
- fronteira estadual

NÚCLEOS POPULACIONAIS
- acima de 1 milhão
- 500 000 a 1 milhão
- 100 000 a 500 000
- 50 000 a 100 000
- abaixo de 50 000

O quadrado laranja indica capital de estado.

- rodovia
- ferrovia

REGIÃO SUDESTE – FÍSICO

BRASIL 169

Escala 1:7 000 000
(Projeção: Cônica Conforme de Lambert)

0 km — 70 — 140 — 210

1 cm no mapa representa 70 km no terreno.

Foto: NASA Visible Earth

Imagem de satélite da cidade do Rio de Janeiro e da baía de Guanabara

LEGENDA

ELEVAÇÃO
- 4 000 m
- 2 000 m
- 1 000 m
- 500 m
- 250 m
- 100 m
- 0
- 250 m
- 2 000 m
- 4 000 m
- abaixo do nível do mar

△ montanha

NÚCLEOS POPULACIONAIS
- ■ acima de 1 milhão
- ◻ 500 000 a 1 milhão
- ◾ 100 000 a 500 000
- ▪ 50 000 a 100 000
- · abaixo de 50 000

O quadrado laranja indica capital de estado.

FRONTEIRA
——— fronteira estadual

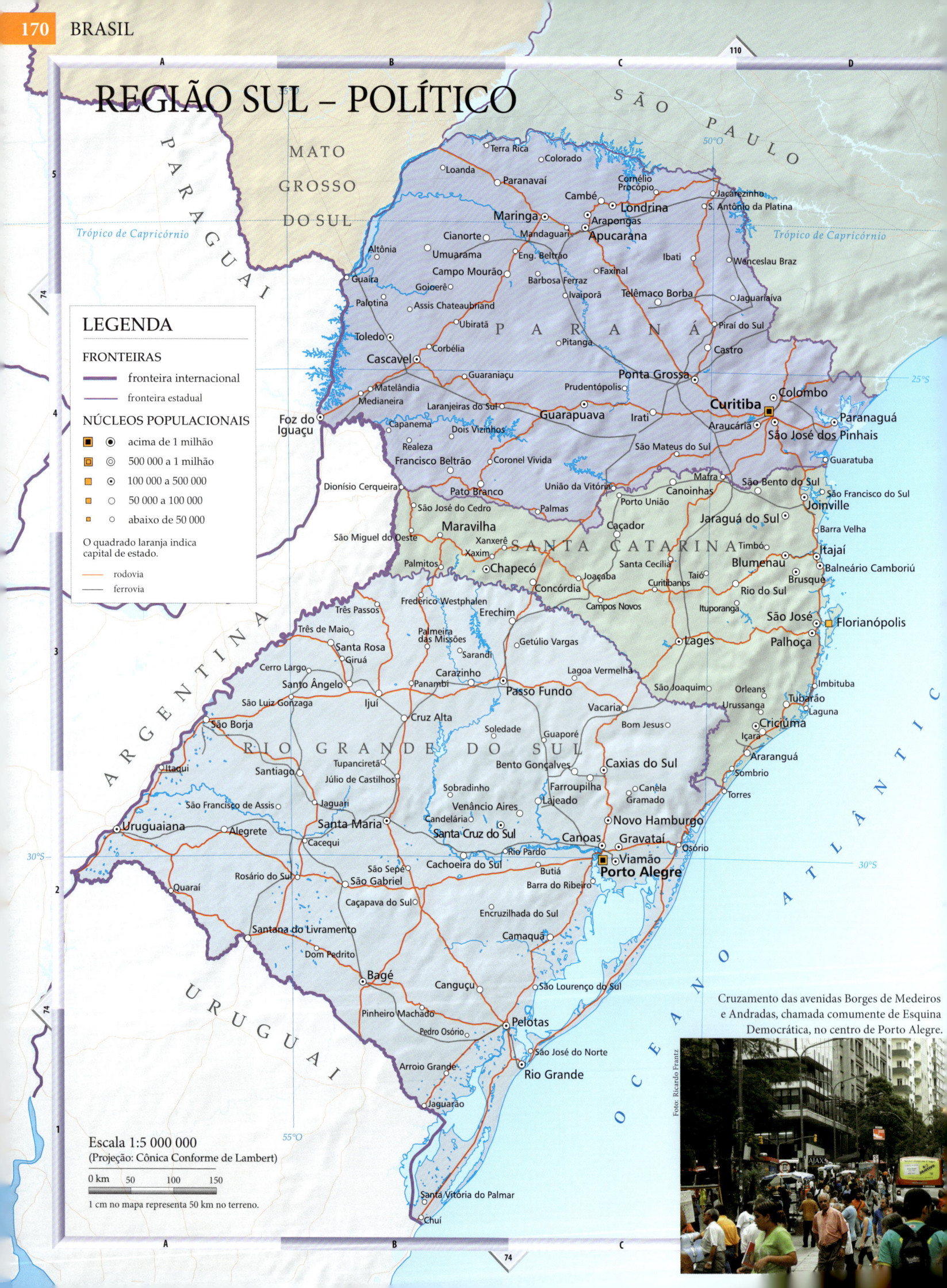

BRASIL

REGIÃO SUL – POLÍTICO

LEGENDA

FRONTEIRAS
- fronteira internacional
- fronteira estadual

NÚCLEOS POPULACIONAIS
- ■ ● acima de 1 milhão
- ▪ ◎ 500 000 a 1 milhão
- ▫ ◉ 100 000 a 500 000
- ▫ ○ 50 000 a 100 000
- ▫ ○ abaixo de 50 000

O quadrado laranja indica capital de estado.

- rodovia
- ferrovia

Escala 1:5 000 000
(Projeção: Cônica Conforme de Lambert)

0 km   50   100   150

1 cm no mapa representa 50 km no terreno.

Cruzamento das avenidas Borges de Medeiros e Andradas, chamada comumente de Esquina Democrática, no centro de Porto Alegre.

Foto: Ricardo Frantz

BRASIL
REGIÃO SUL – FÍSICO

LEGENDA

ELEVAÇÃO
- 4 000 m
- 2 000 m
- 1 000 m
- 500 m
- 250 m
- 100 m
- 0
- 250 m — abaixo do nível do mar
- 2 000 m
- 4 000 m

△ montanha

FRONTEIRA
- fronteira internacional
- fronteira estadual

NÚCLEOS POPULACIONAIS
- ■ acima de 1 milhão
- ▣ 500 000 a 1 milhão
- ▫ 100 000 a 500 000
- ▫ 50 000 a 100 000
- ▫ abaixo de 50 000

O quadrado laranja indica capital de estado.

Escala 1:5 000 000
Projeção: Cônica Conforme de Lambert
km 0 50 100 150
1 cm no mapa representa 50 km no terreno.

Estados e países vizinhos: MATO GROSSO DO SUL, SÃO PAULO, PARANÁ, SANTA CATARINA, RIO GRANDE DO SUL, ARGENTINA, URUGUAI

Capitais: Curitiba, Florianópolis, Porto Alegre

Rios: Rio Paranapanema, Rio Paraná, Rio Ivaí, Rio Tibagi, Rio Piquiri, Rio Iguaçu, Rio Negro, Rio Itajaí-açu, Rio Peperiguaçu, Rio Chapecó, Rio Uruguai, Rio Pelotas, Rio Ibicuí, Rio Jacuí, Rio Camaquã, Rio Quaraí, Rio Jaguarão, Rio Herval

Represas: Represa Capivara, Represa Xavantes, Represa de Itaipu, Represa Salto Santiago, Represa Passo Real

Serras: Serra dos Cinco Irmãos, Serra da Apucarana, Serra dos Dourados, Serra da Urtigueira, Serra das Furnas, Serra do Piquiri, Serra do Chagu, Serra de Paranapiacaba, Serra Geral, Serra da Graciosa, Serra do Mar, Serra da Fartura, Serra do Espigão, Serra Chapecó, Serra da Pedra Branca, Serra do Alto Uruguai, Serra do Iguariaça, Serra São Xavier, Serra do Pinhal, Serra do Tapes, Serra das Encantadas, Serra do Canguçu, Serra do Herval, Coxilha do Bom Jesus, Coxilha de Santana, Coxilha Pedras Altas

Montanhas: △ Pico Paraná 1 877 m, △ Morro Boa Vista 1 827 m

Outros: Ilha Grande, Cataratas do Iguaçu, Baía de Paranaguá, Ilha de São Francisco, Ilha de Santa Catarina, Cabo de Santa Marta Grande, Laguna dos Patos, Lagoa Mirim, Lagoa Mangueira, OCEANO ATLÂNTICO, Trópico de Capricórnio

Cânion (ou desfiladeiro) do Itaimbezinho situado no Parque Nacional de Aparados da Serra, no Rio Grande do Sul
Foto: Claus Banks

BRASIL

REGIÃO CENTRO-OESTE – POLÍTICO

Congresso Nacional, em Brasília, Distrito Federal.

Escala 1:8 000 000
(Projeção: Cônica Conforme de Lambert)

0 km — 80 — 160 — 240

1 cm no mapa representa 80 km no terreno.

LEGENDA

FRONTEIRAS
- fronteira internacional
- fronteira estadual

NÚCLEOS POPULACIONAIS
- acima de 1 milhão
- 500 000 a 1 milhão
- 100 000 a 500 000
- 50 000 a 100 000
- abaixo de 50 000

O quadrado vermelho indica capital de país.

O quadrado laranja indica capital de estado.

- rodovia
- ferrovia

REGIÃO CENTRO-OESTE – FÍSICO

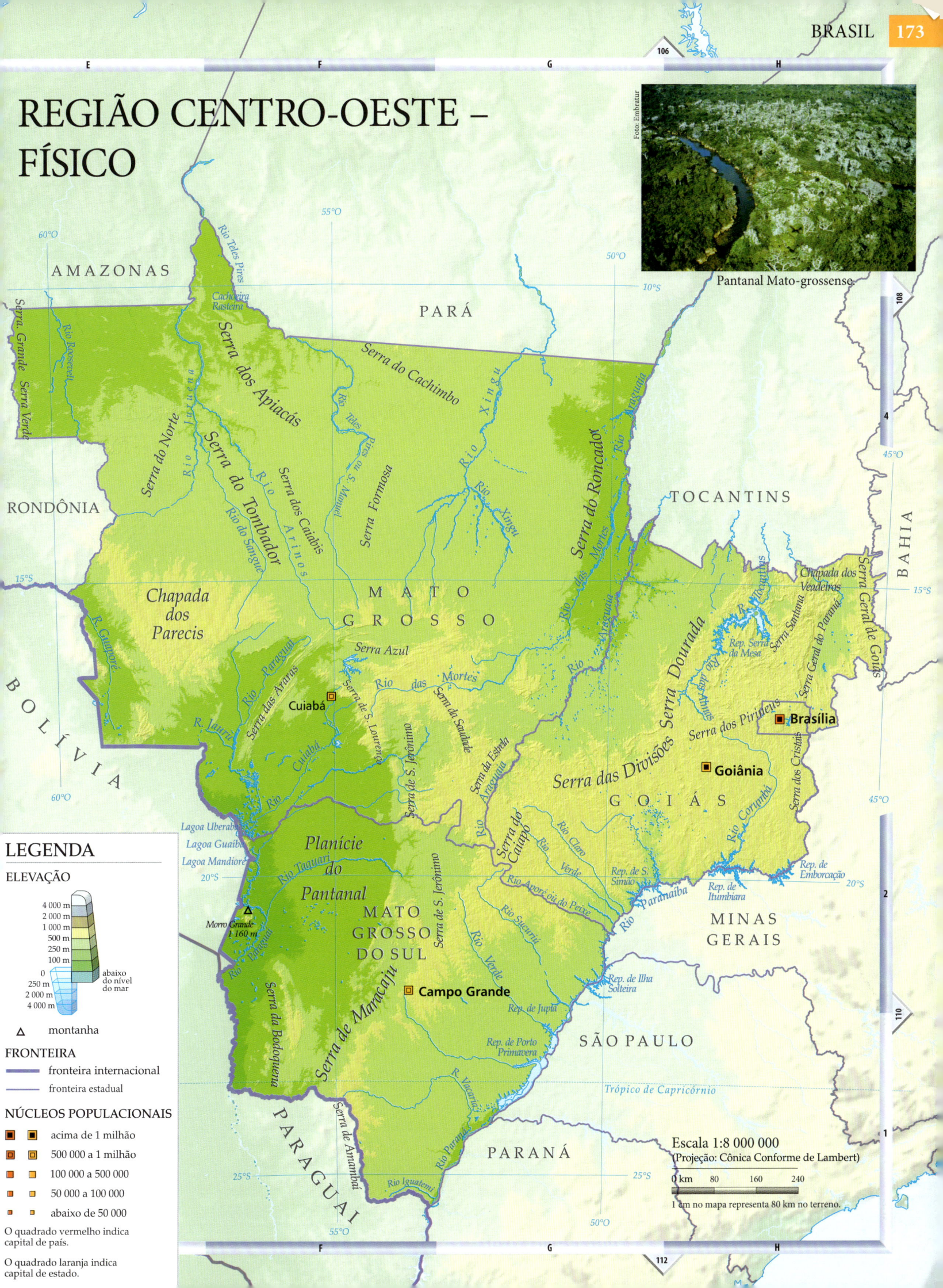

BRASIL

Pantanal Mato-grossense (Foto: Embratur)

LEGENDA

ELEVAÇÃO
- 4 000 m
- 2 000 m
- 1 000 m
- 500 m
- 250 m
- 100 m
- 0
- 250 m
- 2 000 m
- 4 000 m abaixo do nível do mar

△ montanha

FRONTEIRA
- fronteira internacional
- fronteira estadual

NÚCLEOS POPULACIONAIS
- acima de 1 milhão
- 500 000 a 1 milhão
- 100 000 a 500 000
- 50 000 a 100 000
- abaixo de 50 000

O quadrado vermelho indica capital de país.
O quadrado laranja indica capital de estado.

Escala 1:8 000 000
(Projeção: Cônica Conforme de Lambert)
0 km 80 160 240
1 cm no mapa representa 80 km no terreno.

Estados e países limítrofes
AMAZONAS, PARÁ, RONDÔNIA, TOCANTINS, BAHIA, MINAS GERAIS, SÃO PAULO, PARANÁ, PARAGUAI, BOLÍVIA

Estados da região
MATO GROSSO, MATO GROSSO DO SUL, GOIÁS

Capitais
- Cuiabá
- Brasília
- Goiânia
- Campo Grande

Serras
- Serra Grande
- Serra Verde
- Serra do Norte
- Serra dos Apiacás
- Serra do Tombador
- Serra dos Caiabis
- Serra Formosa
- Serra do Cachimbo
- Serra do Roncador
- Serra Geral de Goiás
- Serra Azul
- Serra de S. Lourenço
- Serra da Saudade
- Serra da Estrela
- Serra Araçoiaba
- Serra das Divisões
- Serra Dourada
- Serra dos Pireneus
- Serra Geral do Paraná
- Serra Santana
- Serra dos Cristais
- Serra de S. Jerônimo
- Serra do Caiapó
- Serra de Maracaju
- Serra da Bodoquena
- Serra de Amambaí
- Chapada dos Parecis
- Chapada dos Veadeiros

Rios e hidrografia
- Rio Teles Pires
- Cachoeira Rasteira
- Rio Roosevelt
- Rio do Sangue
- Rio Arinos
- Rio S. Manuel
- Rio Xingu
- Rio Araguaia
- Rio Guaporé
- Rio Paraguai
- Rio das Araras
- Rio Cuiabá
- Rio Jauru
- Rio das Mortes
- Rio Araguaia
- Rio Tocantins
- Rio Taquari
- Lagoa Uberaba
- Lagoa Gaíba
- Lagoa Mandioré
- Rio Verde
- Rio Sucuriú
- Rio Aporé ou do Peixe
- Rio Paranaíba
- Rio Claro
- Rio Corumbá
- Rep. Serra da Mesa
- Rep. de S. Simão
- Rep. de Itumbiara
- Rep. de Emborcação
- Rep. de Ilha Solteira
- Rep. de Jupiá
- Rep. de Porto Primavera
- Rio Paraná
- Rio Iguatemi
- Rio Vacaria

Planície
- Planície do Pantanal

Montanha
- Morro Grande 1 160 m

Trópico de Capricórnio

ANTÁRTICA

O tamanho, o isolamento geográfico, a inexistência de população nativa e a geografia física rigorosa da Antártica fazem deste um continente único – e frágil. Com 14 milhões de km², é quase duas vezes maior que o Brasil, e mais de 99% de seu território encontra-se permanentemente coberto por gelo. No inverno, bancos de gelo se acumulam ao longo da costa, duplicando o tamanho do continente.

LEGENDA

- calota de gelo (0, 250 m, 2 000 m, 4 000 m – profundidade do mar)
- △ montanha
- ⌀ vulcão
- ● estação de pesquisa
- ○○○ limite do banco de gelo no inverno
- ••• limite do banco de gelo no verão
- plataforma de gelo

Escala 1:29 500 000
(Projeção: Azimutal Equivalente de Lambert)

0 km — 295 — 590 — 885

1 cm no mapa representa 295 km no terreno.